VILLE DE CANNES

CATALOGUE

DE

LA BIBLIOTHÈQUE COMMUNALE

PAR

Philippe PINATEL, A

Conservateur de la Bibliothèque et des Musées

Vol. II.

CANNES

SOCIÉTÉ D'IMPRIMERIES ET JOURNAUX DU LITTORAL

Sté Ame au Capital de 250.000 Fr.

24, rue Hoche et 42, rue d'Antibes

1898

CATALOGUES

DES COLLECTIONS

BIBLIOGRAPHIQUES

SCIENTIFIQUES ET ARTISTIQUES

DE LA

VILLE DE CANNES

III

CATALOGUE

DE

LA BIBLIOTHÈQUE COMMUNALE

PAR

Philippe PINATEL, A

Conservateur de la Bibliothèque et des Musées

VOL. II.

CANNES

SOCIÉTÉ D'IMPRIMERIES ET JOURNAUX DU LITTORAL.

Sté Ame au Capital de 250.000 Fr.

24, rue Hoche et 42, rue d'Antibes

1898

PRÉFACE

La *Bibliothèque Communale de Cannes a acquis une grande notoriété d'importance due à son développement rapide et à sa clientèle spéciale de lecteurs.*

Dans la préface du premier volume du Catalogue, nous avons rendu un juste hommage à ses fondateurs et anciens bienfaiteurs, MM. Macé, Buttura, Brachet, Hignard de Laval, Rolland, Barthélemy St-Hilaire, Baron Larrey, Docteur Verneuil, *qui en furent, à l'origine et dans le passé, les plus généreux protecteurs.* *Mais les* **bienfaiteurs actuels** *de la Bibliothèque n'ont pas moins de droits à la gratitude de la Ville et, dans cette pensée, nous avons établi et nous plaçons en tête du second volume du* Catalogue Méthodique, *le tableau suivant de leurs* **dons et legs principaux :**

M. Arnould, vice-président de la Société scientifique, littéraire et des beaux-Arts — *Bibliothèque de Voyages scientifiques et d'exploration* — 75 vol, in-8°.

M. Augier, propriétaire à Cannes — *Grand Dictionnaire Universel d'Histoire naturelle,* de d'Orbigny - 28 v.,in-8°.

M. Baron, architecte à Cannes — *Œuvres de Sir Temple Leader* — *Œuvres du Duc d'Aumale, du Comte de Paris, du Prince de Joinville.*

M. Bartonneuf, propriétaire à Cannes — *Bibliothèque de Musique,* 290 volumes et fascicules in-4°, in-folio — *Bibliothèque d'Histoire de la période 1870-71* (la guerre Franco-Allemande, la Commune, 32 vol.) — *Œuvres*

littéraires, scientifiques, historiques, encyclopédiques,
où l'on distingue les *Œuvres complètes de Rabelais,*
édition de luxe in-4°, de Garnier frères, avec illustrations de Gustave Doré.

M. le docteur Beaunis, professeur à la Faculté de
Médecine de Nancy, hôte de Cannes — Ouvrages de
Sciences et Œuvres diverses du donateur comprenant le
beau traité : *Nouveaux éléments d'anatomie descriptive
et d'embryologie,* par Beaunis et Bouchard, illustré de
figures coloriées Baillière 1894 — in-4°.

M. Brelay (Ernest), vice-président de la Société d'économie
politique de Paris — *Division des Sciences morales et
politiques,* 336 volumes, des formats in-4°, in-8°, in-18,
comprenant les *Œuvres* des grands économistes des xviii^e
et xixe siècles et les *Traités d'économie politique,* depuis
Turgot jusqu'à Léon Say, Leroy-Beaulieu, Frédéric Passy,
Maurice Block et Brelay — Œuvres diverses de Littérature et de Sciences — 120 volumes.

Mlle J. de Cabre, à Marseille — Don d'une *Flore du Midi,*
en mille aquarelles scientifiquement classées (format
in-folio) — Œuvre distinguée de feu Madame Pathier, née
de Cabre, sœur de l'honorable donatrice (voir supplément
général 3e volume).

M. Capron (André) propriétaire à Cannes, 1er adjoint au
Maire, président de la Société scientifique, littéraire et
des beaux-arts — Don, en dernier lieu, du *Cours de
physique de l'Ecole Polytechnique,* par Jamin et Bouty.

S. A. R. Mgr le Comte de Caserta — Divers dons à
la bibliothèque et au muséum d'histoire naturelle — En
dernier lieu, don de la carte marine de l'Adriatique, sur
vieux parchemin (Voir volume 1, page 83).

M. Crist, capitaine en retraite, propriétaire à Cannes — Dons
répétés d'ouvrages de sciences et de littérature, comprenant
les œuvres du donateur (prose, poésie, histoire) Le don
le plus récent de M. Crist se composait des *Œuvres
scientifiques* du docteur Rengade, en 5 volumes in-4°,
édition et reliure de luxe.

M. Conté (Maurice), négociant à Cannes, ancien capitaine de l'armée territoriale — Donateur du fonds de la division d'*Art Militaire* qui comprend les ouvrages techniques modernes et actuels des stratégistes et ingénieurs militaires français et étrangers. Le dernier envoi de M. Conté se composait du *Nouveau Dictionnaire Militaire* et d'œuvres importantes d'érudition *(Histoire de France)*. — Collection des extraits de la Carte de France publiés par le dépôt de la Guerre.

M. Demole, conseiller municipal, président de la Société d'Agriculture — *Ouvrages d'histoire et de littérature,* Le dernier envoi de M. Demole a été l'*Histoire de France* par Guizot, illustrations de Neuville — 7 vol., in-4°.

M. Faucon (Maurice), hôte de Cannes, ancien élève des Ecoles des Chartes et de Rome — *Œuvres d'érudition* (histoire et littérature) — *Bibliothèque de l'école des Chartes Œuvres complètes* de Froissard en 25 volumes in-4°. Edition de Bruxelles 1869.

M. James Jackson, secrétaire de la Société de Géographie de Paris — En 10 albums in-4°, *belle collection de 364 rues du Littoral.* Ce n'est pas ici une banale exhibition de photographies, d'ailleurs très réussies. Le travail a été conçu et exécuté scientifiquement, sous les divers rapports du pittoresque, de la géologie et de l'archéologie du pays.

M. le baron Lycklama, protecteur et bienfaiteur ancien et actuel des collections scientifiques de Cannes, qu'il a dotée d'un Musée remarquable d'archéologie et de curiosités Orientales recueillies par lui en Orient dans un voyage d'exploration dont il a fait le compte-rendu pittoresque et scientifique en un bel ouvrage en 4 v., in-4°.—Ce généreux bienfaiteur a fait les plus riches dons à la Bibliothèque : 1° *Grands ouvrages d'archéologie et de voyages* signés Place, de Vogué, Renan, Oppert, Mérimée, Lycklama, des formats in-plano, in-4°.

2° *Bibliothèque diplomatique et grands ouvrages d'histoire, de littérature, de sciences et de beaux-arts.* Textes français allemands, anglais, slaves et scandinaves, compris dans 168 volumes (éditions et reliures de luxe), des formats in-f°, in-4°, in-8° (voir vol. 1, page 299).

S. A S. Mgr le Prince de Monaco. — — Don de la
Collection, en volumes in-1°, des *documents historiques*
sur la Principauté, recueillis et publiés par M. G. Saige.

M. le baron Alphonse de Rothschild, membre
de l'institut, bienfaiteur du Musée de peinture et de
sculpture Alphonse de Rothschild, à l'Hôtel-de-Ville, second étage — Don à la Bibliothèque communale du grand
Dictionnaire de Chimie pure et appliquée, de Wurtz ;
de *l'Histoire de France* (17 volumes in-8°) et de l'*Histoire de la Révolution Française* (9 volumes in-8°), par
Michelet.

Legs Chevaleyre. — La bibliothèque a pris possession
de ce legs important le mois de mars 1896. Il se compose
de 1.591 volumes, qui formaient la bibliothèque de M. de
Saint-Dizier, écrivain et bibliophile distingué — On y voit
nombre de livres rares et curieux, anciens et modernes.

Maintenant, il ne nous reste plus qu'un vœu à former :

*Puissent les érudits, les amis des études sérieuses,
considérer que la Ville de Cannes ne cesse de faire de
louables efforts pour développer la bibliothèque communale et continuer de nous éclairer de leurs conseils et de
faciliter notre tache par leur généreux concours ! S'ils
veulent bien répondre à notre appel, la Bibliothèque de
Cannes, déjà renommée pour sa valeur bibliographique,
l'ampleur et le confort de l'installation, le nombre des
lecteurs appartenant à tous les rangs de la société cannoise et étrangère, s'élèvera rapidement jusqu'au niveau
des plus puissantes bibliothèques d'étude de la région
du Midi.*

Ph. PINATEL.

---

*Voir la table détaillée des matières du second volume
et la table générale sommaire ou Plan de l'ouvrage, à la fin du volume.*

BIBLIOTHÈQUE DE CANNES

Quatrième Partie

HISTOIRE ET GÉOGRAPHIE

A.² — Introduction et Annexes de l'Histoire

CXLI. — Dictionnaires et Encyclopédies

1. **Bayle (Pierre)** — Dictionnaire historique et critique — Cinquième édition, revue, corrigée et augmentée, avec la vie de l'auteur par M. des Maizeaux.

   Amsterdam — Brunel
   Leide — Luchtmans.
   Lahaye — Gosse.
   Utrecht — Neaulme. } 1740, in-f°, 5 vol.

2. **Beleze (G.)** — Dictionnaire des noms de baptême, avec tables annexes des professions et des corps de métiers — Paris, L. Hachette et Cⁱᵉ (1863) in-8°.

3. **Biographie** des hommes vivants ou Histoire par ordre alphabétique de la vie publique de tous les hommes qui se sont fait remarquer par leurs actions ou leurs écrits — Paris, Michaud (1816) in-8°, 5 vol.

4. **Biographie** Universelle, Ancienne et Moderne ou Histoire par ordre alphabétique de la vie publique et privée de tous les hommes qui se sont distingués par leurs écrits, leurs actes, leurs talents, leurs vertus ou leurs crimes.
Paris, Michaud frères (1811) in-8°, 52 vol.

5. d° d°   d°   d°   d°
Paris, L.-G. Michaud (1828), in-8°, 52 vol.

6. **Biographie** Universelle et portative des Contemporains ou Dictionnaire historique des hommes vivants et des hommes morts depuis 1788 jusqu'à nos jours, qui se sont fait remarquer par leurs écrits, leurs actions, leurs talents, leurs vertus ou leurs crimes, avec portraits — Paris, Levrault (1834) in-8°, 5 vol.

7. **Bitard** (Adolphe) — Dictionnaire de Biographie contemporaine française et étrangère — Paris, A. Levy et Cie, (1886) in-4°.

8. **Bouillet** (M.-N.) — Dictionnaire Universel d'Histoire et de Géographie, contenant l'Histoire proprement dite, la Biographie universelle, la Mythologie, la Geographie ancienne et moderne — Ouvrage continué par Chassang — Paris, Hachette et Cie (1878) in-4°.

9. d° Dictionnaire Classique de l'Antiquité sacrée et profane, précédé de tables chronologiques, des fastes consulaires de la Série des Archontes et des Empereurs et suivi de tableaux synoptiques des poids, mesures et monnaies, de la série des chiffres et des calendriers des anciens. Paris, Belin-Mandar (1841) in-8°, 2 v.

10. **Cheruel** (A.) — Dictionnaire Historique des Institutions, Mœurs et Coutumes de la France — Paris, Hachette et Cie (1870) in-18, 2 vol.

11. **Chevreul** — Grand Dictionnaire illustré de la langue française, de la littérature, de l histoire, de la géographie et des Voyages — Paris, A. Levy et Cie, in-4°. 5 vol.

12. **Chompré** — Dictionnaire abrégé de la Fable pour l'intelligence des poètes, des tableaux et des statues dont les sujets sont tirés de l'histoire poétique.

Paris { Saillant et Nyon / Veuve Desaint } 1775, in-32.

13. **Collin de Plancy** — Dictionnaire féodal — Paris (1819) in-8°, 2 vol.

14. **Delvau** (A.) — Dictionnaire topographique, historique et étymologique des rues de Paris. Paris (1879) in-4°.

15. **Dantès** (Alfred) — Dictionnaire biographique et bibliographique alphabétique et méthodique des hommes les plus remarquables chez tous les peuples, à toutes les époques, dans les lettres, les sciences et les arts. Paris, A. Boyer et Cie (1875) in-4°.

16. **Dezobry et Bachelet** — Dictionnaire général de biographie et d'histoire, de mythologie et de géographie ancienne et moderne, comprenant les antiquités et les institutions — Paris, Ch. Delagrave et Cie (1869) in 4°, 2 vol.

17. **Dictionnaire** Archéologique de la Gaule, époque celtique, publié par la Commission instituée au ministère de l'Instruction publique et des Beaux-Arts — Paris, Imprimerie Nationale (1875), in-f°, tome I et 1er fasc. du tome II, avec atlas in-f°.

18. **Dictionnaire** des portraits historiques, anecdotes et traits remarquables des hommes illustres — Paris, Delalain (1772) in-18, 4 vol.

19. **Dictionnaire** historique et géographique portatif d'Italie. Histoire des rois, des papes, des grands hommes, des écrivains et des artistes célèbres, des guerres illustres et une exposition des lois principales, des usages singuliers et du caractère des Italiens — Paris. Lacombe (1775) in 8°, 2 vol.

20. **Dictionnaire** historique des batailles, sièges et combats de terre et de mer, qui ont eu lieu pendant la Révolution française avec une table chronométrique des événements et une table alphabétique des noms des militaires et des marins français et étrangers qui sont cités dans cet ouvrage — Paris, Menard et de Senne fils (1818), in-8°, 4 vol.

21. **Dufau et Guadet** — Dictionnaire universel abregé de Géographie ancienne comparée — Paris, Desray (1820). in 8°. 2 vol.

22. **Garcin** (E.) Dictionnaire historique et topographique de la Provence ancienne et moderne — Draguignan, Bernard (1835) in-8°, 2 vol.

23. **Gerrard** (Johannes) — Siglarium Romanum sive explicatio notarum ac literarum quœ hactenus reperiri potuerunt in marmoribus, lapidibus, numinis, auctoribus, aliisque romanorum veterum reliquiis, ordine alphabetico distributa — Londini : Sumptibus auctoris, typis C. Clarke (1792), in-4°.

24. **Glaeser** (Ernest) — Biographie Nationale des Contemporains — Paris, Glaeser et Cie (1878) in-4°.

25. **Goyau** (G.) — Lexique des antiquités romaines avec avant-propos par R. Cagnat — Paris, Thorin et fils (1895), in-8°.

26. **Joanne** (Adolphe) — Petit Dictionnaire géographique, administratif, postal, télégraphique, statistique, industriel de la France, de l'Algérie et des Colonies — Paris, Hachette et Cie (1877) in-18.

27. **Larousse** (Pierre) — Grand Dictionnaire universel du xixe siècle — et les deux suppléments 1878·1890 — Paris (1866-68·90), in-f°, 17 vol.

28. **Lazare** (Félix et Louis) — Dictionnaire administratif et historique des rues de Paris et de ses monuments — Paris (1844) in-4°.

29. **Malègue** — Dictionnaire des lieux habités du département de la Haute-Loire, d'après le recensement de 1886 — avec nivellement général — Le Puy, Prades-Freydier (1888) in-8º.

30. **Martinière** (Bruzen de la) — Dictionnaire géographique, historique et critique — Paris (1739) in-fº, 6 vol.

31. **Moreri** (Louis) — Grand Dictionnaire historique ou Mélange curieux de l'histoire sacrée et profane — Paris, Leprieur, à la Croix d'Or (1759) in-fº, 10 vol.

32. **Noel** (F.) — Dictionnaire de la Fable — Paris, Lenormant (1810), in-8º, 2 vol.

33. **Nouveau Dictionnaire** historique ou Histoire abrégée de tous les hommes qui se sont fait un nom par le génie, les talents, les vertus, les erreurs, etc., depuis le commencement du monde jusqu'à nos jours.

    Rouen, Machuel
    Caen, Leroy } 1779, in-18, 9 vol.
    Paris, Le Jay

34. **Perrot** (A.-M.) et **M**me **Al. Aragon** — Dictionnaire universel de Géographie moderne — accompagné de 60 cartes coloriées — Paris, Delloye-Houdaille (1834) in-4º, 2 vol.

35. **Saint-Laurent** (Charles) — Dictionnaire encyclopédique usuel — Paris, Magen et Camon (1886), in-4º.

36. **Vapereau** (G.) — Dictionnaire universel des Contemporains français et étrangers — Paris, Hachette et Cie (1865) in-4º.

37.   dº   Edition 1870, in-4º.

38. **Vosgien** — Dictionnaire géographique portatif ou Description des empires, royaumes, etc., des quatre parties du monde. Traduit de l'anglais par Vosgien Paris (1807), in-8º.

———

CXLII. — *Temps préhistoriques et primitifs, Mythologie*

———

1. **Berruyer** (Le p. Isaac-Joseph) — Histoire du peuple de Dieu depuis son origine jusqu'à la naissance du Messie, tirée des seuls livres saints — Paris, Bordelet (1742) in-18, 10 vol.

2. **Bertrand** (Alexandre) — La Gaule avant les Gaulois. Nos origines, d'après les monuments et les textes Paris, E. Leroux (1891) in 8°.

3. **Bertrand** (Al) et **Reinach** (Sal.) — Les Celtes dans les vallées du Po et du Danube — Paris, Ernest Leroux (1894), in 4°.

4. **Bertrand** (Al.) — Nos origines. La religion des Gaulois. Les Druides et le Druidisme — Paris, E. Leroux (1897), in-8°.

5. **Boisjolin** (de) — Les peuples de la France. Ethnographie nationale — Paris, Didier et Cie (1878) in-18.

6. **Castanier** (Prosper) — Histoire de la Provence dans l'antiquité depuis les temps quaternaires.
   I. La Provence préhistorique et protohistorique jusqu'au VIe siècle avant l'ère chrétienne — Marseille et Paris, Marpon et Flammarion (1893) in-8°.

7. **Demoustier** (C.-A) — Lettres à Emilie sur la mythologie — Paris, Delarue (1820), in-32. 6 vol.

8. **Duprat** (Pascal) — Essai historique sur les races anciennes et modernes de l'Afrique septentrionale. Leurs origines, leurs mouvements et leurs transformations depuis l'antiquité la plus reculée jusqu'à nos jours — Paris, Jules Labitte (1845) in-8°.

9. Flavius (Joseph) — Histoire des Juifs écrite sous le titre des Antiquités Judaïques, traduite sur l'Original grec par M. Arnauld d'Andilly — Bruxelles, Fricx (1683-1694) in-18, 4 vol.

10. Georges (J.) — Petite Mythologie expliquée — Paris, Delalain et Cie (1842) in-32.

11. Herbet (Ed.) — Petit Cours d'histoire Sainte — Paris, L. Hachette (1841) in-32.

12. Hignard (H.) — Quelques Idées sur la Theogonie d'Hesiode — Lyon (1879) in-4°.

13.   d° — Le Mythe d'Jo — Lyon, Aimé Vingtrinier (1872), in-8°.

14.   d° — Le Mythe de Venus — Lyon, Pitrat aîné (1880) in-8°.

15.   d° — Le Minotaure, étude mythologique — Lyon, Aimé Vingtrinier, in-8°.

16.   d° — Les Dieux de la mer — Lyon, Aimé Vingtrinier, in-8°.

17.   d° — Le Mythe de Daphné — Genève, H. Georg. (1874) in-4°.

18.   d° — Mythologie homêrique — du Combat de Diomêcle contre Mars et Vénus — Lyon, Aimé Vingtrinier, in-8°.

19. Lesieur (A.) — Petite Mythologie — Paris, Hachette et Cie (1856) in-32.

20. Letellier (Charles-Constant) — Mythologie des Commençants — Paris, Belin Leprieur (1831) in-32.

21. Maury (Alfred) — Croyances et légendes de l'antiquité — Essai de Critique appliquée à quelques points d'histoire et de mythologie. Paris (1863) in-18.

22. **Quin** (L. Charles) — Le Hâvre avant l'histoire et l'antique ville de l'Eure. — Hâvre, Lepelletier (1876) in-8°.

23. **Reboul** (J.-P.) — Histoire Sainte depuis la Création du monde jusqu'à la ruine de Jérusalem — Paris, Moutardier (1834) in-8°.

24. **Rion** (Ad,) — Histoire Sainte depuis la Création jusqu'à la venue du Messie — Paris, Dupont (1879) in-32.

25. **Rougemont** (Frédéric de) — L'Age du bronze ou les Semites en Occident — Matériaux pour servir à l'histoire de la haute antiquité — Paris, Didier et Cⁱᵉ (1866) in-8°.

26. **Verneau** (Dʳ) — L'enfance de l'humanité, l'âge de la pierre — Paris, Hachette et Cⁱᵉ (1890) in-18.

27. **Zoroastre** — Zend Avesta, traduit en français par Anquetil du Perron — Paris, Tilliard (1771) in-4°, 3 vol.

CXLIII. — Philosophie de l'Histoire

---

1. **Aubertin** (Charles) — L'Esprit public au xviiiᵉ siècle — Paris, Didier et Cⁱᵉ (1873) in-8°.

2. **Bunsen** (de) — Dieu dans l'histoire — Paris, Didier et Cⁱᵉ (1868) in-18.

3. **Chasles** (Philarète) — Etudes sur l'Antiquité, précédées d'un essai sur les phases de l'histoire littéraire et sur les influences intellectuelles des races — Paris, Amyot (1847) in-18.

4. **Cortambert** (Richard) — Mœurs et Caractères des Peuples — Paris, Hachette et Cⁱᵉ (1884) in-4°.

5. **Esquiros** (Alphonse) — Les Sciences, les Institutions et les Mœurs au XIXᵉ siècle — Paris, Paul Renouard (1847) in-8°, 2 vol.

6. **Fustel de Coulanges** — La Cité antique — Paris, Durand (1864) in-8°.

7. **Frary** (Raoul) — Le Péril national — Paris, Didier et Cⁱᵉ (1881) in-18.

8. **Gasparin** — Le bon vieux temps — Paris, Michel Lévy frères, iu-18.

9. **Guepin** — Etude encyclopédique sur le monde et l'humanité — Paris, Sandré (1834) in-8°.

10. **Lacombe** (P.) — De l'Histoire considérée comme science — Paris, Hachette et Cⁱᵉ (1894) in-8°.

11. **Mably** et **Condillac** — de l'Etude de l'histoire — Genève (1780) in 8°.

12. **Martin** (L.-A.) — Les Civilisations primitives en Orient — Paris, Didier et Cⁱᵉ (1861) in-8°.

13. **Montesquieu** — Considérations sur les causes de la grandeur des Romains et de leur décadence — Paris, P. Didot l'aîné (1814) in-8°.

14.   dᵒ   Considérations sur les causes de la grandeur des Romains et de leur décadence — Lyon, Bruyset aîné et Buynand (1805) in-18.

15. **Volney** (C.-F.) — Les Ruines ou Méditations sur les Révolutions des Empires — Paris, Bossang frères (1822) in-32.

16.   dᵒ   Les Ruines ou Méditations sur les Révolutions des Empires — Paris, Desenne, Volland, Plasson (1791) in-8°.

17. **Voltaire** — Essai sur les mœurs — Paris, Esneaux (1821) in-8°, 3 vol.

CXLIV. — *Histoire et Géographie universelles*

1. **Art** (L') de vérifiier les dates avant l'ère chrétienne et depuis la naissance de notre Seigneur jusqu'à nos jours, par les Bénédictins de la congrégation de saint Maur — Paris, Moreau (1819) et Bruneau (1844) in 8°, 42 vol.

2. **Bossuet** — Discours sur l'Histoire universelle, depuis le commencement du monde jusqu'à l'an 1700 inclusivement — Paris, Delalain (1771) in-18, 2 vol.

3. **Bouillet** (M.-N.) — Atlas universel d'histoire et de géographie contenant la chronologie, la généalogie, la géographie — Paris, Hachette et Cie (1877) in-4°.

4. **Cantu** (Cesar) — Histoire universelle, traduite par E. Aroux et Piersilvestro Leopardi, entièrement revue par M. Armand Lacombe — Paris, Firmin Didot frères, fils et Cie (1867) in-8°, 19 vol.

5. **Cours** élémentaire d'histoire universelle rédigé sur un nouveau plan ou Lettres de Madame d'Ivry à sa fille — Paris, J.-G. Dentu (1809) in-18, 10 vol.

6. **Dreyss** (Ch.) — Chronologie universelle suivie de listes chronologiques et de tableaux généalogiques, continuée jusqu'en 1872 — Paris, Hachette etC^{ie} (1873) in-18, 2 vol.

7. **Gaudeau** (L) — Histoire de tous les peuples, leçons synchroniques d'histoire générale en colonnes synoptiques — Paris, Jalayer (1839) in-8°.

8. **Justin** (Junianus Justinus) — Histoire universelle extraite de Trogue Pompée, traduction Jules Pierrot — Paris, Panckoucke (1883) in-8°, 2 vol.

9. **Malte Brun** — Géographie universelle entièrement refondue et mise au courant de la science par Th. Lavallée — Paris, Furne, Jouvet et Cie (1869) in-4°, 6 vol.

10. **Mentelle (Edme)** — Cours complet de cosmographie, de géographie, de chronologie ancienne et moderne avec 166 tableaux et 1 atlas — Paris, Bernard an XII (1804) in 8°, 3 vol.

11. **Michelet (Jules)** — Introduction à l'histoire universelle — Paris, Calmann Lévy (1879) in-18.

12. **Philippe etc.** — Atlas universel pour l'étude de la géographie et de l'histoire ancienne et moderne — Paris, Nyon l'aîné (1787) in-4°.

13. **Reclus (Elysée)** — Nouvelle géographie universelle, La Terre et les Hommes — Paris, Hachette et Cⁱᵉ, in-4°, 19 vol.

14. **Rion (Ad.)** — Géographie du monde, description générale, races, religions, etc. — Paris, Paul Dupont (1879) in-32.

15. d° Histoire universelle, tablettes chronologiques depuis la création jusqu'à nos jours — Paris, Ad. Rion (1879) in-32.

16. **Robert et Robert de Vaugondy** — Atlas universel de géographie ancienne et de géographie moderne, avec une introduction — Paris, Boudet (1757) in-f°.

17. **Segur (Comte de)** — Histoire universelle contenant l'histoire ancienne, romaine et du bas-empire, avec gravures et cartes — Paris, Furne, Fruger et Brunet (1836) in-8°, 12 vol.

18. **Tableau** chronologique de l'histoire ancienne et moderne tant sacrée que profane, depuis le commencement du monde jusqu'à l'an de grâce 1814, avec cartes — Lyon, M.-P. Rusand (1815) in-32.

19. **Tardieu (Ambroise et Vuillemin** — Géographie ancienne et moderne, pour l'intelligence de la géographie universelle de Malte-Brun — Paris, Furne, Jouvet et Cⁱᵉ, in-folio.

20. **Thou** (Jacques-Auguste de) — Histoire universelle avec la suite par Nicolas Rigault, contenant les mémoires de la vie de l'auteur et un recueil de pièces concernant sa personne et ses ouvrages... y compris les notes et principales variantes, corrections et restitutions qui se trouvent dans les manuscrits de la bibliothèque du roi de France, etc., traduction sur la nouvelle édition latine de Londres — Basle, chez Jean-Louis Brandmuller (1742) in-4°, 11 vol.

21. **Vivien de St-Martin** — Histoire de la géographie et des découvertes géographiques depuis les temps les plus reculés jusqu'à nos jours, avec atlas historique — Paris, Hachette et Cⁱᵉ (1873) in-4°, 1 vol., in folio, 1 vol.

CXLV. — Archéologie, Numismatique, Généalogie, Généralités de l'art héraldique, Sceaux, Armorial, Blason, etc.

(Voir en outre vol. I, CXXVII : Mélanges de Beaux-Arts et d'Archéologie)

---

1. **Académie** des Inscriptions et Belles-Lettres — Corpus inscriptionum semiticarum ab academiâ inscriptionum et litterarum humaniarum conditum atque Digestum, pars prima, Inscriptiones Pœnicias continens, 10 fascicules in-folio — Parisiis e reipublicæ typographeo (1881).

2.   dᵒ   Pars secunda — Inscriptiones aramicas continens (1889-1893) 4 fascicules in-folio.

3.   dᵒ   Pars quarta — Inscriptiones himyariticas et sabæas continens — (1889-1892) 4 fascicules in-folio.

4. **Almanach de Gotha** — Collection de l'annuaire généalogique, diplomatique et statistique — Gotha, (1890-1898) in-32, 6 vol.

5. **Barthélemy (A. de)** — Nouveau manuel complet de numismatique ancienne — Paris, Roret (1866) in-32.

6.   d° Numismatique de la France, Epoques gauloise, gallo-romaine et mérovingienne — Paris, E. Leroux (1891) in-8°.

7.   d° Nouveau manuel complet de numismatique du moyen-âge et moderne — Paris, Roret, in-32.

8. **Bazin (Hippolyte)** — Villes antiques, Vienne et Lyon, gallo-romains — Paris, Hachette et Cie (1891) in-8°.

9. **Beulé** — Fouilles et découvertes résumées et discutées en vue de l'histoire de l'art en Grèce et en Italie — Paris, Didier et Cie (1873) in-18, 2 vol.

10. **Boissier (Gaston)** — L'Afrique romaine, promenades archéologiques en Algérie et en Tunisie — Paris, Hachette et Cie (1895) in-18.

11. **Boucoiran (L.)** — Guide aux monuments de Nîmes et au pont du Gard — Nîmes, Roger et Laporte (1863) in-18.

12. **Bourguignat** — Notice sur une pierre tombale conservée en l'église Notre-Dame de la Ville-au-Bois — Bar-sur-Aube, Mme Jardeaux-Ray (1855) in 4°.

13. **Caumont (de)** — Rapports faits à la société archéologique à Bordeaux, Caen et Saint-Etienne d'excursions archéologiques faites dans l'ouest de la France — Paris, Derache (1863) in-8°.

14. **Champollion le Jeune** — Lettres écrites de Nubie et d'Egypte en 1828 et 1829 — Paris, Didier et Cie (1868) in-8°.

15. **Charmes** (Xavier) — Le Comité des travaux historiques et scientifiques, instructions — Paris, Imp. Nat. (1886) in-4°, 3 vol.

16. **Delisle** (L.) — Littérature latine et histoire du moyen-âge, instructions adressées par le comité des travaux historiques et scientifiques aux Correspondants du Ministère de l'Instruction publique et des Beaux-Arts — Paris, Leroux (1890) in-8°.

17.   d° Notice sur vingt manuscrits du Vatican — Paris, H. Champion (1877) in-8°.

18.   d° Notice sur les attaches d'un sceau de Richard Cœur de Lion — Paris. Firmin Didot frères (1852) in-8°.

19. **Demstero** (Thomas) — Antiquitatum romanarum corpus absolutissimum in quo prœter ea quœ, Joannes Rosinus delineaverat, infinita supplentur, mutantur, adduntur — Muresk, Apud Petrum et Jacobum Chouet (1640) in-4°.

20. **Documents** inédits de l'histoire de France, Rapports au ministre — Paris, Imp. Nat. (1874) in-4°.

21.   d° Paris, Imprimerie Royale (1839) in-4°.

22.   d° Tables chronologiques et alphabétiques (1841-1848) — Paris, Imprimerie Nationale (1874) in-4°.

23. **Ducange** — Les familles d'Outre-Mer, publiées par G. Rey — Paris, Imprimerie Nationale (1869) in-4°.

24. **Etude** sur la Visitation, à San-Remo, Bibliothèque Mazarine. manuscrit 2437 — Paris, Firmin Didot et Cie (1893) in-8°.

25. **Feraud** (L.) — Monographie du palais de Constantine — Constantine, Alessi et Arnolet (1864) in-8°.

26. **Fossé Darcosse** — Mélanges curieux et anecdotiques tirés d'une collection de lettres autographes et de documents historiques, précédés d'une notice par Ch. Asselineau — Paris, Teckner (1861) in-8°.

27. **Furse** (le bᵒⁿ Edouard-Henri) — Mémoires numismatiques de l'ordre souverain de Saint-Jean de Jérusalem, avec les médailles et monnaies frappées par les grands maîtres de l'ordre — Rome, Forzani et C. (1889) in-4°.

28. **Gosse** (J.-H) Recherches sur quelques représentations du Vase Eucharistique — Genève (1894) in-4°.

29. **Gourdon de Genouilhac** — L'Art Héraldique — Paris, Quantin, in-8°.

30. **Grimblot** (P.) — Sept suttas Pâlis, tirés du Digha-Nikâya, traductions anglaise, française — Paris, Imprimerie Nationale (1876) in 8°.

31. **Guhl** (E) et **Koner** (W.) — La Vie antique. manuel d'archéologie grecque et romaine d'après les textes et les monuments figurés. Rome, Architecture publique et privée, Mobilier, Armes, Costumes, Mœurs, Usages, Traduction par Trawinski, revue par Riemann, précédée d'une introduction par A. Dumont — Paris, J. Rothschild (1885) in-8°.

32. **Guilhermy** (F. de) — Itinéraire archéologique de Paris — Paris, Bance (1855) in-18.

33. **Guizot** — Rapports au roi sur la collection des documents inédits de l'histoire de France — Paris, Imprimerie Royale (1835) in-4°, 2 vol.

34. **Inventaire** des Sceaux de la collection Clairambault à la bibliothèque nationale — Paris, Imprimerie Nationale (1885-1886) in-4°, 2 vol.

35. **Lacombe** (P.) — Les Armes et les Armures — Paris. Hachette et Cⁱᵉ (1877) in-18.

36. **Lecoy de la Marche** — Les Sceaux — Paris, in-8º.

37. **Leblant** (Edmond) — Nouveau recueil des Inscriptions chrétiennes de la Gaule, antérieures au VIIIᵉ siècle — Paris, Imprimerie Nationale (1892) in-4º.

38.   dº   L'Epigraphie chrétienne en Gaule et dans l'Afrique romaine — Paris, E. Leroux (1890) in 8º.

39.   dº   Etude sur les sarcophages chrétiens antiques de la ville d'Arles — Paris, Imprimerie Nationale (1878) in-folio.

40.   dº   Les Sarcophages chrétiens de la Gaule — Paris, Imprimerie Nationale (1886) in-folio.

41. **Martin** (H.) — Etudes d'archéologie celtique — Paris, Didier et Cⁱᵉ (1872) in-8º.

42. **Millard** (Eug.) — Notice historique et archéologique sur quelques sceaux de diverses époques.

43. **Morgan** (J. de) — Mission scientifique en Perse, Recherches archéologiques — Paris, Ernest Leroux (1897) in-4º, 2 vol.

44. **Mortillet** (Gabriel de) — Amulettes gauloises et gallo romaines, contribution à l'histoire des superstitions — Paris, E. Leroux (1876) in-8º.

45. **Perrossier** (Cyprien) — L'inscription de Saint-Donat — Valence, Chenevier et Chavet (1867) in-8º.

46. **Petit** (Vᵒʳ) — Fréjus, Forum Julii, note descriptive accompagnée d'une carte, d'un plan et de dessins — Cannes, Robaudy ; Nice, Visconti ; Caen, Leblanc Hardel, in-18.

47. **Rawlinson et Norris** — Choix d'inscriptions assyriennes — London, Bowler (1861) in-folio.

48.   dº   Inscriptions assyriennes , babyloniennes , Chaldéennes — London, Bowler (1860) in-fº.

49. **Robert** (Charles) — Numismatique de Cambrai — Paris, Rollin et Feuardent (1861) in-4°.

50.   d⁰   Monnaie de Gorze sous Charles de Remoncourt et circonstances politiques dans lesquelles elle a été frappée — Paris, Rollin et Feuardent (1870) in-4°.

51.   d⁰   Description d'une monnaie gauloise — Metz, S. Lamort (1846) in-8°.

52.   d⁰   Médaille commémorative de la défense de Metz en 1552 — Paris, Firmin Didot frères, fils et Cie (1874) in-4°.

53.   d⁰   Quelques noms gaulois — Mayence, A. Munier (1875) in-8°.

54. **Saint Foix** — Histoire de l'ordre du Saint Esprit — Paris, Vve Duchesne (1778) in-18.

55. **Thuot** (J -C.) — Notice sur quelques restes d'édifices romains trouvés dans le rempart vitrifié du Puy de Gaudy — Guéret, Dugenest (1879)) in-18.

56. **Tissot** (Charles) — Tunisie, Chorographie, Réseau routier, avec atlas et appendices par Salomon Reinach — Paris, Imp. Nationale (1888) in-4°.

CXLVI. — *Académies et Sociétés historiques et d'archéologie*

----

1. **Algérienne** (Société historique) — Journal des travaux — Alger, Jourdan ; Constantine, Arnolet ; Oran, Alessi (1875 à 1878) 3 ann., in-8°.

2. **Antiquaires** de France (Société des) — Paris, Dumoulin (1873 à 1878) in-8°, 6 ann.

3. **Avesnes** (Société archéologique de l'arrondissement d') — Mémoires — (Années 1874-1876) 2 ann.

4. **Charente** (Société archéologique de la) — Années 1871 à 1877 — Angoulême, Goumard, in-8°, 5 vol.

5. **Château-Thierry** (Société historique et archéologique de) — Année 1870 à 1877 — Château-Thierry, Leasne, in-8°, 7 vol.

6. **Congrès** archéologique de France — Années 1867, 1875, 1876, 1877 — Paris, Derache Champion, in-8°, 4 vol.

7. **Constantine** (Société archéologique de la province de) — Années 1854 à 1877 — Constantine. Arnolet, in-8°, 14 vol.

8. **Dunoise** (Société d'archéologie et d'histoire) — Années 1871 à 1876 — Châteaudun, Pouillier-Vauldegrain et Laurent Tuffé, in-8°, 5 vol.

9. **Eduenne** (Société) — Années 1874-1875 — Autun, Michel, de Jussieu, in-8°, 2 vol.

10. **Haute-Saône** (Société d'archéologie de la) — Année 1879 — Vesoul. Suchaux (1879) in-18.

11. **Ille et Vilaine** (Société archéologique du département de l') — Années 1873 à 1879 — Rennes, Catel et Cie, in-8°, 5 vol.

12. **Investigateur** (L') Journal de la société des études historiques — Années 1873 à 1879 — Paris. Thorin. in-8°, 7 vol.

13. **Limousin** (Société archéologique et historique du) — Années 1872 à 1886 — Limoges. Chapoulard, frères, in-8°, 15 vol.

14. **Lorraine** (Société archéologique et historique de la) — Années 1873 à 1879 — Nancy, Crépin-Leblond, in-8°, 4 vol.

15. **Lyon** (Société littéraire, historique et archéologique de) — Année 1876 —Lyon, A. Brun, in-4°.

16. d° Années 69 à 73, in-8°, 5 vol.

17. **Midi de la France** (Société archéologique du) — Table des matières des années 1831 à 1871 dressée par Lapierre — Toulouse, Chauvin et fils, in-4°.

18. d° Années 1872 à 1879 — Toulouse, Privat-Chauvin et fils, in-4°.

19. **Morinie** (Société des Antiquaires de la) — Années 1873 à 1879 — Saint-Omer, Tumerel-Fleury Lemaire, in-8°, 8 vol.

20. **Nantes** (Société archéologique de) — Année 1888 — Nantes, Vincent frères et Grimaud, in-4°.

21. **Nord** (Commission historique du département du) — Année 1873 — Lille, Danel, in-8°,

22. **Normandie** (Société des antiquaires de) — Année 1873 — Rouen, Le Brument, in-4°.

23. **Numismatique** (société de) française et d'archéologie — Années 1875 à 1876, in-4°, 3 vol.

24. **Orléanais** (Société historique et archéologique de l') — Années 1874 à 1879 (bulletin) — Orléans, G. Jacob, in-8°, 6 vol.

25. d° Années 1873 à 1879 (mémoires) — Orléans, Herluison, in-4°, 5 vol.

26. d° Atlas des mémoires de la Société —Orléans, Herluison (1876) in-4°, 3 vol.

27. **Picardie** (Mémoires de la société des Antiquaires de) Années 1876-1878 — Amiens, Douillet et Cie, in 8°, 2 vol.

28. d° Années 1868 à 1879 — Amiens, Douillet et Cie, in-8°, 12 vol.

29. **Savoisienne** (Société d'histoire et d'archéologie) — Années 1873 à 1879 — Chambéry, Bottero, in 8°, 6 vol.

30. **Sciences** morales et politiques (académie des) — Années 1855-1857 — Paris, Durand, in-8°, 3 vol.

31. **Sens** (Société archéologique de) — Années 1872-77 — Sens, Duchemin, in-8°, 2 vol.

32. **Société** de l'histoire de France — Annuaire-Bulletin 1896 — Paris, Renouard Laurent (1896) in 8°, 2 fascicules.

33. **Tarn** et **Garonne** (Société archéologique et historique de) — Années 1869 à 1878 — Montauban, Forestié neveu, in-8°, 10 vol.

34. **Touraine** (société archéologique de la) — Histoire de l'abbaye de Noyers — Tours, Guillaud-Verger, Georget-Joubert (1873) in-8°.

B.² — Histoire Ancienne

CXLVII. — Œuvres des Anciens Historiens

1. **Arrien** — Expédition d'Alexandre avec notice biographique par Buchon et Carte — Paris, A. Desrez (1837) in-4°.

2. **César** — Commentaires, Texte et traduction de Wailly — Lyon, Maillet (1812) in-18, 2 vol.

3.   d°   Commentaires de César sur la guerre des Gaules. texte et traduction de Sommer — Paris, Hachette et Cⁱᵉ (1881) in-18.

4.   d°   Mémoires, texte et traduction d'Artaud — Paris, Panckoucke (1882) in-8°, 3 vol.

5. **Cornelius Nepos** — Cornelii Nepotis de Vitâ excellentium imperatorum — Paris, Mame (1808) in-32.

6.   d⁰   Les Vies, texte et traduction de Calonne — Paris, Panckoucke (1879) in-8⁰.

7. **Ctésias** — Histoire de Perse et de l'Inde — Paris, A. Desrez (1837) in-4⁰.

8. **Flavius** (Joseph) — Œuvres complètes, traduction de Buchon — Paris, A. Desrez (1840) in-4⁰.

9.   d⁰   Œuvres, texte grec et traduction latine — Paris, Firmin Didot (1849) in-4⁰, 2 vol.

10. **Florus** — Abrégé de l'histoire romaine, texte et traduction de Ragon — Paris, Panckoucke (1883) in-8⁰.

11. **Fragmenta** — Partim inedita Polybii, Dionysii halicarnassensis, Polyœni, Dexippi, Eusebii — Parisiis. Carolus Mallerus (1847) in-4⁰.

12. **Hérodote** — Histoire, Vie d'Homère, traduction par Buchon — Paris, A. Desrez (1837) in-4⁰.

13.   d⁰   Histoire, Vie d'Hérodote, traduction par Larcher — Paris, Lefèvre-Charpentier (1842) in-18, 2 vol.

14.   d⁰   Fragments d'Hérodote, traduction de Paul-Louis Courrier — Paris, Perrotin (1834) in-8⁰.

15. **Paterculus** (Velleius) — Histoire romaine, texte et traduction de Després — Paris, Panckoucke (1875) in-8⁰,

16.   d⁰   Abrégé de l'histoire grecque et romaine, texte et traduction de Paul — Lyon, Tournachon Molin (1809) in-18.

17.   d⁰   Opera, cum selectis variorum notis — Lugduni, Antonius Thysius (1653) in-18.

18. **Pausanias** — Voyage historique de la Grèce, traduc-
     tion de l'abbé Gedoyn — Paris, Didot (1731) in·8º,
     2 vol.

19. **Philon d'Alexandrie** — Ecrits historiques, influence,
     luttes et persécution des Juifs dans le monde ro-
     main — Paris, Didier et Cie (1867) in·8º.

20. **Plutarque** — Les vies des hommes illustres, tra-
     duction de Ricard — Paris, Lefèvre (1838)
     in-8º, 3 vol.

21.   dº   Vie des hommes illustres de Rome, traduc-
                  tion de Ricard et Dauban — Paris, Dela-
                  grave et Cie (1873) in-8º, 2 vol.

22.   dº   Vie de Périclès — Paris, Perrotin (1834)
                  in-8º.

(Voir, en outre, vol. I, Philosophie — Vol. II, Littérature : Amyot)

23. **Quinte-Curce** — Histoire d'Alexandre le Grand,
                  texte et traduction d'Aug. et Alph. Trognon
                  — Paris, Panckoucke (1884) in 8º, 3 vol.

24.   dº   Histoire d'Alexandre le Grand, traduction
                  de Vaugelas, avec les suppléments de
                  Freinshemius traduits par l'abbé Dinouart —
                  Paris, Barbou (1772) in-18, 2 vol.

25. **Salluste** — Catilinaria et Jugurthina bella — Tolosæ,
                  Devers (1810) in-32.

26.   dº   Histoires, texte et traduction de Beauzée —
                  Paris, Barbou (1781) in-32.

27.   dº   Œuvres, texte et traduction de Ch. du Ro-
                  zoir — Paris, Panckoucke (1883) in-8º,
                  2 vol.

28.   dº   Conjuration de Catilina, Guerre de Jugurtha,
                  traduction de Develay — Paris (1866) in-32.

29. **Suétone** — Œuvres, texte et traduction de M. de
                  Golbery — Paris, Panckoucke (1883) in·18,
                  3 vol.

30. **Suétone** — Œuvres, traduction de La Harpe — Paris, Garnier frères (1862) in-18.

31. **Tacite** — Œuvres complètes, texte et traduction de Ch. Louandre — Paris, Charpentier (1845) in-18, 2 vol.

32.   do   Germanie, Agricola, des Orateurs, texte et traduction de Panckoucke — Paris, Panckoucke (1883) in-8°.

33.   do   Histoires, texte et traduction de Panckoucke — Paris. Panckoucke (1881) in-8°, 2 vol.

34.   do   Annales, texte et traduction de Panckoucke — Paris. Panckoucke (1887) in-8°, 3 vol.

35.   do   Index, manuscrits, bibliographie par Panckoucke — Paris, Panckoucke (1888) in-8°.

36. **Tite-Live** — Histoire romaine, texte et traduction de Liez — Paris, Panckoucke (1881) in-8°, 17 vol.

37. **Thucydide** — Histoire, traduction de Levesque — Paris, Lefèvre-Charpentier (1840) in-18.

38. **Valère Maxime** — Faits et paroles mémorables, traduction de Fremion — Paris, Panckoucke (1885) in-8°, 3 vol.

39. **Xenophon** — Œuvres complètes, traduction d'E. Talbot — Paris, Hachette et Cie (1868) in-18, 2 vol.

40.   do   Œuvres complètes, traduction de Dacier, Auger, etc. — Paris, Charpentier (1842) in-18, 2 vol.

CXLVIII. — Œuvres modernes : la Grèce et l'Orient

1. **Abrégé** de l'histoire ancienne et de la fable — Paris, (17...) in-32.

2. **Bailly** — Lettres sur l'Atlantide de Platon et sur l'ancienne histoire de l'Asie, pour servir de suite aux lettres sur l'origine des sciences adressées à M. de Voltaire par M. Bailly — Paris, Debure père et fils (an XIII) in-8º.

3. **Barthélemy Saint-Hilaire** — Lettres sur l'Egypte — Paris, Michel Lévy frères (1860) in-18.

4. **Champollion-le Jeune** — Lettres écrites d'Egypte et de Nubie en 1828 et 1829 — Paris, Didier et Cie (1868) in-8º.

5. **Clavier** — Histoire des premiers temps de la Grèce depuis Inachus jusqu'à la chute des Pisistratides, pour servir d'introduction à la description de la Grèce de Pausanias, avec des tableaux généalogiques des principales familles de la Grèce — Paris, Bobée (1883) in-8º, 3 vol.

6. **Deguignes** — Histoire générale des Huns, des Turcs, des Mogols et des autres tartares occidentaux avant et depuis Jésus Christ jusqu'à présent, ouvrage tiré des livres chinois et des manuscrits orientaux de la bibliothèque du Roi — Paris, Desaint et Saillant (1756-1758) in-4º, 5 vol.

7. **Delaunay** (Ferdinand) — Moines et Sibylles dans l'antiquité Judéo-Grecque — Paris, Didier et Cie (1874) in-18.

8. **Derenbourg** (J.) — Essai sur l'histoire et la géographie de la Palestine d'après les Thalmuds et les autres sources rabbiniques — Paris, Imprimerie Nationale (1867) in-8º.

9. **Durdent** — Beautés de l'histoire Grecque ou tableau des événements qui ont immortalisé les Grecs — Paris, d'Eymery, Fruger et Cie (1830) in-18.

10. **Gobineau** (comte de) — Histoire des Perses d'après les auteurs orientaux, grecs et latins et particulièrement d'après les monuments orientaux inédits, etc. — Paris, Henri Plon (1869) in-8º, 2 vol.

11. **Grecs** (les) à toutes les époques depuis les temps les plus reculés jusqu'à l'affaire de Marathon en 1870, par un ancien diplomate en Orient — Paris, E. Dentu (1870) in-8º.

12. **Guillemin** (J.-J.) — Histoire ancienne de l'Orient — Paris, Hachette et Cie (1872) in-18.

13. **Guiraud** (Paul) — Histoire de la Grèce, la vie privée et la vie publique des Grecs — Paris. Hachette et Cie (1890) in-18.

14. **Hanno** (Georges) — Les villes retrouvées, Thèbes d'Egypte, Ninive, Babylone, Troie, Carthage, Pompéï, Herculanum — Paris, Hachette et Cie (1881) in-18.

15. **Hignard** — Le sentiment religieux en Grèce — Paris, Ch. Douniol (1870) in-8º.

16. **Jurien de la Gravière** — Les campagnes d'Alexandre, l'héritage de Darius, avec une carte de la Perse orientale — Paris, E. Plon et Cie (1883) in-18.

17. d^o Les Campagnes d'Alexandre, l'Asie sans maître, avec une carte de la Perse orientale au temps des grecs et des romains — Paris, E. Plon et Cie (1883) in-18.

18. d^o Les Campagnes d'Alexandre, la Conquête de l'Inde et le Voyage de Néarque avec une carte comparative de l'Inde et de ses abords au temps d'Alexandre et à l'époque actuelle Paris, E. Plon, Nourrit et Cie (1884) in-18.

19. **Jurien de la Gravière** — Les Campagnes d'Alexandre, Epilogue, le Démembrement de l'empire d'Alexandre, avec carte de l'Asie mineure au temps présent — Paris, E. Plon, Nourrit et Cie (1884) in-18.

20.   do   Les Campagnes d'Alexandre, le Drame Macédonien, avec une carte de l'Asie mineure — Paris, E. Plon, Nourrit et Cie (1891) in 18.

21. **Larcher** — Essai de chronologie d'Hérodote — Paris, A. Desrez (1837) in-4°.

22. **Lenormant** (François) — Manuel d'histoire ancienne de l'Orient jusqu'aux guerres médiques, Israélites, Egyptiens, Assyriens, Babyloniens, Mèdes, Perses, Phéniciens, Carthaginois — Paris, A. Lévy fils (1868) in-18, 2 vol.

23. **Lieblein** (J.) — Recherches sur la chronologie égyptienne d'après les listes généalogiqués — Christiania, A.-W. Brogger (1873) in-8°.

24. **Maspero** (G.) — Histoire ancienne, Egypte, Assyrie — Paris, Hachette et Cie (1890) in-18.

25. **Ramsay** — Les Voyages de Cyrus — Londres, Jacques Bettenham (1730) in-4°.

26. **Reinaud** — Relations politiques et commerciales de l'Empire romain avec l'Asie orientale (l'Hyrcanie, l'Inde, la Bactriane et la Chine) pendant les cinq premiers siècles de l'Ere chrétienne, d'après les témoignages latins, grecs, arabes, persans, indiens et chinois, avec cartes — Paris, Imp. Impér. (1863) in-8°.

27.   do   Mémoire sur le commencement et la fin du royaume de la Mésène et de la Kharacène et sur l'époque de la rédaction du périple de la mer Erythrée — Paris. Imprimerie Nationale (1861) in 18.

28. **Rion** (Ad.) — Histoire ancienne, Judée, Egypte, Assyrie, Babylone, etc.. suivie de tableaux chronologiques — Paris, Paul Dupont (1879) in-32.

29. **Rollin** — Histoire ancienne des Egyptiens. des Carthaginois, des Assyriens, des Babyloniens, des Mèdes et des Perses, des Macédoniens, des Grecs — Paris, Fr. Estienne (1769-1772) in-18, 13 vol.

30. **Saint-Martin** (J.) — Fragments d'une histoire des Arsacides — Paris, Imp. Nationale (1850) in-8º, 2 vol.

31. **Segur** (Cte de) — Histoire ancienne de la Grèce avec tableaux littéraires et atlas — Paris, A. Eymery (1821) in-8º et in-4º, 2 vol.

32.   do   Histoire de l'Egypte, de l'Asie et de Perse, avec atlas — Paris, Alexis Eymery (1881) in-8º.

33.   do   Histoire ancienne de Sicile, de Carthage et des Juifs, avec atlas — Paris, Eymery (1821) in-8º.

34. **Wescher** (C.) — Poliorcétique des Grecs, Traité théorique, Récits historiques, textes restitués d'après les manuscrits, augmentés de fragments inédits et accompagnés d'un commentaire paléographique et critique, avant propos et notice en Français — Paris, Imp. Nationale (1867) in-4º.

35. **Xenophon** (Vie de) suivie d'un extrait historique et raisonné de ses ouvrages — Paris, (an III) in-4º.

CXLIX. — *Œuvres Modernes : Rome et l'Empire Byzantin*

---

1. **Ampère** (J.-J.) — L'Empire romain à Rome — Paris, Michel Lévy frères. in-8º. 2 vol.

2. **Ampère** (J.-J.) — L'histoire romaine à Rome — Paris, Michel Lévy frères (1866) in-8°, 4 vol.

3. **Allègre** (Antoine) — Les Vies des hommes illustres pour servir de supplément aux vies de Plutarque, avec des notes et des observations, Trajan, Adrien, Antonin le Pieux, Commode, Pertinax, Didius Julianus, Sévère, Bassianus surnommé Caracalla, Heliogabale — Paris, Cussac (1802) in-8°.

4. **Antiquités** (Abrégé des) romaines, pour l'étude des auteurs latins et l'histoire de Rome — Paris, Blanchard et Cie (1810) in-32.

5. **Boissier** (Gaston) — Cicéron et ses amis, étude sur la société romaine du temps de César — Paris, Hachette et Cie (1870) in-18.

6. **Bugny** (L.-P. de) — Pollion ou le siècle d'Auguste — Paris, Garnery (1808) in-8°, 4 vol.

7. **Cagnat** (René) — L'Armée romaine d'Afrique et l'occupation militaire de l'Afrique sous les Empereurs — Paris, Imp. Nationale (1892) in-4°.

8. **Chateaubriand** — Etudes ou discours historiques sur la chute de l'Empire romain, la naissance et les progrès du Christianisme et l'invasion des barbares et mélanges littéraires — Paris E. et V. Penaud frères (1826) in-4°.

9. **Clément Pallu de Lessert** (A.) — Fastes des provinces africaines (Proconsulaire, Numidie, Mauritanie) sous la domination romaine — Paris, E. Leroux (1896-1897) (1er vol.) in-4°, 2 vol.

10. **Crevier** — Histoire romaine depuis la fondation de Rome jusqu'à la bataille d'Actium, c'est-à-dire jusqu'à la fin de la République — Paris, Vve Estienne et fils (1744-1748) in-18, 7 vol.

11. **Desjardins** (Ernest) — Géographie de la Gaule, d'après la table de Peutinger, avec cartes en couleurs — Paris, Hachette et Cie (1869) in-4°.

12. **Desjardins** (Ernest) — Géographie historique et administrative de la Gaule romaine, époque romaine — Paris, Hachette et Cie (1876) in-4°.

13.　　d° 　Géographie de la Gaule romaine, la Conquête — Paris, Hachette et Cie (1878) in-4°.

14.　　d° 　Géographie de la Gaule romaine, Organisation de la Conquête : la Province, la Cité — Paris, Hachette et Cie (1885) in-4°.

15.　　d° 　Géographie de la Gaule romaine, les Sources de la topographie comparée — Paris, Hachette et Cie (1893) in-4°

16. **Duruy** (Victor) — Histoire des Romains et des peuples soumis à leur domination depuis les temps les plus anciens jusqu'à Auguste — Paris, L. Hachette et Cie (1843-1844) in 8°, 2 vol.

17. **Fauriel** — Histoire de la Gaule méridionale sous la domination des conquérants Germains — Paris, Paulin (1836) in-8°, 4 vol.

18. **Fléchier** — Histoire de Théodose le Grand — Lyon, C. Cormon et Blanc (1815) in-18.

19. **Gibbon** (Edouard) — Histoire de la décadence et de la chute de l'Empire romain, avec une introduction par Buchon — Paris, G. Gratiot (1865) in-4°, 2 vol.

20. **Joguet** (V.) — Les Flaviens, avec une introduction par V. Duruy — Paris, Hachette et Cie (1876) in-18.

21. **Lécluse** (Charles de) — Les Vies d'Annibal et de Scipion pour servir de supplément aux vies de Plutarque — Paris, Cussac (1802) in-8°.

22. **Mary-Lafon** — Rome depuis sa fondation jusqu'à la chute de l'Empire — Paris, Furne et Cie (1853) in-8°.

23. **Merimée** (Prosper) — Etudes sur l'histoire romaine, la guerre sociale, la conjuration de Catilina — Paris, V. Magen (1844) in-8°, 2 vol.

24. **Michelet** (J.) — Histoire romaine, République — Paris, Calmann Lévy (1876) in-18, 2 vol.

25. **Monnier** (Marc) — Pompéï et les Pompeiens — Paris, L. Hachette et Cie (1867) in-18.

26. **Palissot** — Histoire des premiers siècles de Rome — Paris, Bastien (1778) in-8°,

27. **Robert** — Les Armées romaines et leur emplacement — Paris, J. Dumaine (1872) in-8°.

28. **Rollin** — Histoire romaine depuis la fondation de Rome jusqu'à la bataille d'Actium, c'est-à-dire jusqu'à la fin de la République — Paris, Vve Estienne et Fils. Jean Desaurt (1748-1750) in-18, 9 vol.

29. **Rosseeuw Saint Hilaire** (E.) — Jules César — Paris, Ch. Meyrueis (1866) in-18.

30. **Rowe** (Thomas) — Les Vies des hommes illustres pour servir de supplément aux vies de Plutarque, traduites de l'anglais par l'abbé Bellanger, avec des notes et observations — Paris, Cussac (1802) in-8°.

31. **Saint-Allais** (de) — Les Sièges, Batailles et Combats mémorables de l'histoire ancienne et romaine — Paris, Alexis Eymery, Bruno Labre, Tardieu Denesle (1815) in-8°.

32. **Segur** (Cte de) — Histoire romaine, avec atlas — Paris, A. Eymery (1821) in-8°, 3 vol., in-4°.

33.   d°   Empire d'Orient, Bas empire, avec atlas — Paris, Eymery (1821) in-8°, 4 vol.

34. **Thierry** (Amédée) — Histoire de la Gaule sous la domination romaine jusqu'à la mort de Théodose — Paris, Didier et Cie (1871) in-18, 2 vol.

35. **Thierry** (Amédée) — Histoire des Gaulois depuis les temps les plus reculés jusqu'à l'entière soumission de la Gaule à la domination romaine — Paris, Didier et Cie (1874) in-18, 2 vol.

36.   d⁰   Récits de l'histoire romaine au ve siècle, Derniers temps de l'empire d'occident — Paris, Didier et Cie (1862) in-18.

37. **Tissot** (Charles) — Exploration scientifique de la Tunisie, Géographie comparée de la province romaine d'Afrique, Géographie physique, Géographie historique, Chorographie — Paris, Imp. Nationale (1884) in-4⁰.

38.   d⁰   Exploration scientifique de la Tunisie, Géographie comparée de la province romaine d'Afrique, Chorographie, réseau routier, avec atlas, ouvrage publié d'après le manuscrit de l'auteur par Salomon Reinach — Paris, Imp. Nationale (1888) in-4⁰.

39. **Zeller** (Jules) — Les Empereurs romains, Caractères et Portraits historiques — Paris, Didier et Cie (1869) in-18.

D.^{2} — Les Etats Modernes

CL. — *Diplomatique, Travaux spéciaux Travaux d'ensemble*

1. **Archives diplomatiques** de 1861 à 1868 — Recueil de diplomatie et d'histoire, Traités, Conventions, Protocoles, etc., avec les actes qui s'y rattachent — Paris, Amiot ; Leipzig, A. Brockhaus, in-8⁰, 32 vol.

2. **Baudrillart** — Histoire du luxe public et privé depuis l'antiquité jusqu'à nos jours, théorie du luxe, le luxe romain, le moyen âge, la renaissance, les temps modernes — Paris, Hachette et Cie (1878-1880) in-8, 4 vol.

3. **Beautés** (Les) de l'histoire ou tableau des vertus et des vices — Paris, Duprat Duverger (1880) in-18.

4. **Bernard** (F.) — Les Fêtes célèbres de tous les temps Paris, Hachette et Cie (1883) in-18.

5. **Berault-Bercastel** — Histoire de l'Eglise jusqu'en 1720 — Paris, Gauthier frères et Cie (1830) in-8°, 12 vol.

6. **Bonnemère** (Eugène) — Histoire des paysans — Paris, Sandoz et Fischbacher, in-18, 2 vol.

7. **Cucheval-Clarigny** — Histoire de la presse en Angleterre et aux Etats Unis — Paris, Amyot (1857), in-18.

8. **Daniel** (André) — L'année politique 1889, avec un index raisonné, une table chronologique, des notes, des documents et pièces justificatives — Paris, G. Charpentier et Cie (1890) in-18.

9. **Dittes** (Frédéric) — Histoire de l'éducation et de l'instruction, traduite de l'allemand par A. Redolfi Genève, Schira-Blanchard (1879) in 8.

10. **Dumont** (J.) — Corps universel diplomatique du droit des gens contenant un recueil de traités d'alliance, de paix, de trève, de neutralité, de commerce, d'échange, de protection et de garantie de toutes les conventions, transactions, pactes, concordats et autres contrats qui ont été faits en Europe depuis le règne de l'Empereur Charlemagne jusqu'à présent avec les capitulations impériales et royales, les droits et les intérèts des princes et Etats de l'Europe, etc. — Amsterdam, P. Brunel, B. et G. Welstein ; La Haye, P. Husson et Charles Sevier (1726) in-folio, 18 vol.

11. **Dupont** (Paul) — Histoire de l'Imprimerie — Paris, (1854) in-18, 2 vol.

12. **Exempla** virtutum et vitiorum, atque etiam aliarum rerum maximè memorabilium futura lectori supra modum magnus thesaurus, historicos conscripta per authores qui in hâc scriptorum classe judicio doctrinâ et fide apud grœcos et latinos prœstantissimi habentur, Basileœ — Basileœ, per Henricum Petri Martio Mense (anno MDLV) in-4°.

13. **Favrot** — Funérailles et sépultures, histoire des inhumations chez les peuples anciens et modernes — Paris, Lacroix, Verboeckhoven et Cⁱᵉ (1868) in-8°.

14. **Fleury**, prêtre, prieur d'Argenteuil et confesseur du Roi — Histoire ecclésiastique jusques à l'an 1414 — Paris, Jean Mariette, aux Colonnes d'Hercule (1717) in-18, 20 vol.

15.   dᵒ   Histoire ecclésiastique pour servir de continuation à celle de l'abbé Fleury, depuis l'an 1401 jusqu'en 1595 — Paris, Desaint et Saillant (1751) in-18, 16 vol.

16. **Frank** (Ad.) — Réformateurs et publicistes de l'Europe — Paris, Michel Lévy frères (1844) in-8°.

17. **Godeau** (Antoine) évêque et seigneur de Vence — Eloges des Evesques qui dans tous les siècles de l'Eglise ont fleury en doctrine et en sainteté — Paris, F. Muguet (1865) in-4°.

18. **Guizot** — Histoire de la civilisation en Europe depuis la chute de l'empire romain jusqu'à la Révolution française — Paris, Didier et Cⁱᵉ (1866) in-18.

19.   dᵒ   Histoire des origines du gouvernement représentatif et des institutions politiques de l'Europe depuis la chute de l'Empire romain jusqu'au XIVᵐᵉ siècle — Paris, Didier (1835) in-8°, 2 vol.

20. **Histoire** de l Europe et particulièrement de la France, du XIIIe au XVIIe siècle (1270-1610) — Paris, Delalain frères, in-4°.

21. **Histoire** générale des divers Etats, Annuaire des deux mondes pour les années 1856 à 1867 — Paris, J. Claye (1857 à 1868) in-8°, 12 vol.

22. **Histoire** des trois ordres réguliers et militaires des Templiers, Teutons, Hospitaliers ou Chevaliers de Malte — Paris, Lottin, à la Vérité, (1725) in-32, 2 vol.

23. **Jaubert** (Amédée) — Géographie d'Edrisi, traduite de l'arabe en français d'après deux manuscrits de la bibliothèque du Roi — Paris, Imprimerie Royale (1836) in-4°, 2 vol.

24. **Kruse** (Ch. et Fr.) — Atlas historique de tous les pays, avec tableaux chronologiques et généalogiques, traduit de l'allemand par Ph. Lebas et Félix Ansart — Paris, L. Hachette (1836) in-folio.

25. **Lamé Fleury** — L'Histoire du Moyen-Age racontée aux enfants — Lausanne, B. Corbaz (1838) in-18. 2 vol.

26. **Langlois** (Charles) — Histoire du Moyen-Age (395-1270) — Paris, Hachette et Cie (1890) in-18.

27. **Lefebvre** (Armand) — Histoire des Cabinets de l'Europe pendant le Consulat et l'Empire, 1800-1815, complétée par M. Ed. Lefebvre de Behaine, avec notice par Sainte Beuve — Paris, Amyot (1866) in-8°, 3 vol.

28. **Lesur** (C.-L.) — Annuaire historique universel ou Histoire politique et littéraire de 1818 à 1841 — Paris, Fantin-Delaunay, in-8°, 24 vol.

29. **Leynadier** (Camille) — Histoire des peuples et des révolutions de l'Europe, depuis 1789 jusqu'à nos jours — Paris, Henri Noel (1847) in-8° 8 vol.

30. **Louisy** (M.-P.) — Le Livre et les Arts qui s'y rattachent depuis les origines jusqu'à la fin du xviiie siècle — Paris, F. Didot et Cie (1886) in-4°.

31. **Marchal** (J.) — Atlas historique, généalogique, chronologique et géographique de Lascazes et Lesage, continué par J. Marchal — Bruxelles, V.-C.-J. de Mat (1837) in-folio.

32. **Michelet** (J.) — Précis de l'histoire moderne — Paris, Calmann Lévy (1881) in-18.

33.   d°   Précis de l'histoire moderne — Bruxelles, Hauman Cattoir et Cie (1836) in-32, 2 vol.

34. **Perrard** (J.-F.) — Précis de l'histoire du Moyen-Age, (395-1453) — Paris, Joubert (1843) in-8°.

35. **Raynal** — Histoire philosophique et politique des établissements et du commerce des Européens dans les deux Indes — La Haye, Gosse fils (1776) in-18, 6 vol.

36. **Recueil** de traités d'alliance, de paix, de trève, de neutralité, de commerce, de limites, d'échanges et actes servant à la connaissance des relations étrangères des puissances et Etats de l'Europe et des Etats dans d'autres parties du globe, depuis 1761 jusqu'en 1790, publié par Georges-Frédéric de Martens — Gottingue, Dieterich (1817-1818) in-8°, 4 vol.

37.   d°   (nouveau) des traités pour la période de 1808 à 1819, publié par Géo.-Fréd. Martens — Gottingue, Dieterich (1817-1820) in 8°, 4 vol,

38.   d°   des traités d'alliance, de paix, de trève, etc. pour la période 1808-1822, pour faire suite au recueil de Geo.-F. de Martens, publié par son neveu Ch. de Martens — Gottingue, Dieterich (1824) in-8°.

39.. **Recueil** des principaux traités conclus par les puissances depuis 1761 jusqu'à 1808, publié par G.-F. de Martens et continué par Ch. de Martens — Gœttingue, Dieterich (1826-1835) in 8° 4 vol.

40.   d° supplémentaire des traités conclus depuis 1761 jusqu'à l'année 1839, supplément du recueil de M. de Martens contenant en appendice les traités et actes publics importants d'une date antérieure, publié par Frédéric Murhard — Gœttingue, Dieterich (1839-1842) in-8°, 3 vol.

41.   d° (nouveau) des traités, publiés par G.-F. de Martens et continué par F. Murhard, 1836-1839 — Gœttingue, Dieterich (1842) in-8°, 8 vol.

42.   d° général (nouveau) de traités, rédigé sur des copies authentiques par Frédéric Murhard, années 1817 à 1848 — Gœttingue, Dieterich (1843-1853) in-8°, 11 vol.

43.   d° général (nouveau) faisant suite au recueil général de Martens, Saalfeld et Murhard, publié par Ch. Murhard, Pintras et Samwer, années 1847 à 1852 — Gœttingue, Dieterich (1854-1856) in-8°, 3 vol.

44.   d° des traités, Table générale chronologique et alphabétique — Gœttingue, Dieterich (1843) in-8°, 2 vol.

45.   d° (nouveau) des traités, continué par Frédéric Saalfeld, 1815-1831 — Gœttingue, Dieterich (1829-1833) in-8°, 7 vol.

46.   d° général (nouveau) des traités, continué par Charles Samwer, années 1720 à 1860 — Gottingue, Dieterich (1857-1861) in-8°, 4 vol.

47. **Rion** (Ad.) — Histoire moderne de l'Europe — Paris, Paul Dupont (1879) in-32.

48. d° Histoire du Moyen-Age — Paris, Paul Dupont (1879) in-32.

49. **Rion et Vernay** — Ephémérides historiques — Paris, Paul Dupont (1879) in-32.

50. **Robiano** (l'abbé comte de) — Histoire de l'Eglise (1721-1830) continuation de l'histoire de l'Eglise de Berault-Bercastel — Paris, Gauthier frères et Cie (1836) in-8°, 4 vol.

51. **Saint-Allais** (de) — Les Sièges, Batailles et Combats mémorables de l'histoire ancienne et moderne — Paris, Al. Eymery (1815) in-8°.

52. **Tetot** — Répertoire des traités, alphabétique, chronologique, conclus depuis la paix de Westphalie, 1493-1867 — Paris, Amyot (1867) in-8°, 2 vol.

53. **Zeller** (Jules) — L'Année historique ou revue annuelle des questions et des événements politiques des principaux Etats du Monde — Paris, Hachette et Cie (1861) in-18.

54. d° Entretiens sur l'histoire du Moyen-Age — Paris, Didier et Cie (1865) in-18.

CLI. — *Travaux généraux, spéciaux de l'histoire étrangère et internationale*

1. **Allemagne** (l') actuelle — Paris, E. Plon, Nourrit et Cie, in-18.

2. **Amicis** (Edmondo de) — Constantinople, ouvrage traduit de l'italien par Mme J. Colomb — Paris, Hachette et Cie (1885) in-18.

3. **Arméniens** et Arménophiles, par le vieux de la montagne — Genève, 1896, in-18.

4. **Barthélemy Saint-Hilaire** — L'Inde anglaise, son état actuel, son avenir, précédé d'une introduction sur l'Angleterre et la Russie — Paris, Perrin et Cie (1887) in-8º.

5. **Charmes** (Gabriel) — L'Avenir de la Turquie, le Panislamisme — Paris, Calmann Lévy (1883) in-18.

6. **Croizier** (Cte de) — Les Intérêts Européens en Asie, la Perse et les Persans. Nasr-Eddin Schah, le nouvel Iran et l'équilibre asiatique — Paris, Dentu (1873) in-4º.

7. **Daumas** (le général E.) — La Vie arabe et la Société musulmane — Paris. Michel Lévy frères (1869) in-8º.

8. **Dixon** (William Hepworth) — La Russie libre, traduit de l'anglais par Emile Jouveaux — Paris, Hachette et Cie (1873) in-4º.

9. **Dumont** (Albert) — Le Balkan et l'Adriatique, les Bulgares et les Albanais, l'Administration en Turquie, la Vie des campagnes, le Panslavisme et l'Hellénisme — Paris, Didier et Cie (1873) in-8º.

10. **Guizot** — L'Eglise et la Société chrétienne en 1861 — Paris, Michel Lévy frères (1861) in-8º.

11. **Heine** (Henri) — De l'Allemagne — Paris, Michel Lévy frères (1872) in-18, 2 vol.

12. **Laboulaye** (Edouard) — Etudes contemporaines sur l'Allemagne et les pays Slaves — Paris, Charpentier (1868) in-18.

13. **Lafond** (Edmond) — Lorette et Castelfidardo. lettres d'un pèlerin — Paris, Bray (1862) in-18.

14. do Rome, lettres d'un pèlerin — Paris, Ambroise Bray (1864) in-18 2 vol.

15. **Lavisse** (Ernest) — La Vie politique à l'étranger — Paris, G. Charpentier et Cie (1890) in-18.

16.   do   Essais sur l'Allemagne impériale — Paris, Hachette et Cie (1888) in-18.

17. **Lavollée** — La Chine contemporaine — Paris, Pillet fils aîné (:860) in 18.

18. **Marochetti** (J.-B.) — L'Italie, ce qu'elle doit faire pour figurer parmi les nations indépendantes et libres — Paris, Delaunay (1837) in-8°.

19. **Mézières** (A.) — Hors de France : Italie, Espagne, Angleterre, Grèce moderne — Paris, Hachette et Cie (1883) in-18.

20. **Michelet** (J.) — Sur les chemins de l'Europe : Angleterre, Flandre, Hollande, Suisse, Lombardie, Tyrol — Paris, Marpon et Flammarion (1893) in-18.

21.   do   La Pologne Martyr, la Russie et le Danube Paris, E. Dentu ; Bruxelles, Lacroix Verboeckhoven, 1863, in-18.

22. **Mismer** (Charles) — Souvenirs du monde musulman Paris, Hachette et Cie (1892) in-18.

23. **Montlaur** (le Cte de) — De l'Italie et de l'Espagne, Etudes critiques et historiques — Paris, Garnier frères (1852) in-18.

24. **Regla** (Paul de) — La Turquie officielle : Constantinople, son gouvernement, ses habitants, son présent et son avenir — Paris, Quantin (1890) in-18.

25. **Robert** (Eugène) — Lettres sur la Russie — Paris, Arthus Bertrand (1840) in-8°.

26. **Stael** (Mme de) — De l'Allemagne — Paris, Garnier frères (in-18).

27. **Stern** (Daniel) — Florence et Turin, Etudes d'art et de politique, 1857-1861 — Paris, Michel Lévy frères (1862) in-18.

28. **Taillandier** (Saint René) — Etudes sur la révolution en Allemagne — Paris, Franck (1853) in-8°, 2 vol.

29. **Waldteufel** (Edouard) — Mémoire pour la rétrocession de l'Alsace-Lorraine, adressé à S. M. l'Empereur et Roi Guillaume II — Paris, Paul Perrin et Cie (1893) in-18.

30. **Wilkes Booth** (John) — Confession de l'assassin du président Abraham Lincoln — Paris, Poupart, Davyl et Cie (1865) in-18.

31. **Witt** (Cornélis de) — Thomas Jefferson, Etude historique sur la démocratie américaine — Paris, Didier et Cie (1871) in-18.

CLII. — *Peuples et Etats Etrangers : Histoire générale par Etats*

1. **Bigland** (John) — Histoire d'Espagne, depuis la plus ancienne époque jusqu'à la fin de l'année 1809, traduite de l'anglais et continuée jusqu'à l'époque de la restauration de 1814 par le comte M. Dumas — Paris, Firmin Didot, père et fils (1823) in 8°, 3 vol.

2. **Blanc** (Saint-Hilaire) — Les Euskariens ou Basques, le Sobrarbe et la Navarre ; leur origine, leur langue et leur histoire — Paris, Alph. Picard — Cannes, Figère et Guiglion (1888) in-4°.

3. **Charlevoix** (le père) — Histoire du Japon, où l'on trouvera tout ce qu'on a pu apprendre de la nature et des productions du pays, du caractère et des coutumes des habitants, du gouvernement et du commerce, des révolutions, etc., etc. — Paris, Rollin, à Saint-Athanase (1764) in-18, 6 vol.

4. **Daguet (Alexandre)** — Histoire de la Confédération Suisse, depuis les temps anciens jusqu'en 1860 — Neuchatel et Paris, Charles Leidecker (1860) in-8°.

5. **Egypte** (Description de l) — publiée par ordre de Napoléon-le-Grand — Etat moderne — Paris, imprimerie impériale (1800) in f° 9 vol., in-plano, 14 albums.

6. **Escayrac de Lauture** (d') — Histoire de la Chine, religion, gouvernement et coutumes — Paris, J. Best (1865) in-4°.

7. **Florian** — Précis historique sur les Maures d'Espagne — Lyon, Ayné (1805) in-32, 3 vol.

8. **Gaudin** (J.) — Abrégé de l'histoire de la Suisse — Zurich, Orell, Fussli et Cie (1817) in 18.

9. **Gréhan** (M.-A.) — Le royaume de Siam — Paris, A. Bertrand, Challamel aîné (1869) in-4°.

10. **Guenot-Lecomte** — Précis de l'histoire moderne de la Belgique — Bruxelles, Hauman, Cattoir et Cie (1836) in-32, 2 vol.

11. **Guizot** — Histoire de la République d'Angleterre et de Cromwell (1649-1658) — Paris, Didier et Cie (1864) in-18, 2 vol.

12. **Hume** (David) — Histoire d'Angleterre depuis l'invasion de Jules César jusqu'à la Révolution de 1688, traduite de l'anglais et précédée d'un essai sur la vie et les écrits de Hume par Campenon — Paris, Janet et Cotelle (1819) in-8°, 10 vol.

13. d° Histoire de la maison de Tudor, traduite de l'anglais — Amsterdam (1763) in-18, 6 vol.

14. d° Histoire de la maison de Stuart — Londres (1766) in-8° 6 vol.

15. d° Histoire de la maison de Plantagenet — Amsterdam (1769) id-18, 6 vol.

16. **Imbault Huart (C.)** — l'Ile Formose, histoire et description — Paris, E. Leroux (1893) in-4°.

17. **Juchereau de Saint Denys (baron)** — Histoire de l'Empire Ottoman depuis 1792 jusqu'en 1844 — Paris, Guiraudet et Jouaust (1844) in-8°, 4 vol.

18. **Karamsin** — Histoire de l'Empire de Russie, traduite par Saint Thomas, Jauffret et de Divoff — Paris, Belin (1819) ; Saint-Pétersbourg, Saint-Florent et Hauer ; Varsovie, Glucksberg. in-8°, 11 vol.

19. **Kohlrausch** — Histoire d'Allemagne depuis les temps les plus reculés jusqu'à l'année 1838, traduit de l'allemand par A. Guinefolle — Bruxelles, Ad. Wahlen et Cie (1839) in-4°.

20. **Laboulaye (Edouard)** — Histoire des Etats-Unis, les Colonies avant la Révolution, la Guerre de l'Indépendance, la Constitution des Etats-Unis — Paris, Charpentier et Cie (1870) in-18, 3 vol.

21. **Lamairesse (E.)** — Le Japon, histoire, religion, civilisation — Paris, Aug. Challamel (1892) in-8°.

22. **Laguille (Louis)** — Histoire d'Alsace depuis Jules César jusqu'au mariage de Louis xv — Strasbourg, Jean Renauld Doulssecker (1727) in-18, 8 vol.

23. **Lamartine** — Histoire de la Russie — Paris, Perrotin (1855) in-8°, 2 vol.

24. **Leclerc** — Histoire physique, morale, civile et politique de la Russie ancienne comprenant la dynastie des Romanoff jusqu'au règne de Catherine i — Paris, Froullé (1783) ; Versailles, Blaizot (1784) in-4°. 3 vol.

25. **Leclerc** père et **Leclerc** fils — Histoire de la Russie moderne, physique, morale, civile et politique, contenant la suite de la topographie et le précis historique des peuples de ce vaste Empire — Paris, Froulle, Mazadan (1783) ; Versailles, Blaizot (1793) in-4°, 3 vol.

26. **Lingard** (John) — Histoire d'Angleterre depuis la première invasion des romains, traduite de l'anglais par le chevalier de Roujoux — Paris, Carié de Lacharie (1825) in-8°, 14 vol.

27.   d°   Preuves de l'histoire d'Angleterre — Paris, Parent Desbarres (1831) in 8°.

28.   d°   Justification de l'histoire d'Angleterre — Paris, Parent Desbarres (1831) in-8°.

29. **Macaulay** — Histoire d'Angleterre depuis l'avènement de Jacques II. Traduction d'Emile Montegut Paris, Charpentier (1854) in-18, 2 vol.

30. **Malcolm** (John) — Histoire de la Perse depuis les temps les plus anciens jusqu'à l'époque actuelle, traduit de l'anglais — Paris, Pillet aîné (1821) in-8°, 4 vol.

31. **Marmier** (Xavier) — Histoire de l'Islande — Paris, Arthur Bertrand (1840) in-4°, 2 vol.

32. **Metivier** (Henri) — Monaco et ses Princes — Laflèche, E. Jourdain (1862) in-8°, 2 vol.

33. **Onffroy de Thoron** (Vicomte) — Histoire pittoresque et politique de l'Amérique équatoriale — Paris, Vᵛᵉ Renouard (1866) in-8°.

34. **Orange-Nassau** — Archives ou correspondance inédite de la maison d'Orange-Nassau, recueil publié par M. G. Groen Van Printerer, années 1552 à 1584 — Leide, S. et J. Luchtmans (1841) in-8°, 8 vol.

35.   d°   Série supplémentaire des archives de la maison d'Orange-Nassau — Leide, L. et J. Luchtmans (1847) in-8°.

36.   d°   Deuxième série (années 1584 à 1688) des archives de la maison d'Orange-Nassau — Utrecht, Kennink et fils (1861) in-8°, 5 vol.

37. **Rabbe** (Alp.) — Résumé de l'histoire de Russie, depuis l'établissement de Rourik et des Scandinaves — Paris, Lecointe et Durey (1825) in-32.

38. **Rambaud** (Alf.) — Histoire de la Russie depuis les origines jusqu'à l'année 1877 — Paris, Hachette et Cie (1878) in-18.

39. **Secretan** (Eugène) — Galerie Suisse, Biographies nationales, publiées avec le concours de plusieurs écrivains suisses — Lausanne, Georges Bridel (1873) in-8º.

40. **Saige** (Gustave) — Documents historiques relatifs à la principauté de Monaco, depuis le xvᵉ siècle, recueillis et publiés par ordre de S. A. S. le prince Charles III (1412-1641) — Monaco, Imp. du Gouvernement (1888-1891) in-4º, 3 vol.

41. **Salvandy** (N.-A. de) — Histoire de Pologne avant et sous le roi Sobieski — Paris, Sautelet et Cie (1830) in 8º, 3 vol.

42. **Serbes** de Turquie (les), leur histoire, leurs privilèges, leur état politique et social — Prague, Greg. et Dattel (1873) in-8º.

43. **Sismondy** (Sismonde de) — Histoire des Républiques Italiennes du Moyen-Age — Paris, Furne et Cie, Treuttel et Wurtz (1840) in-8º, 10 vol.

44. **Smollett** — Histoire d'Angleterre depuis la Révolution 1688 jusqu'à 1750, pour faire suite à l'histoire d'Angleterre de Hume, traduite de l'anglais — Paris, Janet et Cotelle (1880) in-8º, 6 vol.

45. **Smollett et Adolphus** — Histoire d'Angleterre depuis 1760 jusqu'à la fin du règne de Georges III, pour faire suite à l'histoire d'Angleterre de Hume traduite de l'anglais — Paris, Janet et Cotelle (1820) in-8º, 4 vol.

46. **Smollett, Adolphus et Aikin** — Histoire d'Angleterre depuis le règne de Georges III jusqu'à 1820 pour servir de complément à l'histoire d'Angleterre de Hume, avec table générale des matières — Paris, Janet et Cotelle (1822) in-8°, 2 vol.

47. **Strahlenberg** — Description historique de l'Empire Russien, traduite de l'allemand — Paris et Amsterdam, Desaint et Saillant (1757) in-18.

48. **Taillandier** (Saint-René) — Tchèques et Magyars, XVe au XIXe siècle, histoire, littérature, politique — Paris, Didier et Cie (1869) in-8°.

49. **Ubicini** (A.) — Les Serbes de Turquie, Etudes historiques, statistiques et politiques sur la principauté de Serbie, le Monténégro et les pays Serbes adjacents — Paris, Dentu (1865), in-18.

50. **Vaillant** (J.-A.) — La Romanie ou Histoire, langue, littérature, orographie, statistique des peuples de la langue d'or, Ardialiens, Valaques, et Moldaves, résumés sous le nom de Romans — Paris, Arthus Bertrand (1844) in 8°, 3 vol.

51. **Voltaire** — Annales de l'Empire depuis Charlemagne — Paris, J. Esneaux (1823) in-8°.

52. **Weiss** (Ch.) — L'Espagne depuis le règne de Philippe II jusqu'à l'avènement des Bourbons — Paris, L. Hachette et Cie (1844) in 8°, 2 vol.

53. **Zeller** (Jules) — Abrégé de l'histoire d'Italie depuis la chute de l'Empire romain jusqu'en 1864 Paris, L. Hachette et Cie (1865) in-8°.

54. do Histoire résumée de l'Allemagne et de l'Empire germanique, leurs institutions au moyen-âge — Paris, Perrin et Cie (1889) in-18.

55. do Histoire d'Allemagne : Origines de l'Allemagne et de l'Empire germanique — Paris, Didier et Cie (1872) in-8°.

56. **Zeller** (Jules) — Histoire d'Allemagne : Fondation de l'Empire germanique , Charlemagne, Otton le Grand, les Ottonides — Paris, Didier et Cie (1873) in 8º).

57.   do   Histoire d'Allemagne : l'Empire germanique et l'Eglise au Moyen-Age, les Henri, querel'e des Investitures — Paris, Didier et Cie (1876) in 8º.

58.   do   Histoire d'Allemagne : l'Empire germanique sous les Hohenstauffen, l'empereur Frédéric Barberousse — Paris, Didier et Cie (1881) in-8º.

CLIII.—Peuples et Etats étrangers : Détails de l'histoire du Moyen Age et des XVe et XVIe siècles

1. **Amador de Los Rios** (Don José) — Etudes historiques, politiques et littéraires sur les Juifs d'Espagne, traduites en français par J.-G. Magnabal — Paris, Paul Dupont (1861) in-4º.

2. **Bustron** (Florio) — Chronique de l'île de Chypre, publiée par Mas-Latrie — Paris, Imp. Nationale (1816) in-4º.

3. **Callet** (Albert) — Philibert Berthelier fondateur de la République de Genève — Paris, Fischbacher (1892) in-8º.

4. **Christophe Colomb** et l'Université de Salamanque, traduit de l'Espagnol par J.-G. Magnabal — Paris, E. Leroux (1892) in-32.

5. **Dantier** (Alphonse) — Les Monastères Bénédictins d'Italie, Souvenirs d'un Voyage littéraire au delà des Alpes — Paris, Didier et Cie (1867) in-18, 2 vol.

6. **Dargaud** (J.-M.) — Histoire de Marie Stuart — Bruxelles, Meline, Cans et Cie (1851) in-32, 3 vol.

7. **Diaz Gutierez de Gamez** — Le Victorial, chronique de Don Pedro Nino, comte de Buelna, traduit de l'espagnol d'après le manuscrit, avec une introduction et des notes historiques par A. de Circourt et de Puymaigre — Paris, Victor Palmé (1867) in-8º.

8. **Documents** nouveaux servant de preuves à l'histoire de l'île de Chypre sous le règne du prince de Lusignan, publiés par Mas-Latrie — Paris, Imp. Nationale (1882) in-4º.

9. **Forneron** (H.) — Histoire de Philippe II d'Espagne — Paris, E. Plon et Cie (1882) in-8º, 4 vol.

10. **Gasparin** (Le comte A. de) — Innocent III, le siège apostolique Constantin — Paris, Michel Lévy (1873) in-18.

11. **Guizot** (Guillaume) — Alfred le Grand ou l'Angleterre sous les anglo-Saxons — Paris, Hachette et Cie (1864) in-18.

12. **Harrisse** (Henri) — Christophe Colomb devant l'histoire — Paris, H Welter (1892) in 4º.

13. **Ile de Chypre** — Chronique d'Amadi publiée par Mas-Latrie — Paris, Imp. Nationale (1891) in-4º.

14.   dº   Chronique de Strambaldi, publiée par Mas-Latrie — Paris, Imp. Nationale (1893) in-4º.

15. **Jurien de la Gravière** — Les chevaliers de Malte et la marine de Philippe II — Paris, Plon, Nourrit et Cie (1887) in-18.

16.   dº   Les Corsaires barbaresques et la marine de Soliman-le-Grand (1887) in-18.

17.   dº   La Guerre de Chypre — Paris, Plon, Nourrit et Cie (1888) in-18.

18. **Jurien de la Gravière** — La bataille de Lepante — Paris, E. Plon et Nourrit (1888) in-18.

19. **La Ferrière** (Hector de) — Les projets de mariage de la reine Elisabeth — Paris, Calmann Lévy (1882) in-18.

20. dᵒ   Deux drames d'amour, Anne Boleyn, Elisabeth — Paris, Paul Ollendorff (1894) in-8°.

21. **Michaud** — Biographie des Croisades contenant l'analyse de toutes les chroniques d'Orient et d'occident qui parlent des Croisades — Paris, L.-G. Michaud (1822) in-8ᵉ, 2 vol.

22. dᵒ   Histoire des Croisades — Paris, Michaud-Pillet (1819-1822) in-8°, 5 vol.

23. **Mignet** — Antonio Perez et Philippe II — Paris, Charpentier (1854) in-18.

24. dᵒ   Charles-Quint, son abdication, son séjour et sa mort au monastère de Yuste — Paris, Didier et Cⁱᵉ (1857) in-18.

25. dᵒ   Histoire de Marie Stuart — Paris, Charpentier (1854) in-18, 2 vol.

26. **Mills** (Charles) — Histoire des Croisades entreprises pour la délivrance de la Terre Sainte — Paris, Depelafol (1835) in 8°, 3 vol.

27. **Montalembert** (comte de) — Histoire de Sainte Elisabeth de Hongrie, duchesse de Thuringe — Paris, Bray et Retaux (1871) in-18, 2 vol.

28. dᵒ   Les Moines d'occident depuis Saint Benoît jusqu'à Saint Bernard — Paris, Lecoffre fils et Cⁱᵉ (1868) in-18, 5 vol.

29. **Nervo** (baron de) — Isabelle la Catholique, reine d'Espagne, sa vie, son temps, son règne, 1451-1504 — Paris, Michel Lévy frères (1874) in-8°.

30. **Noer** (Le comte F.-A. de) — L'Empereur Akbar, un Chapitre de l'histoire de l'Inde au XVIᵉ siècle, traduit de l'allemand par G. Bouet Maury — Leide, E.-J. Brill (1883). in-8°, 2 vol.

31. **Perrens** (F.-T.) — Histoire de Florence depuis les origines jusqu'à la domination des Médicis — Paris, Hachette et Cⁱᵉ (1877-1883) in-8°, 6 vol.

32. **Remusat** (Ch. de) — Saint Anselme de Cantorbéry, tableaux de la vie monastique et de la lutte du pouvoir spirituel avec le pouvoir temporel, au onzième siècle — Paris, Didier et Cⁱᵉ (1868) in-18.

33. **Rion** (Ad.) — Histoire des Croisades — Paris, Paul Dupont, in-32.

34. **Robertson** (W.) — Histoire du règne de l'Empereur Charles-Quint, précédée du tableau des progrès de la société en Europe depuis la destruction de l'Empire jusqu'au commencement du XVIᵉ siècle, traduit de l'anglais par J.-B.-A. Suard — Paris, Janet et Cotelle (1817) in-8°, 4 vol.

35. **Roscoe** (William) — Vie et pontificat de Léon x, traduit de l'anglais par P.-F. Henry — Paris, Gide fils (1813) in-8°, 4 vol,

36. **Septenville** (baron de) — Victoires et conquêtes de l'Espagne — Paris, Sartorius (1862) in-18.

37.   dᵒ   Découvertes et conquêtes du Portugal dans les deux mondes — Paris, E. Dentu (1863) in-18.

38. **Thierry** (Augustin) — Histoire de la conquête de l'Angleterre par les Normands, de ses causes et de ses suites, jusqu'à nos jours, en Angleterre, en Ecosse, en Irlande et sur le continent — Paris, Garnier frères (1867) in-18, 4 vol.

39. **Vertot** (l'abbé de) — Histoire des révolutions de Portugal — Avignon, Jean Albert Joly (1816) in-32.

40. **Vertot** (l'abbé de) — Révolutions du Portugal — Paris, Belin (1792) in 18.

41. **Villari** (Pasquale) — Jérôme Savonarole et son temps, d'après de nouveaux documents, traduit de l'italien par G. Gruyer, avec préface, étude préliminaire, choix de lettres et de poésies de Savonarole — Paris, Firmin Didot frères, fils et Cie (1874) in-18, 2 vol.

42. **Villemain** — Histoire de Grégoire VII, précédée d'un discours sur l'histoire de la papauté jusqu'au XIe siècle — Paris, Didier et Cie (1874) in-8°. 2 vol.

43. **Villeneuve** (comte de) — Précis historique sur la vie de René d'Anjou, roi de Naples, comte de Provence et principalement sur son séjour dans cette province — Aix, G. Mouret (1820) in-8°.

44. **Zeller** (Jules) — Entretiens sur l'histoire du XVIe siècle : Italie et Renaissance — Paris, Didier et Cie (1869) in-18.

45.   d^c Les Tribuns et les Révolutions en Italie — Paris, Didier et Cie (1874) in-18.

CLIV.—Peuples et Etats étrangers : Détails de l'histoire des XVIIe et XVIIIe siècles

---

1. **Alfieri** (V^{or}) — Mémoires, traduits de l'italien par Antoine de Latour — Paris, Charpentier (1840) in-18.

2. **Barberey** — Elisabeth Seton et les commencements de l'église catholique aux Etats-Unis — Paris, Poussielgue frères (1872) in-18, 2 vol.

3. **Brougham** — Précis historique du partage de la Pologne, traduit de l'anglais par A. Clapier — Marseille, Fessat aîné (1831) in-8°,

4. **Clément XIV** — Lettres traduites de l'italien et du latin — Paris, Lottin le Jeune (1776) in-18, 4 vol.

5. **Eugène de Savoie** (histoire du prince) — Généralissime des armées de l'Empereur et de l'Empire — Vienne (1777) in-18, 5 vol.

6. **Franklin** (Benjamin) — Mémoires, traduits de l'anglais et annotés par Edouard Laboulaye — Paris, Hachette et Cie (1866) in-18.

7. **Guise** (le duc de) — A Naples ou Mémoires sur les révolutions de ce royaume en 1647 et 1648 — Paris, Urbain Canel (1828) in-8°.

8. **Guizot** — Histoire du protectorat de Richard Cromwell et du rétablissement des Stuart (1658-1660) — Paris, Didier et Cie (1868) in-18, 2 vol.

9. do Monk, chute de la République et le rétablissement de la Monarchie en Angleterre (1660) — Paris, Didier et Cie (1865) in-18.

10. do Histoire de la Révolution d'Angleterre depuis l'avènement de Charles Ier jusqu'à sa mort — Paris, Didier (1847) in-18, 2 vol.

11. **Leris** (G. de) — La comtesse de Verrue et la cour de Victor-Amédée II de Savoie — Paris, Quantin (1881) in-18.

12. **Marchant-de-Beaumont** — Beautés de l'histoire de la Hollande et des Pays-Bas ou époques historiques les plus mémorables de ce royaume — Paris, Alexis Eynery (1818) in-18.

13. **Marc Monnier** — Histoire du brigandage dans l'Italie méridionale — Paris, Michel Lévy frères (1862) in-18.

14. **Mignet** — La Vie de Franklin — Paris, Didier et Cie (1870) in-18.

15. **Missions étrangères** — Choix des lettres édifiantes des Missions étrangères avec des additions, des notes critiques et des observations, précédé d'un tableau de la Chine, de sa politique, des sectes religieuses, de la littérature et de l'état actuel du christianisme chez ce peuple — Paris, Maradan, (1808-1809) in-8°, 8 vol.

16. **Nervo** (baron de) — Gustave III roi de Suède et Anckarstroëm (1746-1792) — Paris, Calmann Lévy (1876) in-8°.

17. **Perey** (Lucien) — Une princesse romaine au XVIIe siècle, d'après des documents inédits — Paris, Calmann Lévy (1896) in-8°.

18. **Pichot** (Amédée) — Histoire de Charles Edouard dernier prince de la maison de Stuart, précédée d'une histoire de la rivalité de l'Angleterre et de l'Ecosse — Paris, Ladvocat (1830) in-8°, 2 vol.

19. **Pombal** (Sébastien-Joseph de) — Mémoires du marquis de Pombal, secrétaire d'état et premier ministre du roi de Portugal — Paris, Q. Curt (1784) in-18, 4 vol.

20. **Remusat** (Charles de) — L'Angleterre au XVIIIe siècle, Bolingbroke. H. Walpole, Junius Burke-Fox — Paris, Didier et Cie (1865) in-18, 2 vol.

21.   d°   Lord Herbert de Cherbury, sa vie et ses œuvres — Paris, Didier et Cie (1874) in-18.

22. **Schiller** — Histoire des Révolutions des Pays-Bas, traduite de l'allemand — Paris, G. Barba (1833) in-8°.

23. **Sorel** (Albert) — La Question d'Orient au XVIIIe siècle, les Origines de la triple alliance — Paris, Plon et Cie (1878) in 8°.

24. **Voltaire** — Histoire de Charles XII, roi de Suède, avec des anecdotes sur le Czar Pierre Ier et plusieurs pièces relatives à l'histoire de Charles XII — Genève, Cramer frères (1766) in 18.

25. **Voltaire** — Histoire de Charles XII et de Pierre le Grand — Paris, Esneaux (1823) in-8°.

26. **Witt** (Jean de) — Correspondance française du grand pensionnaire, publiée par François Combes — Paris, Imp. Nationale (1873) in-4°.

27. **Witt** (Cornélis de) — Histoire de Washington et de la fondation de la République des Etats-Unis — Paris, Didier et Cie (1859) in-18.

CLV. — Peuples et Etats étrangers : Détails de l'histoire du XIXe siècle

1. **Beecher Stowe** (Mistress Harriet) — La clef de la case de l'oncle Tom, contenant les faits et documents originaux sur lesquels le roman est fondé, avec les pièces justificatives, traduit par Oldnick et Ad. Joanne — Paris (1853) in-4°.

2. **Bismarck** (de) — Correspondance diplomatique publiée d'après l'édition allemande de Poschinger, avec préface de M. Funck Brentano (1851-1859) traduite par Schmitt — Paris, Plon et Cie (1883) in-4°, 2 vol.

3. **Blavignac** — Etudes sur Genève depuis l'antiquité jusqu'à nos jours — Genève (1882) in-18.

4. **Blondel** (Aug.) et **Mirabaud** (Paul) — Rodolphe Toppfer, l'écrivain, l'artiste et l'homme — Paris, Hachette et Cie (1886) in-4°.

5. **Boissonnas** (Mme B.) — Un Vaincu, souvenir du général Lee — Paris, Hetzel et Cie (1875) in-18.

6. **Bonnafont** (Dr) — Bismarck, curiosités anecdotiques — Cannes, Figère et Guiglion (1888) in-18.

7. **Borbstœdt** (A.) — Campagnes de la Prusse contre l'Autriche et ses alliés en 1866, traduit de l'allemand par Reynaud, documents inédits — Paris Dumaine (1866) in-8º.

8. **Botta** — De la Sicile et de ses rapports avec l'Angleterre à l'époque de la constitution de 1812 — Paris, Ponthieu et Cie (1827) in-8º.

9. **Byron** (Lord) jugé par les témoins de sa vie — Paris, Amyot (1868) in-8º, 2 vol.

10. **Cavaignac** (Godefroy) — La formation de la Prusse contemporaine (1806-1813) — Paris, Hachette et Cie (1891) in-4º, 2 vol.

11. **Celman** (Don Miguel Juarez) — Message du pouvoir exécutif national — Buenos-Aires (1888) in-4º.

12. **Custine** (Marquis de) — La Russie en 1839 — Paris, Amyot (1843) in-18, 4 vol.

13. **Dantier** (Alphonse) — l'Italie, études historiques — Paris, Didier et Cie (1874) in-18, 2 vol.

14. **Feraud** (L.) — Notice historique sur la tribu des Oulad-Abd-en-Nour — Constantine, Alessi et Arnolet (1864) in-8º.

15. **Gœthe** — Conversations pendant les dernières années de la vie de Gœthe (1822-1832), recueillies par Eckermann, traduites par Em. Delerot et précédées d'une introduction par Sainte-Beuve — Paris, Charpentier (1863) in-18, 2 vol.

16. do   Mémoires, traduction par la baronne de Carlowitz — Paris, Charpentier et Cie (1872) in-18.

17. **Gœthe et Schiller** — Correspondance entre Gœthe et Schiller, traduction par la baronne de Carlowitz et étude littéraire et historique par Saint René Taillandier — Paris, Charpentier (1863) in-18, 2 vol.

18. **Hervé** (Edouard) — La Crise irlandaise depuis la fin du XVIIIe siècle jusqu'à nos jours — Paris, Hachette et Cie (1885) in-18.

19. **Holland** (Lord) — Souvenirs diplomatiques, traduits de l'anglais par H. de Chonski — Paris, A. Ledoyen, Just Rouvier (1851) in-18.

20. **Joinville** (Prince de) — Guerre d'Amérique, campagne du Potomac — Paris, Michel Lévy frères (1853) in-18.

21. **Jurien de la Gravière** — La Marine d'autrefois, Souvenirs d'un marin d'aujourd'hui, la Sardaigne en 1842 — Paris, Hachette et Cie (1865) in-18.

22. **Kossuth** — Souvenirs et écrits de mon exil, période de la guerre d'Italie — Paris, Plon et Cie (1880) in-8º.

23. **Lançon** (*X*) — Lord Macaulay, ses essais, ses discours et son histoire d'Angleterre — Paris, N. Scheuring (1861) in-8º.

24. **Lavisse** (Ernest) — Trois Empereurs d'Allemagne, Guillaume Ier, Frédéric III, Guillaume II — Paris, Armand Collin et Cie (1888) in-18.

25. **Lee** (Childe-Edward) — Le général Lee, sa vie et ses campagnes — Paris, Hachette et Cie (1874) in-18.

26. **Lubomirski** (le prince) — Histoire contemporaine de la transformation politique et sociale de l'Europe : l'Italie et la Pologne (1860-1861) — Paris, Calmann Lévy (1892) in-8º.

27. **Mazade** (Charles de) — Le comte de Cavour — Paris, Plon et Cie (1877) in-8º.

28. **Nervo** (baron de) — l'Espagne en 1867, ses finances, son administration, son armée — Paris, Michel Lévy frères (1868) in-8º.

29. **Otto Lutken** — Les Danois sur l'Escaut (1808-1809) — Copenhague, And. Fréd. Host et Son. (1886) in-18.

30.   d°   Les Danois sur l'Escaut (1809 1813) — Copenhague And. Fréd. Host et Son (1891) in-18.

31. **Paris** (comte de) — Histoire de la guerre civile en Amérique, avec atlas — Paris, Calmann Lévy (1884 1890) in 4°, 1 vol. ; in-8°, 7 vol.

32. **Rocheterie** (Maxime de la) — Trois mois de captivité en Hongrie — Orléans, E. Colas, in-8°.

33. **Rufini** (Lorenzo Benoni) — Mémoires d'un conspirateur — Paris, Dondey Dupré (1855) in-32.

34. **Russel** (le comte John) — Mémoires et souvenirs (1813-1873), traduit de l'anglais par Ch. B. Derosne Paris, E. Dentu (1876) in-8°.

35. **Schnepp** (le Dr B.)— Le pélérinage de la Mecque — Paris, L. Leclerc (1865) in-18.

36. **Silvio Pellico de Saluces** — Mes prisons, mémoires, traduction par l'abbé Lauri — Lyon, Charles Savy (1842) in-32.

37.   d°   Mes prisons, des devoirs, traduits par Lezaud, avec vie de Silvio Pellico et des notes par Maroncelli, et notice par Saint Marc Girardin — Paris, Firmin Didot frères, fils et Cie (1861) in-18.

38. **Taillandier** (Saint René) — La Serbie, Kara, George et Milosch — Paris, Didier et Cie (1872) in-8°.

E.² — La France

CLVI. — Histoire générale et Recueils

1. **Anquetil** — Histoire de France depuis les Gaulois jusqu'à la mort de Louis XVI — Paris, Lecointé et Durey (1822) in-32, 15 vol.

2. do   Histoire de France depuis les temps les plus reculés, continuée jusqu'en 1830 par Th. Burette, avec des considérations sur l'histoire par M. de Chateaubriand — Paris, Pourrat frères (1838) in-4º, 4 vol.

3. **Anquez** (L.) — Histoire de France — Paris, J. Hetzel et Cie, in-18.

4. **Aumale** (duc d') — Lettre sur l'histoire de France adressée au prince Napoléon — Bruxelles, Rozez (1861) in-18.

5. **Bondois** (Paul) — Histoire des institutions et des mœurs de la France depuis les origines jusqu'au XVIIIe siècle — Paris, in-32, 2 vol.

6. **Bonnechose** (Emile de) — Histoire de France continuée jusqu'en l'année 1873 — Paris, Firmin Didot frères, fils et Cie (1874) in-18. 2 vol.

7. **Carné** (Louis de) — Etudes sur l'histoire du Gouvernement représentatif en France, de 1789 à 1848 — Paris, Didier (1855) in-8º, 2 vol.

8. **Challamel** (Augustin) — Mémoires du peuple français depuis son origine jusqu'à nos jours — Paris, Hachette et Cie (1872) in-4º, 8 vol.

9. **Chateaubriand** — Analyse raisonnée de l'histoire de France depuis le règne de Khlovigh jusqu'à celui de Philippe vi de Valois, suivie d'un essai historique, politique et moral sur les révolutions anciennes et modernes considérées dans leurs rapports avec la Révolution Française — Paris, Eugène et Victor Penaud frères in-4°.

10. **Clercq** (de) — Recueil des traités de la France, publié sous les auspices du ministre des Affaires étrangères — Paris, Amyot (1864-1868) in-8°, 9 vol.

11. **Collection** universelle des mémoires particuliers depuis Joinville jusqu'à Henri, duc de Bouillon (mémoires précédés d'observations et suivis de dissertations) — Paris-Londres (1785) in-8°, 48 vol.

12. **Collection** des mémoires pour servir à l'histoire de France, depuis le xiiie siècle jusqu'à la fin du xviiie siècle. 1re série : de Geoffroy de Villehardouin à Palma Cayet — Paris, Adolphe Everat (1838) in-4°, 12 vol.

13. d°   2e série : de Pierre de Lestoile au père Berthod — Paris, Firmin Didot frères (1838) in-4°, 10 vol.

14. d°   3e série : du cardinal de Retz à Mme de Stael — Paris, Ad. Everat et Cie (1839) in-4°, 10 vol.
Les trois séries recueillies et publiées avec des notes par Michaud et Pouzoulat.

15. **Collection** de documents inédits sur l'histoire de France publiés par les soins du ministre de l'Instruction publique — Paris, Imp. Nationale, in-4° 136 vol.

16. **Daniel** (le père G.) — Abrégé de l'histoire de France depuis l'établissement de la Monarchie française dans les Gaules, depuis Clovis, 486, jusqu'à l'avènement de Louis xv, 1715 — Paris, J.-B. Delespine, Coignard fils, (1724) in-18, 9 vol.

17. **Debras** et **Dupuy** — Les cent dernières années de l'histoire du peuple français (1789-1885) — Paris, J. Brare (1885) in-8°, 2 vol.

18. **Ducoudray** (G.) — Histoire contemporaine depuis 1789 jusqu'à nos jours — Paris, Hachette et Cie (1867) in-18.

19. **Dufey** (P.-J.-S) — Histoire, actes et remontrances des parlements de France, depuis 1461 jusqu'en 1790 — Paris, Galliot (1826) in-8°, 2 vol.

20. **Duruy** (Victor) — Histoire de France — Paris, Hachette et Cie (1883) in-18, 2 vol.

21. **Flandin** (Etienne) — Des Assemblées provinciales dans l'empire romain et dans l'ancienne France ; des Conseils généraux des départements — Auxerre, Georges Rouillé (1878) in-4°.

22. **Fleury** (J.-A.) — Histoire des Français par la biographie — Paris, Delagrave (1878) in-18.

23. **Guizot** — Essais sur l'histoire de France — Paris, Charpentier (1841) in-18.

24. d° L'histoire de France depuis les temps les plus reculés jusqu'en 1789, racontée à mes petits enfants, leçons recueillies par Mme de Wit, née Guizot — Paris, Hachette et Cie in-4°, 5 vol.

25. d° L'histoire de France depuis 1789 jusqu'en 1848, racontée à mes petits enfants, leçons recueillies par Mme de Witt, née Guizot — Paris, Hachette et Cie, in-4°, 2 vol.

26. d° Histoire de la civilisation en France depuis la chute de l'Empire romain — Paris, Didier (1847) in-18, 4 vol.

27. **Henrion de Pansey** (le baron) — Des Assemblées nationales en France, depuis l'établissement de la Monarchie jusqu'en 1814 — Paris, Th. Barrois père et Benjamin Duprat (1829) in-18, 2 vol.

28. **Larcy** (R. de) — Les vicissitudes politiques de la
France — Des Institutions depuis les origines de la
Monarchie jusqu'à Louis XVI — Paris, Amyot (1860)
in-8°.

29. **Lavallée** (Théophile) — Histoire des Français depuis
le temps des Gaulois jusqu'en 1848 — Paris,
Charpentier (1861-1864) in-4°, 6 vol.

30. **Lehugeur** (Paul) — Histoire de France en cent tableaux — Paris, A. Lahure (1884) in-folio.

31. **Martin** (Henri) — Histoire de France depuis les
temps les plus reculés jusqu'en 1789 — Paris, Furne
et Cie (1854) in-8°, 19 vol.

32. **Michelet** — Histoire de France depuis les origines
jusqu'en 1789 — Paris, Lacroix Verboeckhoven et
Cie (1871) in-8°, 17 vol.

33. **Monteil** (Amans-Alexis) — Histoire des Français des
divers états ou histoire de France aux cinq derniers
siècles — Paris, Coquebert (1846) in-8°, 5 vol.

34. **Montgaillard** (l'abbé de) — Histoire de France
depuis la fin du règne de Louis XVI jusqu'à l'année
1825, avec discours préliminaires et introduction
— Paris, Moutardier (1827) in-8°, 9 vol.

35. **Picot** (Georges) — Histoire des Etats généraux
considérés au point de vue de leur influence sur le
gouvernement de la France, de 1355 à 1614 —
Paris, Hachette et Cie (1872) in-8°, 4 vol.

36. **Rion** (Ad.) — Histoire de France — Paris, Paul
Dupont, in-32.

37. **Thierry** (Augustin) — Lettres sur l'histoire de France
pour servir d'introduction à l'étude de cette
histoire — Paris, Furne et Cie (1846) in-18.

38.   d° — Essai sur l'histoire de la formation et des
progrès du Tiers Etat — Paris, Furne et G^{ie}
(1856) in-18, 2 vol.

39. **Toulongeon** — Histoire de France depuis la Révolution de 1789 — Paris, Treuttel et Wurtz (1801-1803) in-8º, 4 vol.

CLVII. — *Histoire particulière des Provinces des Villes et des Familles*

---

1. **Aumale** (duc d') — Histoire des Princes de Condé pendant les XVIᵉ et XVIIᵉ siècles — Paris, Michel Lévy frères (1863-1896) in-8º, 7 vol. et atlas.

2. **Barante** (de) — Histoire des ducs de Bourgogne de la maison de Valois (1364-1477) — Paris, Dufey (1837) in-8º, 12 vol.

3.   dº   Paris, Lenormant, Garnier frères (1854) in-8º, 12 vol.

4. **Belleval** (René de) — Lettres sur le Ponthieu — Paris, Dumoulin (1868) in-18.

5. **Bigot** (V.) — Histoire abrégée de l'abbaye de Saint-Florentin de Bonneval, des RR. PP. dom. Jean Thiroux et Don Lambert, continuée par l'abbé Beaupère et M. Lejeune, publiée par le docteur Bigot — Chateaudun, H. Lecesne (1875) in-4º.

6. **Cabasse** (Prosper) — Essais historiques sur le parlement de Provence depuis son origine jusqu'à sa suppression (1501-1790) — Paris, Delaforêt (1826) in-8º, 3 vol.

7. **Danvin** (B.) — Vicissitudes, heur et malheur du Viel Hesdin — Saint-Pol, Becart-Renard (1866) in-4º.

8. **Delarue** (l'abbé) — Essais historiques sur la ville de Caen et son arrondissement — Caen, Poisson; Rouen, Renault (1820) in 8º, 2 vol.

9. **Delisle** (Léopold) — Histoire du château et des sires de Saint-Sauveur-le-Vicomte — Paris, Durand ; Caen, Legost Clérisse (1867) in-8°.

10. **Deschamps de Pas** — Recherches historiques sur les établissements hospitaliers de la ville de Saint-Omer, depuis leur origine jusqu'à leur réunion sous une seule et même administration en l'an V (1797) — Paris, Derache ; Saint-Omer, Tumerel (1877) in-8°.

11. **Dulaure** (J.-A.) — Histoire physique, civile et morale de Paris, depuis les premiers temps historiques jusqu'à nos jours — Paris. Guillaume (1823-1824) in 8°, 10 vol.

12. **Duru** (L.-M.) — Bibliothèque historique de l'Yonne ou collection de légendes, chroniques et documents divers pour servir à l'histoire du département — Paris, Didron (1863) in-4°.

13. **Fabre** (Augustin) — Histoire de Marseille — Marseille, Marius Olive (1829) in-8°, 2 vol.

14.   d°   Histoire de Provence — Marseille, Feissat aîné et Demouchy-Lejourdan (1833) in-8° 4 vol.

15. **Fauconneau-Dufresne** — Histoire de Déols et de Châteauroux — Châteauroux, Muret et fils (1873-1874) in-8°, 2 vol.

16. **Feraud** (L.) — Histoire des villes de la province de Constantine — Bougie, Constantine, Arnolet (1869) in-8°.

17. **Feuillide** (C. de) — Histoire des Révolutions de Paris — Paris, Comon et Cie (1847) in-8°, 2 vol.

18. **Germain** (A.) — Histoire de la commune de Montpellier depuis les origines jusqu'à son incorporation définitive à la Monarchie française — Montpellier, Jean Martel aîné (1851) in-8°, 3 vol.

19. **Geruzez** (J.-B.-F.) — Description historique et statistique de la ville de Reims, avec le récit abrégé de ce qui s'est passé à Reims dans la guerre de 1814 et 1815 — Paris, Lenormant ; Reims, Lebatard, Doyen (1817) in-8°, 2 vol.

20. **Guillemaut** (Lucien) — Histoire de la Bresse Louhannaise, les temps anciens et le moyen-âge — Louhans, A. Romand in 8°.

21.   d° Histoire de la Bresse Louhannaise, les temps modernes jusqu'en 1789 — Louhans, A. Romand (1896) in-8°.

22. **Histoire** d'Alger et du bombardement de cette ville en 1816, description de ce royaume et des révolutions qui y sont arrivées, etc. — Paris, Piltan (1830) in-8°.

23. **Labédollière** (Emile de) — Histoire illustrée de Paris depuis les temps les plus reculés jusqu'à nos jours Paris (1879) in-4°.

24. **Lefils** (Fl.) — Histoire civile, politique et religieuse de Saint-Valéry et du comté de Vimeu, avec des annotations par M. H. Dusevel — Abbeville, René Housse (1858) in 8°.

25. **Levot** (P.) — Histoire de la ville et du port de Brest Paris, Bachelin Deflorenne (1864) in-8°, 3 vol.

26. **Liabastres** (J.) — Histoire de Carpentras, ancienne capitale du comté Venaissin — Carpentras, Léon Barriès (1891) in-4°.

27. **Lionnois** (J.-J.) — Histoire des villes, vieille et neuve, de Nancy depuis leur fondation jusqu'en 1788, 200 ans après la fondation de la ville neuve — Nancy, Hœuer père (1811) in-8°, 3 vol.

28. **Marchegay** et **Salmon** — Chroniques des comtes d'Anjou recueillies et publiées pour la société de l'histoire de France, avec une introduction par Emile Mabille — Paris, Vᵛᵉ J. Renouard (1856-1871) in-8°.

29. **Meindre** (A. J.) — Histoire de Paris et de son influence en Europe, depuis les temps les plus reculés jusqu'à nos jours, contenant l'histoire civile, politique, religieuse et monumentale de cette ville — Paris, Dentu, Dezobry et E. Magdeleine (1855) in-18, 5 vol.

30. **Mery** (Louis) — Histoire de Provence, depuis les temps primitifs jusqu'à Louis XVI — Marseille, Barile et Boulouch (1830-1837) in-8°, 4 vol.

31. **Meyrac** (Albert) — Traditions, coutumes, légendes et contes des Ardennes, comparés avec les traditions, légendes et contes de divers pays — Charleville (1890) in-4°.

32. **Moisand** (Constant) — Histoire abrégée de la maison de Mornay — Beauvais, C. Moisand (1853) in-4°.

33. **Mourin** (Ernest) — Récits lorrains, histoire des ducs de Lorraine et de Bar — Paris, Berger-Levrault et Cie (1895) in-18.

34. **Papon** — Histoire générale de Provence, dédiée aux États — Paris, Moutard (1777) in-4°, 4 vol.

35. **Prarond** (Ernest) — Histoire de cinq villes et de trois cents villages, hameaux et fermes. Saint-Valéry et les cantons voisins — Paris, Dumoulin ; Abbeville, Grare, in-18, 2 vol.

36. **Rion** (Ad.) — Histoire de l'Algérie jusqu'à nos jours (1830-1857) géographie de l'Algérie — Paris, Paul Dupont (1879) in-32.

37. **Saint Foix** (Poullain de) — Essais historiques sur Paris — Paris, Debray (1805) in-18, 5 vol.

38. **Saint-Foix** (Auguste Poullain de) — Suite aux Essais historiques sur Paris, de M. Poullain de Saint-Foix, Paris, Debray (1805) in-18, 2 vol.

39. **Stapfer** (Ed.) — Le château de Talcy (Loir et Cher) Paris, Fischbacher (1887) in-18.

40. **Thierry** (Augustin) — Histoire d'Amiens depuis l'année 1057 jusqu'en 1789 et des villes, bourgs et villages de l'Amienois — Paris, Imp. Nationale (1870) in-4°, 4 vol.

41. **Viollet le Duc** — Description et histoire du château de Pierrefonds — Paris, Morel et Cie (1881) in-8°.

CLVIII. — *Histoire spéciale et Travaux d'ensemble*

1. **Alhoy** (Maurice) — Les Bagnes, Rochefort — Paris, Gagniard (1830) in-8°.

2. **Ancienne France** — L'Armée depuis le moyen-âge jusqu'à la Révolution, étude illustrée d'après Paul Lacroix — Paris, Firmin-Didot et Cie (1886) in-4°.

3.   d°   La marine et les colonies, commerce — Paris, Firmin Didot et Cie (1888) in-4°.

4. **Barbes** (André) — Les traditions nationales, autrefois et aujourd'hui dans la nation française — Paris, Ch. Douniol et Cie ; Lecoffre fils et Cie, Lyon (1873) in-8°.

5. **Bernard** (Aug.) — Histoire de l'Imprimerie Royale du Louvre — Paris, Imp. Impériale (1867) in-8°.

6. **Bernard** (Frédéric) — Les évasions célèbres — Paris, Hachette et Cie (1874) in-18.

7. **Challamel** (Augustin) — Histoire de la mode en France, la toilette des femmes depuis l'époque gallo-romaine jusqu'à nos jours — Paris, A. Hennuyer (1881) in-4°,

8. **Charavay** (Etienne) — L'héroïsme civil (1789-1880) — Paris, Charavay frères (1883) in-18.

9. **Chevalier** (E.) — Histoire de la marine française pendant la guerre de l'indépendance américaine, précédée d'une étude sur la marine militaire de la France et sur les institutions depuis le commencement du XVIIe siècle jusqu'à l'année 1778 — Paris, Hachette et Cie (1877) in-8.

10. **Faivre d'Arcier** et **Royé** — Historique du 37e régiment (1587-1893) — Paris, Ch. Delagrave (1895) in-8°.

11. **Gerspach** (Ed.) — Histoire administrative de la télégraphie aérienne en France — Paris, E. Lacroix (1861) in-8°.

12. **Histoire** du Palais Royal — Paris, Gaultier-Laguionie (1830) in-8°.

13. **Institution** (de l') et de l'Hôtel des Invalides, leur origine, leur histoire — Paris, de Soye et Bouchet (1854) in-8°.

14. **Institutions** militaires de la France. Louvois, Carnot, Saint-Cyr — Paris, Michel Lévy frères, in-8°.

15. **Labedollière** (E. de) — Histoire de la Garde Nationale, récit complet de tous les faits qui l'ont distinguée depuis son origine jusqu'en 1848 — Paris, Dumineray et Pallier (1848) in-18.

16. **Lacombe** (P.) — Le Patriotisme — Paris, Hachette et Cie (1878) in-18.

17. **La Hodde** (Lucien de) — Histoire des sociétés secrètes et du parti républicain de 1830 à 1848 — Paris, Lanier et Cie (1850) in-8°.

18. **Lefranc** (Abel) — Histoire du collège de France depuis ses origines jusqu'à la fin du premier Empire — Paris. Hachette et Cie (1893) in-8°.

19. **Lemoine** (L.) — Les Artisans et l'industrie, autrefois et aujourd'hui — Paris, Martin (1883) in-18.

20. **Letainturier**—Historique des universités françaises . — Nice, J. Ventre et Cⁱᵉ (1892) in-4°.

21 **Longueval, Fontenay, Brumoy et Berthier** — Histoire de l'Eglise Gallicane dédiée à nosseigneurs du clergé, avec martyrologe et continuation en forme de tableaux chronologiques depuis 1560 jusqu'au sacre du roi Charles X — Paris, Hippolyte Tilliard (1828) in-18, 26 vol.

22. **Nervo** (baron de) — Les finances françaises sous l'ancienne Monarchie, la République, le Consulat et l'Empire — Paris, Michel Lévy frères (1863) in-8°, 2 vol.

23. d° Les finances françaises sous la Restauration (1814-1830), faisant suite aux finances sous l'ancienne Monarchie, la République, le Consulat et l'Empire (1180-1814) — Paris, Michel Lévy frères (1865-1868) in-8°, 4 vol.

24. d° L'Administration des finances sous la Restauration (1814 1830) — Paris, Michel Lévy frères (1865) in-8°.

25. d° Les finances de la France sous le règne de Napoléon III — Paris, Michel Lévy frères (1861) in-8°.

26. **Pelisson** — Histoire de l'Académie Française suivie des sentiments de l'Académie Française sur la tragé comédie du Cid — Paris. Coignard (1700) in-18.

27. **Pelletan** (Camille) — de 1815 à nos jours — Paris, Charavay, Mantoux et Martin, in-18.

28. **Quesnoy** (F.) — L'Armée d'Afrique depuis la conquête d'Alger — Paris, Jouvet et Cⁱᵉ (1888) in-18.

29. **Rozan** (Charles) — Petites ignorances historiques et littéraires — Paris, Quantin (1888) in-8°.

30. **Thierry** (Augustin) — Dix ans d'études historiques — Paris, Furne et Cie (1846) in 18.

31. **Thoumas** (général) — Autour du drapeau tricolore (1789 1889) — Paris, in-4°.

32. **Tocqueville** (Alexis de) — l'Ancien Régime et la Révolution — Paris, (1866) in-8°

33. **Voltaire** — Histoire du parlement de Paris et fragments historiques sur le général Lalli et sur plusieurs autres sujets — Paris. J. Esneaux (1823) in-8°.

34. **Weil** (Georges-Denis) — Les élections législatives depuis 1789, histoire de la législation et des mœurs — Paris, Félix Alcan (1895) in-18.

CLIX. — Paléographie, Armorial, Blason, Sceaux Généalogie, Cartulaires et Pouillés, Documents divers annexes.

---

1. **Abbaye** de Beaulieu en Limousin — Cartulaire publié par Deloche — Paris, Imp. Nationale (1859) in-4°.

2. **Abbaye** de Sery, du diocèse d'Amiens — Notice historique par Darsy — Amiens, Lemer (1861) in 8°.

3. **Abbaye** de Redon en Bretagne — Cartulaire, publié par A. de Courson — Paris, Imp. Nationale (1863) in-4°.

4. **Abbaye** de Saint-Bertin — Cartulaire, publié par Morand -- Paris, Imp. Nationale (1867) in-4°.

5. **Abbaye** de Savigny — Cartulaire, suivi du petit cartulaire de l'abbaye d'Ainay, publié par A. Bernard — Paris, Imp. Impériale (1853) in-4°, 2 vol.

6. **Abbaye** de Lérins — Cartulaire, publié par Moris et Blanc — Paris, H. Champion (1883) in-4°.

7. **Abbaye** de Saint Pierre-le-Vif de Sens — Chronique rédigée vers la fin du XIIIe siècle, publiée par Geoffroy de Courlon — Sens, Ch. Duchemin (1876) in-8°.

8. **Abbaye** de Cluny — Recueil des chartes, années 802 à 1210, publié par Aug. Bernard et Alex. Bruel — Paris, Imp. Impériale (1876-1894) in-4°, 5 vol.

9. **Ancienne France** — La Chevalerie et les Croisades, Féodalité, Blason, Ordres militaires — Paris, Firmin Didot et Cie (1886) in-4°.

10. **Bresc** (Louis de) — Armorial des communes de Provence ou dictionnaire géographique et héraldique des villes et villages — Paris, Bachelin Deflorenne ; Marseille, Gueidon ; Draguignan, F[cis] Luo (1866) in-8°.

11. **Documents** historiques sur le prieuré conventuel de Châteaux-l'Ermitage qualifié souvent d'abbaye dans les chartes (archives de Roche-Mailly) — Le Mans, Monnoyer (1868) in-8°.

12. **Duval** (Louis) — Chartes communales et franchises locales du département de la Creuse — Guéret, in8°.

13. **Gourdon de Genouillac** et le **marquis de Piolenc** — Nobiliaire du département des Bouches-du-Rhône, histoire, généalogie — Paris, E. Dentu (1863) in-8°.

14. **Grenoble** (Cartulaires de l'église de) dits cartulaires de Saint-Hugues — Paris, Imp. Impériale (1869) in-4°.

15. **Landevennec** (cartulaire de) publié par Lemen et E. Ernant — Paris, Imp. Nationale (1886) in-4°.

16. **Mandements** et actes divers de Charles v (1364-1380) publiés ou analysés par Delisle — Paris, Imp. Nationale (1874) in-4°.

17. **Marmoutier** (cartulaire de) pour le Dunois, publié par Mabille E. — Chateaudun, Lecesne (1874) in-4°.

18. **Montgrand** (comte Godefroy de) — Liste des gentilshommes de Provence qui ont fait leurs preuves de noblesse pour avoir entrée aux états tenus à Aix de 1787 à 1789 — Marseille, Vᵛᵉ M. Olive (1860) in 8°.

19. dᵒ Généalogie de la maison de Montgrand dressée sur les titres de famille vers la fin du xviiᵉ siècle et continuée jusqu'à ce jour d'après les titres et documents authentiques — Marseille, Arnaud et Cⁱᵉ (1864) in-8°.

20. **Obituaire** de la commanderie du temple de Reims, publié par E. de Barthélemy (xiiiᵉ siècle) — Paris, Imp. Nationale (1882) in-3°.

21. **Pouillé** du diocèse de Cahors publié avec notes et éclaircissements par A. Longnon — Paris, Imp. Nationale (1877) in-4°.

22. **Pouillés** des diocèses de Clermont et de Saint-Flour. du xivᵉ au xviiiᵉ siècle, publiés par Bruel (Alex.) — Paris, Imp. Nationale (1882) in-4°.

23. **Privilèges** accordés à la couronne de France par le Saint-Siège, publiés d'après les originaux conservés aux archives de l'Empire et à la bibliothèque impériale — Paris, Imp. Nationale (1855) in-4°.

24. **Quantin** (Maximilien)—Cartulaire général de l'Yonne, recueil de documents authentiques pour servir à l'histoire des pays qui forment ce département — Auxerre, Perriquet et Rouillé (1854-1860) in-4°, 2 vol.

25. **Renier** (Léon) — Recueil de diplômes militaires — Paris, Imp. Nationale (1876) in-4°.

26. **Robert** (Charles) — Sigillographie de Toul — Paris, Rollin et Feuardent (1868) in-4°.

27. **Rôles gascons** transcrits et publiés par Francisque Michel (1242-1254) — Paris, Imp. Nationale (1885) in-4°.

28.   d° transcrits et publiés par Charles Bemont (1254-1255) — Paris, Imp. Nationale (1896) in-4°.

29. **Roy** (Maurice) — Le ban et l'arrière ban du bailliage de Sens au xvie siècle, contenant les noms des seigneurs et hommes d'armes, la liste des fiefs, etc. — Sens, Ch. Duchemin (1885) in-4°.

30. **Teissier** (Octave) — Les anciennes familles marseillaises — Marseille (1888) in 8°.

31.   d° Etat de la noblesse de Marseille en 1693 — Marseille, Vve Boy (1868) in-32.

32. **Teissier** (Octave) et **Laugier** (J.) — Armorial des échevins de Marseille de 1660 à 1790 — Marseille, (1883) in-4°.

33. **Titres** de la maison ducale de Bourbon publiés par M. Huillard Bréholles, continués par M. Lecoy de la Marche — Paris, H. Plon (1867) ; E. Plon et Cie (1874) in-4°, 2 vol.

34. **Université de Paris** — Chartularicum universitatis Parisiensis sub auspiciis consilii universitatis parisiensis ab anno MCC usqué ad annum MCCCCLII — Paris, Delalain frères (1889 1897) in-4°, 4 vol.

CLX. — Paléographie, Compte-rendus des Assemblées et des Conseils, Archives, Inventaires, Parlements, Procédures, Bibliographie, Négociations, traités, Documents divers annexes.

---

1. **Abrégé** du cahier des délibérations de l'assemblée générale des communautés du pays de Provence (1754) — Aix, Vve de J. David et Esprit David (1754) in 4°.

2. **Abrégé** du cahier des délibérations de l'assemblée convoquée à Lambesc en 1762 — Aix, Vve de J. David et Esprit David (1792) in-4°.

3.   d° du cahier des délibérations de l'assemblée convoquée à Lambesc en 1772 — Aix, E. David (1772) in-4°.

4.   d° du cahier des délibérations de l'assemblée convoquée à Lambesc en 1783 — Aix, J. David (1783) in 4°.

5. **Archives** de l'Hôtel-Dieu de Paris (1157-1300), publiées par Léon Brièle, avec notice, appendice et table, note sur les Cartulaires par Ernest Coyecque — Paris, Imp. Nationale (1894) in-4°.

6. **Archives** parlementaires de 1787 à 1860, recueil complet des débats législatifs et politiques des Chambres françaises — Paris, Paul Dupont (1888) in-4°, 3 vol.

7. **Catalogue** des actes de Philippe Auguste, avec une introduction sur les sources, le caractère et l'importance historique de ces documents, par Delisle (Léopold) — Paris, Durand (1856) in-8°

8. **Champollion-Figeac** — Documents historiques inédits tirés des collections manuscrites de la bibliothèque royale et des archives ou des bibliothèques des départements, du VIIIe au XIe siècle — Paris, Firmin Didot frères, in-4°, 4 vol.

9. **Comptes** des dépenses de la construction du château de Gaillan, d'après les registres manuscrits des trésoriers du cardinal d'Amboise, publiés par A. Deville — Paris, Imp. Nationale (1850) in-4°, 1 vol. ; in-plano, 1 vol.

10. **Compte rendu** des séances de l'administration provinciale d'Auch avec notes et documents, publiés par le Mis de Galard-Magnas — Agen, V. Lentheric (1887) in-4°.

11. **Comptes** des bâtiments du Roi sous le règne de Louis xiv, publiés par Jules Guiffrey — Paris, Imp. Nationale, in-4°, 4, vol.

12. **Conseil du Roi** (Le) aux xive, xve et xvie siècles, nouvelles recherches suivies d'arrêts et de procès-verbaux du Conseil par Valois (Noel) — Paris, Picard (1888) in 4°.

13. **Conseils généraux** de l'an 1790 à l'an XI, catalogue des procès-verbaux conservés aux archives nationales et dans les archives départementales — Paris, Imp. Nationale (1891) in 4°.

14. **Extrait** sur l'administration de l'argenterie du Roi dont le compte a été rendu au bureau général de la maison de S. M. le.... février 1784 par M. Papillon de la Ferté, l'un des commissaires généraux de la maison du Roi au département des Menus, publié par Longnon — Paris, Imp. Nationale (1877) in-4°.

15. **Inventaire** de Marie-Josephe de Saxe, dauphine de France, publié par Bapst — Paris, Lahure (1883) in-4°.

16.   do   du mobilier de Charles v roi de France, publié par Labarte — Paris, Imp. Nationale (1879) in-4°.

17. **Itinéraires** de Philippe le Hardi et de Jean sans Peur, ducs de Bourgogne (1363-1419) d'après les comptes de dépense de leur hôtel, recueillis et mis en ordre par Petit (Ernest) — Paris, Imp. Nationale (1888) in-4°.

18. **Laronze** (Ch.) — Essai sur le régime municipal en Bretagne, pendant les guerres de religion — Paris, Hachette et Cie (1890) in-4°.

19. **Li livres** de Jostice et de plet, publié par Rappetti d'après le manuscrit unique de la bibliothèque nationale, avec un glossaire des mots hors d'usage par P. Chabaille — Paris, Firmin Didot frères (1850) in-4°.

20. **Livre** de Guillaume Le Maire, publié par Célestin Port — Paris, Imp. Nationale (1877) in-4°.

21. **Mémoires** des Intendants sur l'état des généralités dressés pour l'instruction du duc de Bourgogne. généralité de Paris. publié par A.-M. de Boislisle —. Paris, Imp. Impériale (1881) in-4°.

22. **Mémoires** ou livre de raison d'un bourgeois de Marseille (1674-1726), publié avec préface et notes par Thénard — Paris, Maisonneuve et Cie (1881) in-8°.

23. **Négociations**, lettres et pièces relatives à la conférence de Loudun, publiées par Bouchitté — Paris, Imp. Impériale (1862) in-4°.

24. **Négociations** diplomatiques de la France avec la Toscane, documents recueillis par Giuseppe Canestrini, publiés par Abel Desjardins — Paris, Imp. Nationale, in-4°, 6 vol.

25. **Parlement d'Aix** — Très humbles et très respectueuses remontrances que présentent au Roi notre très honoré souverain seigneur les gens tenant cour de parlement, précédé des articles arrêtés par le Parlement le 25 janvier 1753 pour fixer les objets des remontrances — Aix, (1773) in-18.

26. **Pichatty de Croissainte**, conseil et orateur de la communauté et procureur du Roi et la police — Journal abrégé de ce qui s'est passé en la ville de Marseille depuis qu'elle est affligée de la contagion — Marseille, Aug. Mossy (an III) d'après l'imprimé de 1720, in-8°.

27. **Procédures** politiques du règne de Louis XII, publiées par de Maulde — Paris, Imp. Nationale (1885) in-4°.

28. **Procès verbaux** du comité d'Instruction publique de l'Assemblée législative, publiés par Guillaume (J.) — Paris, Imp. Nationale (1889) in 4°.

29. **Procès-verbaux** du comité d'Instruction publique de la Convention Nationale — Paris, Imprimerie Nationale (1891) in-4°, 2 vol.

30. **Procès-verbal** de l'Assemblée de MM. les Procureurs du pays de Provence — Aix, Vve de J. David, Esprit David (1755) in-4°.

31. **Remontrances** du parlement de Paris au xviiie siècle publiées par Jules Flammermont et M. Tourneux — Paris, Imp. Nationale (1888-1895) in-4°, 2 vol.

32. **Répertoire** des travaux historiques contenant l'analyse des publications faites en France et à l'étranger sur l'histoire, les monuments et la langue de la France — Paris, Imp. Nationale (1883) in-4°.

33. **Ribbe** (Charles de) — Une famille au xvie siecle, document original précédé d'une introduction et d'une lettre du R.-P. Félix — Paris, J. Albanel (1868) in-18.

34. **Teissier** (Octave) — Marseille au moyen-âge, institutions municipales, topographie, plan de restitution de la Ville (1250-1480) — Marseille, P. Boy (1891) in-8°.

35.   d°   La maison d'un bourgeois au xviiie siècle — Paris, Hachette et Cie (1886) in-18.

36.   d°   Le prince d'Amour et les abbés de la jeunesse — Draguignan C. et A. Latil (1891) in-18.

37. **Testaments** enregistrés au parlement de Paris sous le règne de Charles vi, publiés par Alex. Tuetey — Paris, Imp. Nationale (1880) in-4°.

38. **Tourneux** (Maurice) — Bibliographie de l'histoire de Paris pendant la Révolution Française — Paris (1890) in-4°.

39. **Traité** d'Alger en 1694 entre le Dey et la compagnie du Bastion de France, texte arabe et traduction française, publié par Mas-Latrie — Paris, Imp. Nationale (1877) in-4°.

40 . **Tuetey** (Alexandre) — Répertoire général des sources manuscrites de l'histoire de Paris pendant la
Révolution — Paris (1892 in-4°, 2 vol.

41 . **Tunis** — Correspondance des Beys de Tunis et des
Consuls de France avec la Cour (1577-1830) publiée
par Plantet (Eugène) — Paris, Alcan (1893) in-4°,
2 vol.

42 . **Varin** (Pierre) — Archives administratives de la ville
de Reims — Paris, Crapelet (1839-1848)
in-4°, 5 vol.

43 .   dᵒ   Archives législatives de la ville de Reims —
Paris, Crapelet (1840), in-4°, 4 vol.

44 .   dᵒ   Table générale des matières des archives
administratives et législatives de la ville de
Reims établie par M. L. Amiel — Paris,
Ch. Lahure (1853) in-4°.

CLXI. — Détails de l'Histoire de France : Moyen-Age

---

1 . **Alfonse de Poitiers** — Correspondance administrative publiée par Molinier (Auguste) — Paris,
Imp. Nationale (1894) in-4°.

2 . **Ambroise** — L'Estoire de la guerre sainte, histoire
en vers de la troisième croisade (1190-1192), publiée et traduite d'après le manuscrit unique du
Vatican et accompagnée d'une introduction. d'un
glossaire et d'une table des noms propres, par
Gaston Paris — Paris, Imp. Nationale (1897) in-4°.

3 . **Anelier de Toulouse** (Guillaume) — Histoire de la
guerre de Navarre en 1276 et 1277, publiée avec
une traduction, une introduction et des notes par
Francisque Michel — Paris, Imp. Impériale (1856)
in-4°.

4. **Belleval** (René de) — La première campagne d'Edouard III en France — Paris, A. Durand (1864) in-8º.

5. **Capefigue** — Histoire de Philippe Auguste (1180-1223) — Paris, Charpentier (1842) in-18, 2 vol.

6.   dº   Hugues Capet et la troisième race — Paris, Charpentier (1845) in-18, 2 vol.

7. **Christine de Pisan** — Mémoires ou livre des faits et bonnes mœurs du sage roi Charles V, fait et compilé par Christine de Pisan damoiselle accomplie — Paris, (1885) in-8º.

8. **Clédat** (Léon) — Rutebeuf — Paris, Hachette et Cie (1891) in-18.

9. **Commerce** et expéditions militaires de la France et de Venise au moyen-âge, publié par Mas Latrie — Paris, Imp. Nationale (1880) in-4º.

10. **Froissart** — Œuvres publiées avec les variantes des divers manuscrits par le baron Kervyn de Lettenhove, chroniques précédées d'une étude sur la vie de Froissart — Bruxelles, Vor Devaux et Cie (1870) in-4º, 25 vol.

11. **Gaillard** — Histoire de Charlemagne, suivie de l'histoire de Marie de Bourgogne — Paris, Blaise (1819) in-8º, 2 vol.

12. **Haimon** (l'abbé) — Lettre sur la construction de l'église de Saint-Pierre-sur-Dive, adressée en 1145 aux religieux de Tutbury (Angleterre), publiée par Delisle (L.) — Paris Durand (1860) in-8º.

13. **Hauréau** — Charlemagne et sa cour (742-814) — Paris, L. Hachette et Cie (1868) in-18.

14. **Huvelin** (l'abbé) — La vie de Saint François d'assise racontée par ses disciples — Paris, Poussielgue (1891) in-32.

15. **Joinville** — Mémoires du sire de Joinville ou histoire de Louis ix écrite par Jean, sire de Joinville, sénéchal de Champagne, enrichies de nouvelles observations et dissertations historiques par Charles Dufresne, sieur du Cange — Paris, (1785) in-8°, 3 vol.

16.   d° Mémoires de Jean, sire de Joinville, ou histoire et chronique du très chrétien roi Saint Louis, publiée par Francisque Michel — Paris, Didot frères, fils et Cie (1858) in-18, 2 vol.

17. **Lafond** (Edmond) — Le pélérinage d'assise, histoire de Saint-François d'après les monuments — Paris, E. de Soye, in-18.

18. **Mourin** (Ernest) — Les comtes de Paris, histoire de l'avènement de la troisième race — Paris, Didier et Cie (1872) in 8°.

19. **Nettement** (Alfred) — Suger et son temps — Paris, J. Lecoffre fils et Cie (1868) in-18.

20. **Perrens** (F.-T.) — Etienne Marcel et le gouvernement de la bourgeoisie au quatorzième siècle (1356-1358) — Paris, Hachette et Cie (1860) in-8°.

21. **Poujoulat** — Histoire de Saint Augustin — Tours, Alfred Mame et fils (1866) in-8°, 2 vol.

22. **Procès verbal** en 1323 de visite des fortifications des côtes de Provence et des munitions d'armes et de vivres, depuis Albaron jusqu'à la Turbie, publié par L. Barthélemy — Paris, Imp. Nationale (1882) in-4°.

23. **Raffy** (C.) — Lectures d'histoires, France et moyen-âge (395-1328) — Paris, A. Durand (1866) in-18.

24. **Reinaud** (M.) — Invasion des Sarrasins en France et de France en Savoie, en Piémont et dans la Suisse pendant les viiie, ixe et xe siècles de notre ère, d'après les auteurs chrétiens et mahométans — Paris, Vve Dondey-Dupré (1836) in-8°.

25. **Rigault (Abel)** — Le procès de Guichard, évêque de Troyes (1308 1313) — Paris, A. Picard et fils (1896) in-4°.

26. **Simon** — Vie de Saint Bertin en vers latins du xe siècle composée par Simon et publiée par F. de Morand.

27. d° Vita sancti Bertini metrico prior ab anonymo auctore conscripta, publiée d'après un manuscrit du xe siècle par F. de Morand — Paris, Imp. Nationale (1876) in-4°.

28. **Terrier de Loray** — Jean de Vienne, amiral de France (1341-1396) — Paris et Besançon, Jacquin (1877) in-8°.

29. **Thierry (Augustin)** — Récits des temps mérovingiens, précédés de considérations sur l'histoire de France — Paris, Furne et Cie (1864) in-18, 2 vol.

30. **Valois (Noel)** — Guillaume d'Auvergne, évêque de Paris (1228-1249), sa vie et ses ouvrages — Paris, A. Picard (1880) in 4°.

31. **Vie et Office de Saint-Dié** — Texte et traduction d'après un manuscrit latin du XIIe siècle, définition du chapitre de Cluny en 1323, publiés par F^{ois} de Morand — Paris, Imp. Nationale (1873) in-4°.

32. **Zeller (Jules)** — Entretiens sur l'histoire, antiquité et moyen-âge — Paris, Didier et Cie (1865) in-18.

CLXII. — *Détails de l'Histoire de France : XVe siècle*

---

1. **Artus III** — Mémoires d'Artus III, duc de Bretagne, comte de Richemont et connétable de France, depuis 1393 jusqu'en 1457 — Paris (1785) in-8°.

2. **Belleval (René de)** — La journée de Mons-en-Vimeu et le Ponthieu après le traité de Troyes — Paris, Durand-Aubry (1861) in 18.

3. **Belleval** (René de) — La grande guerre, fragments d'une histoire de France aux XIVe et XVe siècles.

4. **Boucicaut** — Mémoire du livre des faits du bon messire Jean Lemaingre, dit Boucicaut, maréchal de France — Paris (1785) in-8°.

5. **Cherrier** (C. de) — Histoire de Charles VIII, roi de France, d'après des documents diplomatiques inédits ou nouvellement publiés — Paris, Didier et Cie (1868) in-8°, 2 vol.

6. **Clément** (Pierre) — Jacques Cœur et Charles VII, l'administration, les finances, l'industrie, le commerce, les lettres et les arts au XVe siècle.

7. **Comines** (Philippe de) — Mémoires sur l'histoire de Louis XI — Paris (1785) in-8°, 3 vol.

8. **Commines** (Messire Philippe de) — Mémoires sur les principaux faits et gestes de Louis onzième et de Charles huitième, son fils, rois de France, revus et corrigés par Denis Sauvage, de Fontenailles en Brie sur un exemplaire pris à l'original de l'auteur — Paris, Claude Bruneval (1580) in-folio.

9. **Cougny** (de) — La mission de Jeanne d'Arc, Chinon, Orléans, Reims — Tours, Mazereau (1891) in-8°.

10. **Duclos** — Histoire de Louis XI — La Haye, Neaulme (1745) in-18, 2 vol.

11. **Du Guesclin** — Anciens mémoires du XIVe siècle où l'on apprend les aventures de la vie de Bertrand du Guesclin traduits nouvellement par Jacques Lefebvre, prévot et théologal d'Arras — Paris, (1785) in-8°, 3 vol.

12. **Dupont-White** — La ligue à Beauvais — Paris, Dumoulin (1846) in-8°.

13. d° Le siège de Beauvais (1472) — Beauvais, Ach. Desjardins (1848) in 8°.

14. **Fabre** (Joseph) — Procès de condamnation de Jeanne d'Arc, d'après les textes authentiques des Procès-verbaux officiels — Paris, Ch. Delagrave (1884) in-18.

15.   d⁰   Jeanne d'Arc, libératrice de la France — Paris, Ch. Delagrave, in-4º.

16.   d⁰   Procès de réhabilitation de Jeanne d'Arc, d'après les textes latins officiels — Paris, Ch. Delagrave (1888) in-8º.

17. **Figuier** (Louis) — Vies des savants illustres, Jean Gutemberg, Fust et Schœffer — Paris, A. Locroix, Verbœckhoven et Cⁱᵉ (1867) in-18.

18. **Florent** (Sire d'Illiers) — Mémoires de Florent, sire d'Illiers, capitaine au service de Charles VII — Paris, (1785) in-8º.

19. **Gama** (J.-P.) — Esquisse historique de Gutenberg Paris, Germer Baillière (1857) in-8º.

20. **Guillaume de Villeneuve** — Mémoires commençant en 1494 finissant en 1497, contenant la conquête du royaume de Naples par Charles VIII — Paris, Cucher (1786) in-8º.

21. **Jean de Troye** — Mémoires, autrement dit la chronique scandaleuse — Paris, Cuchet (1786) in-8º, 2 vol.

22. **Olivier de la Marche** — Mémoires — Paris (1785) in-8º.

23. **Pierre de Fenin** — Mémoires de Pierre de Fenin, écuyer et panetier de Charles VI, roy de France, recueillis par Gérard de Tierlaine, sieur de Graincour-les-Duisans — Paris (1785) in-8º.

24. **Pucelle d'Orléans** — Mémoire concernant la pucelle d'Orléans dans lesquels se trouvent plusieurs particularités du règne de Charles VII, depuis 1422 jusqu'en 1429 — Paris (1785) in-8º.

6.

25. **Quicherat** (J.) — Rodrigue de Villandrando, l'un des combattants pour l'indépendance française au xve siècle — Paris, Hachette et Cie (1789) in-8°.

26. **Vallet de Viriville** — Procès de condamnation de Jeanne d'Arc dite la pucelle d'Orléans — Paris, Didot frères, fils et Cie (1867) in-4°.

27. **Wallon** (H.) — Jeanne d'Arc — Paris, L. Hachette et Cie (1867) in-8°.

CLXIII. — Détails de l'Histoire de France : XVIe siècle et Renaissance

1. **Bayard** — Mémoires du chevalier Bayard dit le chevalier sans peur et sans reproche — Paris (1786) in-8°.

2. **Bellay** (Martin du) — Mémoires de messire Martin du Bellay, seigneur de Langey (1513-1546) — Paris (1786) in-8°, 5 vol.

3. **Boivin** — Mémoires du sieur François de Boivin, baron de Villars, sur la personne du maréchal de Brissac — Paris, Cuchet (1787) in-8°, 4 vol.

4. **Bouhours** — La vie de Saint François-Xavier, apôtre des Indes et du Japon — Paris, Gueffier (1825) in-18, 2 vol.

5. **Bouillon** (duc de) — Mémoires de M. Henri de la Tour d'Auvergne, vicomte de Turenne et depuis duc de Bouillon (1555-1586) — Paris, Cuchet (1788) in-8°, 2 vol.

6. **Castelnau** — Mémoires de Michel de Castelnau, sieur de Mauvissière — Paris, Cuchet (1788) in-8°, 6 vol.

7. **Coligni** — Mémoires de Gaspard de Coligni, seigneur de Chastillon, amiral de France — Paris, Cuchet (1788) in-8°.

8. **Feillet** (Alp.) — Histoire du gentil seigneur de Bayart, composée par le loyal serviteur — Paris, Hachette et Cie (1884) in-18.

9. **Fleuranges** (Mal de) — Mémoires mis en escript par Robert de la Marck, seigneur de Fleuranges et de Sédan et maréchal de France, dit le Jeune advantureux — Paris (1786) in-8°.

10. **Fremy** (Edouard) — Un ambassadeur libéral sous Charles IX et Henri III, ambassades à Venise d'Arnaud du Ferrier, d'après la correspondance inédite (1563-1567 — 1570-1582) — Paris, Ernest Leroux (1880) in-4°.

11. **Gamon** (Achille) — Mémoires d'Achille Gamon, avocat et consul d'Annonai — Paris, Cuchet (1788) in-8°.

12. **Gasparin** (le comte Agénor de) — Luther et la réforme au XVIe siècle — Paris, Michel Lévy frères (1873) in-18.

13. **Glaumeau** (Jehan) — Journal de Bourges (1541-1568), publié pour la première fois avec une introduction par le président Hiver — Paris, Aubry ; Bourges, Just Bernard (1867) in-8°.

14. **Granvelle** (le cardinal de) — Correspondance d'après les manuscrits de la bibliothèque de Besançon, publiée sous la direction de Ch. Weiss — Paris, Imp. Royale (1842-1854) in-4°, 3 vol.

15. do Papiers d'Etat — Paris, Imp. Royale (1841-1850) in-4°, 6 vol.

16. **Hauser** (Henri) — François de la Noue (1531-1591) Paris, Hachette et Cie (1892) in-4°.

17. **Jarrige** (Pierre de) — Journal historique de Pierre de Jarrige, viguier de la ville de Saint-Yrieix, continué par Pardoux de Jarrige, son fils (1574-1591) — Angoulême, F. Goumard (1868) in-8°.

18. **La Chastre** — Mémoires de Monsieur de la Chastre sur le voyage de M. le duc de Guise en Italie, la prise de Calais et de Thionville en 1556 — Paris, Cuchet (1788) in-8º.

19. **La Ferrière** (Hector de) — la Saint-Barthélemy, la veille, le jour, le lendemain — Paris, Calmann Lévy (1892) in-8º.

20.   dº   Les deux cours de France et d'Angleterre, une duchesse d'Uzès au XVIᵉ siècle, la chasse à courre au XVIᵉ siècle, Marie Stuart, la Cour et les favoris de Jacques Iᵉʳ — Paris, Paul Ollendorff (1895) in-8º.

21. **La Tremouille** — Mémoires de Louis II, seigneur de la Trémouille, dit le chevalier sans reproche — Paris (1786) in-8º

22. **Ligue** des ports de Provence contre les pirates barbaresques en 1585-1586, publié par M. Mireur — Paris, Imp. Nationale (1886) in-4º.

23. **Louise de Savoie** — Mémoires ou journal de Louise de Savoie, duchesse d'Angoulème, d'Anjou et de Valois, nièce du grand roi François Iᵉʳ — Paris (1786) in-8º.

24. **Médicis** (Catherine de) — Lettres (1533-1579) publiées par Hector de la Ferrière et Baguenault de Puchesse — Paris, Imp. Nationale (1880-1897) in-4º, 6 vol.

25. **Mergey** (Jean de) — Mémoires de Mergey, gentilhomme champenois — Paris, Cuchet (1888) in-8º.

26. **Millet** (René) — Rabelais — Paris, Hachette et Cⁱᵉ (1892) in-18.

27. **Montluc** (Blaise de) — Mémoires de messire de Montluc, maréchal de France (1555-1576) — Paris, Cuchet (1886) in-8º, 5 vol.

28. **Négociations** diplomatiques entre la France et l'Autriche, publiées par le Glay — Paris, Imp. Royale (1845) in-4°, 2 vol.

29. **Noue** (de la) — Mémoires de François, seigneur de la Noue (1562-1570) — Paris, Cuchet (1788) in-8°.

30. **Philippi** (Jean) — Mémoires de Jean Philippi, président en la cour des Aydes de Montpellier — Paris, Cuchet (1788) in-8°.

31. **Rabutin** — Mémoires de François de Rabutin, gentilhomme de la compagnie du duc de Nevers, contenant ce qui s'est passé en Allemagne et dans les Pays-Bas depuis l'année 1551 jusqu'en 1559 — Paris, Cuchet (1788) in-8°, 2 vol.

32. **Rochechouart** (de) — Mémoires de messire Guillaume de Rochechouart, premier maître d'hôtel du roi Charles IX (1514-1567) — Paris, Cuchet (1788) in-8°.

33. **Salignac** — Mémoires de Bertrand de Salignac, seigneur de la Mothe-Fénélon, contenant le siège de Metz en 1552 — Paris, Cuchet (1788) in-8°.

34. **Scepeaux** (Fois de) — Mémoires de François de Scepeaux, sire de Vieilleville, composés par Vincent Carlaix, son secrétaire — Paris, Cuchet (1787) in-8°, 6 vol.

35. **Sébastien de l'Aubespine** évêque de Limoges — Négociations, lettres et pièces du règne de François II, publiés par Paris — Paris, Imp. Royale (1881) in-4°.

36. **Tavannes** (Gaspard de Saulx) — Mémoires de Tavannes, maréchal de France — Paris, Cuchet (1787) in-8°, 2 vol.

37. **Witt** (Mme de) née Guizot — La France au XVIe siècle, vieux récits — Paris, Hachette et Cie (1891) in-4°.

———

CLXIV. — Détails de l'Histoire de France : du XVIe au XVIIe siècle (Henri IV-Louis XIII)

1. **Ancienne France** (l') — Henri IV et Louis XIII, la Fronde — Paris, Firmin-Didot et Cie (1886) in-4°.

2. **Balzac** (Jean Louis Griez de) — Lettres, publiées par Tamizey de Larroque — Paris, Imp. Nationale (1873) in-4°.

3. **Bassompierre** (maréchal de) — Journal de ma vie, mémoires publiés par le Mis de Chanterac — Paris, Renouard (1870-1877) in-8°, 4 vol.

4. **Bonnin** (Pierre) — Ablon-sur-Seine et Villeneuve-Saint-Georges pendant la Fronde, plan du campement de Turenne et de Condé en 1652 — Paris, Desclée, de Brouwer et Cie (1892) in-4°.

5. **Capefigue** — La ligue et Henri IV — Paris, Belin-Leprieur (1843) in-18.

6. **Colletet** (Guillaume) — Vies des poètes bordelais et périgourdins, publiées par Ph. Tamizey de Larroque — Paris, Claudin-Lefebvre (1873) in-8°.

7. **Hanotaux** (Gabriel) — Histoire du cardinal de Richelieu, la jeunesse de Richelieu (1585-1614), le premier ministère (1614-1617) — Paris, Firmin Didot et Cie (1893-1896) in-4°, 2 vol.

8. **Hardouin de Perefixe** — Histoire du roi Henri le Grand — Lyon, J.-M. Barret (1812) in-18.

9.   d°   id.   id.   id.   id. Paris, Bailly, à l'occasion (1776) in-18.

10. **Legouvé** — Sully — Paris, Didier et Cie (1873) in-18.

11. **Lemonnier** (Henry) — L'art français au temps de Richelieu et de Mazarin — Paris, Hachette et Cie (1893) in-18.

12. **Lescure** (de) — Henri IV (1553-1610) — Paris, Ducroq (1874) in-4°.

13. **Levassor** (Michel) — Histoire de Louis XIII, roi de France et de Navarre, contenant les choses les plus remarquables arrivées en France et en Europe, depuis la minorité de prince jusqu'à la mort de Villeroy, ancien secrétaire d'Etat — Amsterdam (1757) in-4°, 7 vol.

14. **Margry** (Pierre) — Belain d'Esnambuc et les Normands aux Antilles — Paris, Achille Faure (1863) in-8°.

15. **Michelet** — Histoire de France au XVIe siècle — La Ligue et Henri IV — Paris, Chamerot (1860) in-8°.

16. **Mossmann** (X.) — Un échec militaire d'Henri IV en Alsace d'après des documents inédits — Nancy, Sidot frères ; Colmar, Barth, in-4°.

17. **Prévost-Paradol** — Elisabeth et Henri IV (1595-1598) — Paris, Michel Lévy frères (1863) in-18.

18. **Procès-verbal** de ce qui s'est passé à l'assemblée des notables tenue au palais des Tuileries en l'année 1626, sous le règne de Louis XIII, suivi de la harangue du roi Henri IV à l'assemblée qu'il convoqua à Rouen en l'année 1596 — Paris (1787) in-8°.

19. **Peyresc** — Lettres à Guillemin, etc., etc. (1610, 1637, 1626, 1637, 1617, 1637, 1602, 1637) publiées par Tamizey de Larroque — Paris, Imp. Nationale, in-4°, 6 vol.

20. **Read** (Charles) — Daniel Chamier, journal de son voyage à la cour de Henri IV en 1607 — Paris, Ch. Meyrueis et Cie (1858) in-8°.

21. **Richelieu** — Maximes d'Etat et fragment politiques publiés par Gabriel Hanotaux — Paris, Imp. Nationale (1880) in-4°.

22. **Satyre Menippée** — De la vertu du catholicon d'Espagne et de la tenue des états de Paris, à laquelle est ajoutée un discours sur l'interprétation du mot de *higueiro del infierno* et qui en est l'auteur, plus le regret sur la mort de l'Asne, ligueur d'une damoiselle qui mourut pendant le siège de Paris, — Ratisbonne, chez les héritiers de Mathias Kerner (1709) in-8°, 2 vol.

23. **Sully** (Maximilien de Béthune) — Mémoires, mis en ordre, avec des remarques — Londres (1765) in-32, 2 vol.

24.   d°   Mémoires — Londres (1745) in-4°, 3 vol.

25. **Thomas** (l'abbé Jules) — La belle défense de Saint-Jean-de-Losne en 1636, avec un plan inédit — E. Jobard (1886) in-18.

26. **Vitet** (L.) — La ligue, précédée des états d'Orléans Paris, Michel Lévy frères (1861) in-18, 2 vol.

27. **Zeller** (Berthold) — Richelieu et les ministres de Louis XIII (1621-1624), la cour, le gouvernement, la diplomatie, d'après les archives d'Italie — Paris, Hachette et Cie (1880) in-8°.

CLXV. — Détails de l'Histoire de France : du XVIIᵉ au XVIIIᵉ siècle (Louis XIV)

---

1. **Avirez** (Romée) — Louis XIV et les principaux personnages de son temps — Paris, Maillet (1868) in-8°.

2. **Bondois** (Paul) — Les grands français, Vauban — Paris, Picard Bernheim, in-18.

3. **Bossuet** — Lettres à Daniel Huet, publiées par Verlaque — Paris, Imp. Nationale (1877) in-4°.

4. **Brienne** (Louis-Henri de Lomenie comte de) — Mémoires inédits, publiés sur les manuscrits autographes, avec un essai sur les mœurs et les usages du du XVIIᵉ siècle — Paris, Ponthieu (1828) in-8°, 2 vol.

5. **Caix de Saint Amour** (vicomte de) — Histoire des relations de la France avec l'Abyssinie chrétienne sous le règne de Louis XIII et de Louis XIV (1634-1706) — Challamel (1886) in 18.

6. **Capefigue** — Louis XIV, son gouvernement et les relations diplomatiques avec l'Europe — Paris, Belin Leprieur (1844) in-18, 2 vol.

7. **Caron** (N.-L.) — Michel Le Tellier, son administration comme intendant d'armée en Piémont (1640-1643) — Paris, Pedone Lauriel (1880) in-18.

8. **Challamel** (Augustin) — Vie de Colbert — Paris, Martin (1880) in-18.

9. **Chateaubriand** (vicomte de) — Vie de Rancé — Paris, Delloye (1845) in-8°.

10. **Chéruel** (A.) — Mémoires de la vie publique et privée de Fouquet, d'après ses lettres et des pièces inédites conservées à la bibliothèque impériale — Paris, Charpentier (1862) in-18.

11. dᵒ Saint Simon considéré comme historien de Louis XIV — Paris, Hachette et Cⁱᵉ (1865) in-8°.

12. dᵒ Histoire de France pendant la minorité de Louis XIV — Paris, Hachette et Cⁱᵉ (1879-1880) in-8°.

13. dᵒ **Histoire de France sous le ministère de Mazarin** (1651-1661) — Paris, Hachette et Cⁱᵉ (1882) in-8, 3 vol.

14. **Clément Pierre** — Histoire de Colbert et de son administration, précédée d'une préface par M. A. Geffroy — Paris, Perrin et Cie (1892) in-18, 2 vol.

15.   d⁰   La police sous Louis xiv — Paris, Didier et Cie (1866).

16. **Cosnac (Gabriel Jules de)** — Souvenirs du règne de Louis xiv — Paris, Renouard (1882) in-8⁰, 8 vol.

17. **Cousin** (V.) — La société française au xviie siècle, d'après le grand Cyrus de Mademoiselle de Scudery — Paris, Didier et Cie (1866) in-18, 2 vol.

18.   d⁰   La jeunesse de Madame de Longueville — Paris, Didier et Cie (1868) in-18.

19.   d⁰   Madame de Hautefort — Paris, Didier et Cie (1868) in-18.

20.   d⁰   Jacqueline Pascal — Paris, Didier et Cie (1869) in-18.

21.   d⁰   Madame de Longueville pendant la Fronde — Paris, Didier et Cie (1867) in-18.

22.   d⁰   Madame de Chevreuse — Paris, Didier et Cie (1868) in-18.

23.   d⁰   Madame de Sablé — Paris, Didier et Cie (1865) in-18.

24. **Feuquière (de)** — Mémoires — Paris, Rollin fils (1750) ; Londres, F. Dunoyer, in-18, 4 vol.

25. **Gazier (A.)** — Les dernières années du cardinal de Retz (1655-1679) — Paris, Ernest Thorin (1875) in-18.

26. **Hennequin (François)**, Prisonnier à la Bastille de 1675 à 1677, souvenirs inédits — Paris, in-18.

27. **Jung** (Th.) — La vérité sur le masque de fer, les empoisonneurs (1664-1703) — Paris, H. Plon (1872) in-8°.

28. **Jacob** — Paris ridicule au xviiᵉ siècle avec des notes par P.-L. Jacob — Paris, Ad. Delahays (1859) in-18.

29. **Guy-Joli** — Mémoires — Paris, Ledoux et Tenré (1817) in-18, 2 vol.

30. **La Houssaye** (Amelot de) — Mémoires historiques, politiques, critiques et littéraires — Amsterdam, Charles Lecêne (1731) in-18.

31. **Lair** (J,) — Louise de la Vallière et la jeunesse de Louis xiv d'après des documents inédits, avec le texte authentique des lettres de la duchesse au maréchal de Bellefonds et des portraits — Paris, Plon et Cⁱᵉ (1881) in-8.

32. **Legué** (Gabriel) — Urbain Grandier et les possédées de Loudun — Paris, Charpentier et Cⁱᵉ (1884) in-18.

33. **Levacher** (Jean) — Correspondance avec le consul de France à Alger, faisant connaître le vrai motif de la rupture de la paix entre la France et la régence d'Alger, publiée par Octave Teissier — Paris, Imp. Nationale (1882) in-4°.

34. **Louis XIV** — Lettre au cardinal de Bouillon, publiée par l'abbé Verlaque — Paris, Imp. Nationale (1882) in-4°.

35. **Maintenon** (Mᵐᵉ de) — Lettres — Amsterdam (1756) in 32, 8 vol.

36. dᵒ Lettres à diverses personnes et à Daubigné, son frère — Amsterdam (1756) in-18, 4 vol.

37. **Mazarin** (le cardinal) — Lettres où l'on voit le secret de la négociation de la paix des Pyrénées — Amsterdam, Henri Velstein (1694) in-18, 2 vol.

38. **Mazarin** (le cardinal) — Lettres du cardinal Mazarin pendant son ministère (1642-1658) publiées par A. Cheruel — Paris, Imp. Nationale (1872-1894) in-4º, 8 vol.

39. **Mémoires** de la minoritée de Louis XIV, corrigés et augmentes de plusieurs choses fort considérables inédites — Trévaux (1754) in-32, 2 vol.

40. **Montpensier** (Mademoiselle de) — Mémoires — Paris, Lebreton (1728) in-18, 3 vol.

41. **Nemours** (duchesse de) — Mémoires — Paris, Ledoux et Tenré (1817) in-18.

42. **Perrens** (F.-T.) — Les libertins en France au XVIIᵉ siècle — Paris, Léon Chailley (1896) in-8º.

43. **Philipps** — Jean Bart et Duquesne — Paris, Retaux, in-18.

44. **Pontis** (de) qui a servi dans les armées cinquante-six ans, sous les rois Henri IV, Louis XIII, Louis XIV, mémoires — Paris (1715) in-18, 2 vol.

45. **Raguenet** (l'abbé) — Histoire du vicomte de Turenne Paris, Nyon fils (1741) in-18, 2 vol.

46. **Relations** des Jésuites contenant ce qui s'est passé de plus remarquable dans les missions des pères de la compagnie de Jésus dans la nouvelle France (années 1611 à 1672) — Québec, Augustin Coté (1858) in-4º, 3 vol.

47. **Retz** (cardinal de) — Mémoires contenant ce qui s'est passé en France pendant les premières années du règne de Louis XIV — Paris, Ledoux et Tenré (1817) in-18, 4 vol.

48.   dº   Mémoires suivis des instructions inédites de Mazarin relatives aux Frondeurs, publiés par Champollion-Figeac — Paris, Charpentier (1859) in-18, 4 vol.

49. **Rousset** — Histoire de Louvois et de son administration politique et militaire — Paris, Didier et Cie
(1864) in-18, 4 vol.

50. **Roux** (Amédée) — Un misanthrope à la cour de
Louis XIV, Montausier, sa vie et son temps — Paris,
Didier et Cie, Aug. Durand (1860) in 8°.

51. **Saint-Aulaire** (comte de) — Histoire de la Fronde
— Paris, Baudouin frères (1827) in 8°, 3 vol.

52. **Sévigné** (Mme de) — Lettres avec notice biographique — Paris, Hachette et Cie (1863) in-18,
8 vol.

53.   d°   Lettres inédites publiées par Charles Cap-
mas — Paris, Hachette et Cie (1876) in-8°,
2 vol.

54. **Tamizey de Larroque** — Lettres de Jean Chapelain
(1632-1672) — Paris, Imp. Nationale (1880-1883)
in-4°, 2 vol.

55. **Taschereau** (J.) — Histoire de la vie et des ouvrages
de Molière — Paris, Marescq et Cie (1851) in-4°.

56. **Topin** (Marius) — L'Europe et les Bourbons sous
Louis XIV, Affaires de Rome — Une élection en
Pologne, etc. — Paris, Didier et Cie (1868) in-8.

57. **Witt** (Pierre de) — Un patricien au XVIIe siècle, Louis
de Geer — Paris, Perrin (1885) in-18.

CLXVI. — Détails de l'Histoire de France : XVIIIe siècle (Louis XV)

---

1. **Arvède Barine** — Princesses et grandes dames —
Paris, Hachette et Cie (1890) in-18.

2. **Barbier** — Chronique de la régence et du règne de
Louis XV (1718-1763) ou journal de Barbier, avocat
au parlement de Paris — Paris, Charpentier (1857)
in-18, 8 vol.

3. **Bernis** (cardinal de) — Mémoires et lettres de François-Joachim-Pierre, cardinal de Bernis, publiés avec l'autorisation de la famille d'après les manuscrits inédits par Frédéric Masson — Paris, E. Plon et Cie (1878) in-8°, 2 vol.

4. **Bertrand** (Joseph) — d'Alembert — Paris, Hachette et Cie (1889) in-18.

5. **Berwik** (maréchal de) généralissime des armées de de sa Majesté — Mémoires — La Haye, P. Paupié (1737) in-18.

6. **Bondois** (Paul) — Les grands français : Villars — Paris, Picard Bernheim, in-18.

7. **Boursault** — Lettres nouvelles de feu Monsieur, accompagnées de fables, de contes, d'épigrammes, de remarques, de bons mots et d'autres particularités aussi agréables qu'utiles — Paris, Nyon fils (1738) in-18, 2 vol.

8. **Brosses** (Charles de) — Lettres familières écrites d'Italie en 1739 et 1740, annotées et précédées d'une étude biographique par R. Colomb — Paris, Didier et Cie (1869) in-18, 2 vol.

9. **Cantrel** (Emile) — Nouvelles à la main sur la comtesse du Barry, trouvées dans les papiers du comte de ***, revues, commentées, avec introduction par Arsène Houssaye — Paris, H. Plon (1861) in-8°.

10. **Capefigue** — Philippe d'Orléans, régent de France (1715-1723) — Paris, Charpentier (1845) in-18.

11. **Condorcet** — Vie de Voltaire — Paris, Esneaux (1823) in-8°.

12. **Dorsanne** (l'abbé) — Journal contenant l'histoire et les anecdotes de ce qui s'est passé de plus intéressant à Rome et en France dans l'affaire de la constitution Unigenitus — Paris (1756) in-18, 3 vol.

13. **Duclos** — Mémoires secrets sur le règne de Louis xiv, la régence et le règne de Louis xv — Paris, L. Collin (1894) in-18.

14. **Ducros** (Louis) — Diderot, l'homme et l'écrivain — Paris, Perrin et Cie (1894) in-18.

15. **Dupaty** — Lettres sur l'Italie — Rome (1789) in-18, 2 vol.

16. **Favart** (C. S.) — Mémoires et correspondance littéraires, dramatiques et anecdotiques, précédés d'une notice historique par Dumolard — Paris, Collin (1808) in 8º, 3 vol.

17. **Forbin** (comte de) chef d'escadre — Mémoires — Amsterdam, F. Girardi (1748) in-18.

18. **Godefroy Menilglaise** — Les savants Godefroy, Mémoires d'une famille pendant les xvie, xviie, xviiie siècles — Paris, Didier et Cie (1873) in-8º.

19. **Goncourt** (Edmond de) — Les actrices du xviiie siècle : Mademoiselle Clairon — Paris, Charpentier et Cie (1890) in-18.

20. **Haussonville** (comte d') — Histoire de la réunion de la Lorraine à la France, avec documents historiques entièrement inédits — Paris, Michel Lévy frères (1860) in-18, 4 vol.

21. **La Colonie** (de) — Mémoires contenant les événements de la guerre depuis le siège de Namur en 1692 jusqu'à la bataille de Bellegrade en 1717 — Bruxelles (1737) in-18, 2 vol.

22. **Lamache** (Paul) — Histoire de la chute des Jésuites au xviiie siècle — Paris, Waille (1845) in-18.

23. **Lebeuf** (l'abbé) — Lettres publiées par MM. Quantin et Cherest, avec table analytique — Paris, Durand (1897) in-8º, 3 vol.

24. **Mémoires** de la régence de Monseigneur le Duc d'Orléans, durant la minorité de Louis xv, roi de France — La Haye, Jean Van Duren (1729) in-18.

25. **Monselet** (Charles) — Les originaux du siècle dernier, les oubliés et les dédaignés — Paris, Michel Lévy frères (1864) in-18.

26. **Paléologue** (Maurice) — Vauvenargues — Paris, Hachette et Cie (1890) in-18.

27. **Perey** (Lucien) — Le président Hénault et Mme du Deffand, la cour du régent, la cour de Louis xv et de Marie Leczinska — Paris, Calmann Lévy (1893) in-8°.

28. **Roux Fazillac** — Histoire de la guerre de sept ans, histoire de la guerre d'allemagne pendant les années 1756 et suivantes — Paris, Magimel (1803) in-18. 2 vol.

29. **Saint-Marc Girardin** — Jean-Jacques Rousseau, sa vie et ses ouvrages, avec une introduction par Ernest Bersot — Paris, Charpentier, in-18.

30. **Saint-Simon** — Extrait des mémoires, publié par Le Goffier et J. Tellier, avec illustrations — Paris, Delagrave (1888) in-8°.

31.   do   Mémoires complets et authentiques du duc de Saint-Simon, sur le siècle de Louis xiv et la régence, collationnés sur le manuscrit original par Cheruel et précédés d'une notice par Sainte-Beuve — Paris, Hachette et Cie (1865) in-18, 13 vol.

32.   do   Le régent et la cour de France sous la minorité de Louis xv, portraits, jugements et anecdotes extraits des mémoires — Paris, Hachette et Cie (1854) in-18.

33. **Voltaire** — Lettres choisies précédées d'une préface, accompagnées de notes et d'éclaircissements et suivis d'une table analytique par Eug. Fallex — Paris, Delagrave (1885) in-18, 2 vol.

34.   d⁰   Histoire de la guerre de 1741 — La Haye (1856) in-18. 2 vol.

35.   d⁰   Correspondance — Paris, Lefebvre (1832) in-8⁰, 20 vol.

36.   d⁰   Correspondance générale — Paris, J Esneaux (1823) in-8⁰, 8 vol.

37.   d⁰   Correspondance avec Dalembert — Paris, J. Esneaux (1822), in-8⁰.

38.   d⁰   Œuvres du philosophe Sans Souci, mémoires pour servir à l'histoire de la maison de Brandebourg, — Donjon du château, avec privilège d'Apollon (1750) in 8⁰, 2 vol.

39.   d⁰   Correspondance avec les souverains — Paris, J. Esneaux-Rosa (1823) in-8⁰, 3 vol.

40.   d⁰   Précis du règne de Louis XV — Paris, J. Esneaux (1822) in-8⁰.

41.   d⁰   Mémoires écrits par lui même, avec commentaires historiques et éloges de La Harpe et de Ducis — Paris, Esneaux (1823) in-8⁰.

42. **Wiesener** (Louis) — Le régent, l'abbé Dubois et les Anglais d'après les sources historiques — Paris, Hachette et Cⁱᵉ (1891) in 8⁰, 2 vol.

CLXVII. — *Détails de l'Histoire de France : XVIIIe siècle*
(Louis XVI)

1. **Arneth** (d') et **A. Geffroy** — Marie-Thérèse, le comte de Mercy-Argenteau et Marie-Antoinette, Correspondance publiée avec une introduction et des notes — Paris, Firmin Didot frères, fils et Cie (1874) in-8°, 3 vol.

2. **Balch** (Thomas) — Les Français en Amérique pendant la guerre de l'indépendance, les Etats-Unis (1777-1783) — Paris, Sauton ; Philadelphie, Lippris Cott (1872) in-8°.

3. **Bardoux** (A) — Madame de Custine d'après des documents inédits — Paris, Calmann Lévy (1891) in-18.

4. **Beauchesne** (A. de) — Louis XVII, son agonie, sa mort ; Captivité de la famille royale au Temple — Paris, Plon frères (1853) in-18, 2 vol.

5. **Beaumarchais** — Mémoires, affaire Goezman avec appréciations par Sainte-Beuve — Paris, Garnier frères (1859) in-18.

6. **Campan** (Mme de) — Mémoires, avec biographie par Mme Carette, née Bouvet — Paris, Paul Ollendorff (1891) in-18.

7.   d°   Mémoires sur la vie de Marie-Antoinette, reine de France et de Navarre, suivis de souvenirs et anecdotes historiques sur le règne de Louis XIV, de Louis XV et de Louis XVI avec notice et notes par F. Barrière — Paris, Firmin Didot frères, fils et Cie (1867) in-18.

8. **Cazotte** (J. S.) — Témoignage d'un royaliste — Paris, Leclerc et Cie (1839) in-8º.

9. **Crevecœur** (Robert de) — Saint John de Crevecœur, sa vie et ses ouvrages (1735-1813) — Paris, Jouaust (1883) in-8º.

10. **Dupaty** — Lettres sur l'Italie en 1785 — Rome (1791) in-32, 3 vol.

11. **Durdent** (R.-J.) — Histoire de Louis XVI, roi de France et de Navarre, terminée par le fac-similé du testament de ce monarque et suivie d'un appendice contenant la liste alphabétique des régicides et des notices sur la plupart d'entr'eux — Paris, Pillet (1817) in-8º.

12. **Falloux** (comte de) — Louis XVI — Paris, Ambroise Bray (1868) in-18.

13. **Fallue** (Léon) — La marquise d'Epinay et ses relations dans la vallée de Montmorency avec la société philosophique du XVIIIᵉ siècle — Paris, Durand (1866) in-18.

14. **Geffroy** (A.) — Gustave III et la cour de France, suivi d'une étude critique sur Marie-Antoinette et Louis XVI apocryphes — Paris, Didier et Cie, in-18.

15. **Guillois** (Antoine) — Le salon de Madame Helvetius-Cabanis et les Idéologues — Paris, Calman Lévy (1894) in-18.

16. **Janin** (Jules) — Paris et Versailles. il y a cent ans — Paris, F. Didot frères, fils et Cie (1874) in-4º.

17. **Lavergne** (L. de) — Le marquis de Mirabeau — Paris, Didot frères, fils et Cie (1867) in-4º.

18. **Loménie** (Louis de) — La comtesse de Rochefort et ses amis, étude sur les mœurs en France au XVIIIᵉ siècle avec des documents inédits — Paris, Michel Lévy frères (1870) in-8º.

19. **Loménie** — Les Mirabeau, études sur la société française au XVIIIe siècle — Paris, Dentu (1879) in 8º, 2 vol.

20.   dº   Beaumarchais et son temps, études sur la société en France au XVIIIe siècle, d'après des documents inédits — Paris, Michel Lévy frères (1858) in-8º, 2 vol.

21. **Loménie fils** — Suite des études sur la société française au XVIIIe siècle de Louis de Loménie.

22. **Masson** (Frédéric) — Le cardinal de Bernis, depuis son ministère (1758-1794), la suppression des Jésuites, le schisme constitutionnel — Paris, E. Plon, Nourrit et Cie (1864) in-4º.

23. **Montpensier** (le duc de) — Mémoires sur son arrestation et sa captivité, avec notes par Barrière — Paris, Firmin Didot frères fils et Cie (1856) in-18.

24. **Perey** (Lucien) — La fin du XVIIIe siècle, le duc de Nivernais (1754-1798) — Paris, Calmann Lévy (1891) in-8º.

25. **Poulle Raymond** — Centenaire de Florian — Alais, J. Martin (1895) in-8º.

26. **Say** (Léon) — Turgot — Paris, Hachette et Cie (1887) in-18.

27. **Teissier** (Octave) — Biographie de L.-C. Thiers, avocat au parlement de Provence, archiviste de la ville de Marseille (1770-1790) précédée d'une lettre de M. Thiers, du 3 avril 1877 — Marseille (1877) in-8º.

28. **Witt** (Cornélis de) — La société française et la société anglaise au XVIIIe siècle — Paris, Lévy frères 1864, in-18.

CLXVIII. — Histoire générale de la période 1789-1830 (Révolution Française, République, Empire et Restauration).

———

1. **Babeau** (Albert) — Paris en 1789, ouvrage illustré de gravures et de photogravures d'après les estampes de l'époque — Paris, Firmin Didot et Cie (1890) in-18.

2. **Barante** (de) — Histoire du Directoire de la République française — Paris, Didier (1855) in-8º, 3 vol.

3. **Blanc** (Louis) — Histoire de la Révolution française — Paris, Pagnerre, Furne, Jouvet et Cie (1870) in-8º, 12 vol.

4. **Brette** (Armand) — Recueils de documents relatifs à la convocation des Etats généraux de 1789 — Paris, Imp. Nationale (1894-1896) in-4º, 2 vol.

5. **Buchez** et **Roux** — Histoire parlementaire de la Révolution Française ou journal des Assemblées Nationales depuis 1789 jusqu'en 1815, contenant la narration des événements, les débats des assemblées, les discussions des principales sociétés populaires et particulières des Jacobins, les procès-verbaux de la commune de Paris, les séances du tribunal révolutionnaire, le compte-rendu des principaux procès politiques, etc., etc., précédée d'une introduction sur l'histoire de France, jusqu'à la convocation des Etats Généraux — Paris, Paulin (1834-1838) in-8º, 40 vol.

6. **Capefigue** — Histoire de la Restauration et des causes qui ont amené la chute de la branche aînée des Bourbons — Paris, Charpentier (1841) in-18, 4 vol.

7. **Carnot** (H.) — La Révolution Française, résumé historique — Paris, Ch. Meyrueis, in-32, 2 vol.

8. **Castille** (Hippolyte) — Histoire de la Révolution Française, États Généraux, Constituante, Convention, Directoire (1788-1800) — Paris, Ferdinand Sartorius (1863) in-8°, 4 vol.

9. **Cherest** (Aimé) — La chûte de l'ancien régime (1787-1789) — Paris, Hachette et Cie (1886) in-8°, 3 vol.

10. **Conny** (Félix de) — Histoire de la Révolution de France — Paris, Jeulin (1841) in-8°, 8 vol.

11. **Ferrand** (J.) et **Lamarque** (de) — Histoire de la Révolution Française, du Consulat, de l'Empire, de la Restauration et de la Révolution de Juillet — Paris, Morel (1845) in-8°, 6 vol.

12. **Gautier** (Hippo'yte) — L'an 1789 — Paris, Ch. Delagrave, in-4°, 2 vol.

13. **Grille** (F.) — Introduction aux mémoires sur la Révolution Française ou tableau comparatif des mandats et pouvoirs donnés par les provinces à leurs députés aux États Généraux — Paris, Pichard (1825) in-8°, 2 vol.

14. **Guadet** (J.) — Les Girondins, leur vie privée, leur vie publique, leur proscription et leur mort — Paris, Didier et Cie (1862) in-18, 2 vol.

15. **Guillon** (E.) — Histoire du Consulat et de l'Empire — Paris, Martin (1883) in-18.

16. **Histoire** populaire de la Révolution Française — Paris, Lemerre (1871) in-32,

17. **Lamartine** (A. de) — Histoire des Girondins — Paris, Hachette et Cie (1870) in-18, 6 vol.

18. d° Histoire de la Restauration — Paris, Pagnerre.

19. **Lanfrey** (P.) — Histoire de Napoléon Ier — Paris, G. Charpentier (1876) in-18, 5 vol.

20. **Maurin** (Albert) — Histoire de Napoléon, premier consul et empereur — Paris (1849) in-4°, 2 vol.

21.   dᵒ   Galerie historique de la Révolution Française (1787-1799) — Paris (1849) in-4°, 3 vol.

22. **Michelet** — Histoire de la Révolution Française — Paris, Marpon et Flammarion, in-8°, 9 vol.

23. **Mignet** — Histoire de la Révolution Française depuis 1789 jusqu'en 1814 — Paris, Firmin Didot frères (1861) in-18, 2 vol.

24. **Montgaillard** (l'abbé de) — Histoire de France depuis la fin du règne de Louis XVI jusqu'à l'année 1825, avec une introduction historique sur les causes qui ont amené la Révolution — Paris, Moutardier (1827) in 8°, 6 vol.

25. **Mortimer-Ternaux** — Histoire de la terreur (1792-1794) d'après des documents authentiques et inédits — Paris, Michel Lévy frères (1865-1869) in-8°. 7 vol.

26. **Quinet** (Edgar) — Histoire de la campagne de 1815 — Paris, Michel Lévy frères (1862) in-8°.

27. **Rouvier** (Ch.) — Histoire des marins français sous la République (1789 à 1803) — Paris, Arthus Bertrand (1868) in-8°.

28. **Rouvière** — Histoire de la Révolution Française dans le département du Gard — Nîmes, Catelan (1888-1889) in-18, 4 vol.

29. **Sorel** (Albert) — L'Europe et la Révolution Française, les limites naturelles — Paris, Plon, Nourrit et Cⁱᵉ (1892) in-8.

30. **Spuller** (Eugène) — Hommes et choses de la Révolution — Paris, Félix Alcan (1896) in-18.

31. **Thiers** (Adolphe) — Histoire de la Révolution Française — Paris, Furne, Jouvet et Cie (1872) in-8°, 10 vol. et atlas.

32.   d°   id.   id.   id.
précédée du discours prononcé par M. Thiers le jour de sa réception à l'Académie française le 13 décembre 1834 — Paris, Furne (1839) in-4°, 4 vol.

33.   d°   Histoire du Consulat et de l'Empire faisant suite à l'histoire de la Révolution Française — Paris, Lheureux et Cie (1869) in-8°, 21 vol. et atlas.

34. **Toulongeon** (E.) — Histoire de France depuis la Révolution de 1789, écrite d'après les mémoires et manuscrits contemporains recueillis dans les dépôts civils et militaires — Paris, Treuttel et Wurtz (1803) in-8°, 4 vol.

35. **Vaulabelle** (Achille de) — Histoire des deux Restaurations jusqu'à l'avènement de Louis Philippe — Paris, Perrotin (1860) in-8°, 8 vol.

36. **Vivien** (L.) — Histoire générale de la Révolution française, de l'Empire, de la Restauration, de la Monarchie de 1830 jusque et y compris 1840 — Paris, Dondey-Dupré (1851) in-4°, 4 vol.

CLXIX. — *Détails de l'Histoire de France Période 1789-1830*

---

1. **Ader** — Histoire de l'expédition d'Egypte et de Syrie revue pour les détails stratégiques par M. le général Beauvais — Paris, Ambroise Dupont et Cie (1826) in-18.

2. **Aulard** (B.-A.) — Recueil des actes du comité de salut public avec la correspondance officielle des représentants en mission et le registre du Conseil exécutif provisoire (1792-1794) — Paris, Imp. Nationale (1889-1897) in-4°, 11 vol.

3. **Barbery** (Maurice de) — Six années d'émigration, souvenirs et correspondance du comte de Neuilly — Paris, Douniol (1865) in-8°.

4. **Baudot** (Marc-Antoine) — Notes historiques sur la Convention nationale, le Directoire, l'Empire — Paris, L. Cerf (1893) in-4°.

5. **Bertrand** — Les marins de la Garde (1803-1815) — Paris, H. Gautier (1897) in-18.

6. **Brette** (Armand) — Le serment du Jeu de Paume, fac-simile du texte et des signatures d'après le procès-verbal manuscrit conservé aux archives nationales — Paris, Maretheux, (1893) in-4°.

7. **Buonarroti** (Philippe) — Les grands procès politiques, Gracchus Babeuf et la conjuration des égaux, préface et notes par A. Ranc — Paris, Armand Lechevalier (1869) in-18.

8. **Cambon, Allut**, etc., etc., envoyés de la ville de Montpellier (1789-1792) — Lettres publiées par Grand et de la Pijardière — Montpellier, Serre et Ricome (1889) in-8.

9. **Carné** (comte L. de) — Souvenirs de ma jeunesse au temps de la Restauration — Paris, Didier et Cie (1873) in 18.

10. **Carnot** — Correspondance générale publiée avec des notes historiques et biographiques, par Charavay (Etienne) — Paris, Imp. Nationale (1892-1897) in-4°, 3 vol.

11. **Chassin** (Ch. L.) — La préparation de la guerre de Vendée (1789-1793) — Paris, Paul Dupont (1892) in-8°, 3 vol.

12. **Chassin** (Ch. L.) — La Vendée patriotique (1793-1795)
     — Paris, Paul Dupont (1893-1895) in-4°,
     4 vol.

13.   d°   La pacification de l'ouest (1794-1801) —
     Paris, Paul Dupont (1896) in-4°.

14. **Chateaubriand** (de) — Politique, opinions et dis-
     cours suivis de la polémique—Paris, E. et V.
     Penaud frères (1826) in 4°.

15.   d°   Congrès de Vérone, guerre d'Espagne, co-
     lonies espagnoles — Paris, Dellaye (1838)
     in-8°, 2 vol.

16.   d°   Congrès de Vérone, guerre d'Espagne, vie
     de Rancé — Paris, Massue et Cie, in-4°.

17. **Conspiration** (la) du général Malet d'après les docu-
     ments authentiques, avec introduction par Paschal
     Grousset — Paris, Armand Lechevalier (1869)
     in-18.

18. **Foy** (général) — Discours, précédé d'une notice bio-
     graphique, d'un éloge et d'un essai sur l'éloquence
     politique en France par M. Jay — Paris, Moutardier
     (1826) in-8°, 2 vol.

19. **Franklin** (Benjamin) — Correspondance, traduite
     de l'anglais par E. Laboulaye (1757-1790) — Paris,
     Hachette et Cie (1866) in-18, 2 vol.

20. **Gay** (Mme Sophie) — Salons célèbres : le salon de
     Mme la baronne de Stael — Paris, Dumont (1837)
     in-8°.

21. **Haussonville** (vicomte d') — Le salon de Mme Nec-
     ker d'après des documents tirés des archives de
     Coppet — Paris, Calmann Lévy (1882) in-18.

22. **Haussonville** (comte d') — L'Eglise romaine et le
     premier Empire (1800-1814) avec notes et pièces
     justificatives — Paris, Michel Lévy frères (1870)
     in-18, 5 vol.

23. **Hauteroche** (d') — Souvenirs du sous-lieutenant d'Hauteroche, la vie militaire en Italie sous le premier Empire, campagne des Calabres (1806-1809) d'après le manuscrit original — Saint-Etienne, Théolier et Cie (1814) in-8°.

24. **Hugo** (Victor) — Correspondance (1815-1835) — Paris, Calmann Lévy (1897) in-8°.

25. **Isambert** (Gustave) — La vie à Paris pendant une année de la Révolution (1791-1792) — Paris, Félix Alcan (1896) in-18.

26. **Jacquemont** (Victor) — Correspondance pendant le voyage dans l'Inde (1828-1832) précédée d'une étude par Cuvillier-Fleury — Paris, Michel Lévy frères (1869) in-18, 2 vol.

27. **Jurien de la Gravière** — Guerres maritimes sous la République et l'Empire — Paris, Charpentier (1853) in-18, 2 vol.

28. **Lamartine** (A. de) — Correspondance publiée par Mme Valentine de Lamartine (1807-1833) — Paris, Furne, Jouvet et Cie ; Hachette et Cie (1873-1874) in8°, 4 vol.

29. **Lecocq** (Georges) — La prise de la Bastille et ses anniversaires d'après des documents inédits — Paris, Charavay frères (1881) in-18.

30. **Mangeart** — Souvenirs de la Morée, recueillis pendant le séjour des Français dans le Péloponèse — Paris, Igonette (1830) in-8°.

31. **Marmottan** (Paul) — Le royaume d'Etrurie (1801-1807) — Paris, Ollendorff (1896) in-8°.

32. d° Bonaparte et la République de Lucques — Paris, H. Champion (1896) in-18.

33. d° Le général Fromentin et l'armée du nord (1792 1794) — Paris, E. Dubois (1891) in-4°.

34. **Mercy Argenteau** (comte de) — Correspondance avec l'Empereur Joseph ii et le prince de Kaunitz, publiée par Arneth (d') et Flammermant (Jules) — Paris, Imp. Nationale (1887) in 4º, 2 vol.

35. **Michelet** (J.) — Ma Jeunesse — Paris, Calmann Lévy (1884) in-18.

36. dº Mon journal (1820-1823) — Paris, Marpon et Flammarion (1888) in-18.

37. **Mirabeau** (comte de) et **La Marck** (de) — Correspondance pendant les années 1789-90-91, recueillie et mise en ordre par A. de Bacourt — Paris, Vᵛᵉ Lenormant (1851) in-8º, 3 vol.

38. **Modeste** (Vᵒʳ) — La nuit du 4 août 1789 — Paris, Guillaumin et Cⁱᵉ (1889) in 18.

39. **Moreau de Jonnès** — Aventures de guerre au temps de la République et du Consulat — Paris, Pagnerre (1858 in 8º, 2 vol.

40. **Moris** (Henri) — Opérations militaires dans les Alpes et les Apennins pendant la guerre de la succession d'Autriche (1742-1748) d'après des documents inédits découverts par le baron Cachiardy de Montfleury, avec carte d'ensemble et croquis — Paris, Baudoin et Cⁱᵉ (1886) in-4º.

41. **Moris** (Henri) et **Krebs** (Léonce) — Campagnes dans les Alpes pendant la Révolution d'après les archives des états-majors français et austrosardes (1792-1793) avec croquis et cartes — Paris, E. Plon, Nourrit et Cⁱᵉ (1891) in-4º.

42. dº Campagnes dans les Alpes pendant la Révolution d'après les archives des états-majors français et austro sardes (1794-1795-1796) avec croquis et cartes — Paris, E. Plon, Nourrit et Cⁱᵉ (1895) in-4º.

43. **Muntz** (E.) — Les invasions de 1814-1815 — Paris, May et Motteroz (1897) in-8º.

44. **Parquin** (Le capitaine) — Récits de guerre (1803-1814) introduction par Frédéric Masson — Paris, Boussod, Valadon et Cⁱᵉ (1892) in folio.

45. **Pugliesi-Conti** — La vérité sur l'ambassadeur Pozzo di Borgo — Paris, Schlaeber (1890) in-4º.

46. **Récamier** (Mᵐᵉ) — Les amis de sa jeunesse et sa correspondance intime — Paris, Michel Lévy frères (1872) in-8º.

47.   dº   Souvenirs et correspondance — Paris, Michel Lévy frères (1873) in-18.

48. **Révolution** (la) française en Hollande, la République batave — Paris, Hachette et Cⁱᵉ (1894) in-8º.

49. **Sciout** (Ludovic) — Histoire de la constitution civile du clergé (1790-1801) l'Eglise et l'Assemblée constituante — Paris, Firmin Didot frères, fils et Cⁱᵉ (1872) in-8º, 2 vol.

50. **Talleyrand** — Correspondance diplomatique, le ministère de Talleyrand sous le Directoire, publiée par G. Pallain — Paris, Plon, Nourrit et Cⁱᵉ (1891) in-8º.

51. **Villemain** — Souvenirs contemporains, M. de Narbonne, la Sorbonne en 1825, M. de Feletz et quelques salons de son temps — Paris, Didier (1855) in-18.

52.   dº   Souvenirs contemporains, les cent jours — Paris, Didier (1855) in-18.

53.   dº   La Tribune moderne, M. de Chateaubriand, sa vie, ses écrits et son influence sur son temps — Paris, Michel Lévy frères (1858) in-8º.

CLXX. — *Biographies et mémoires de la période 1789-1830.*

1. **Abrantès** (duchesse d') — Mémoires ou souvenirs historiques sur Napoléon, la révolution, le directoire, l'empire et la révolution — Bruxelles Hauman, Cattoir et Cie (1837) in-4°, 3 vol.

2. **Amours** secrètes de Napoléon, des princes et princesses de sa famille — Paris, Renault (1842) in-18.

3. **Arvède Barine** — Les grands écrivains français — Bernardin de St-Pierre — Paris, Hachette et Cie (1891) in-18.

4. **Avenel** (Georges) — Anacharsis Cloots, l'orateur du genre humain — Paris, Lacroix-Verbœckhoven et Cie (1865) in-8°, 2 vol.

5. **Barbaroux** (Charles) — Mémoires inédits avec notes et documents — Paris, Henri Plon (1866) in-4°.

6. **Bardoux** (A.) — La jeunesse de Lafayette (1757-1792) — Paris, Calman-Lévy (1892) in-8°.

7. **Bourrienne** — Mémoires sur Napoléon, le directoire, le consulat, l'empire et la restauration — Paris, Ladvocat (1829-1830) in 8°, 6 vol.

8. **Buzot** (F.N.L.) — Mémoires inédits — Paris, A. Plon (1866) in-4°.

9. **Caraman** (duc de) — Charles Bonnet, philosophe et naturaliste, sa vie et ses œuvres — Paris, Vaton, (1859) in-8°.

10. **Carnot** (H.) — Henri Grégoire, évêque républicain — Paris, H. E. Martin (1882) in-18.

11. **Chenier** (Gabriel de) — Histoire de la vie militaire, politique et administrative du maréchal Davoust, duc d'Auerstadt, prince d'Eckmühl — Paris, Cosse, Marchal et Cie (1866) in-8°.

12. **Depasse** (H.) — Carnot — Paris, E. H. Martin (1880) in-18.

13. **Chateaubriand** (de) — Mélanges historiques contenant les mémoires sur M. le duc de Berry, de la Vendée, et suivis des mélanges politiques, contenant Bonaparte et les Bourbons, Compiègne, etc. — Paris, Eugène et Victor Penaud frères (1826) in-4°.

14. **Clery** — Mémoires de ce qui s'est passé à la tour du Temple pendant la captivité de Louis XVI, roi de de France — Paris, F. Didot frères, fils et Cie (1856) in-18,

15. **Dauban** (C.A.) — Etude sur Mme Roland et son temps suivie des lettres de Mme Roland à Buzot, et d'autres documents inédits et de la notice de Mme Roland, sur Buzot — Paris, H. Plon (1864) in-4°.

16. **Dragomiroff** (général) — Napoléon et Vellington — Paris. May et Motteroz (1897) in-8°.

17. **Dutemple** et **Launay** — Vie du général Hoche, précédée du discours de Gambetta à Versailles en 1872 — Paris, Ch. Bayle (1888) in-32.

18. **Eloge d'Henrion de Pansey** (1742-1829) — Paris, in-8°.

19. **Ernouf** (baron) — Histoire de trois ouvriers français ; Abraham Louis Breguet, Richard Lenoir, Michel Brezin — Paris, Hachette et Cie (1867) in-18.

20. **Grimaux** (Edouard) — Lavoisier, d'après sa correspondance, ses manuscrits, ses papiers de famille et d'autres documents inédits — Paris, F. Alcan (1888) in-4°.

21. **Lafayette** (général) — Mémoires, correspondance et manuscrits — Paris, H. Fournier ; Londres, Saunders et Otley ; Leipzig, Avenarius et Friedlein (1837-1838) in-8º, 6 vol.

22. **Larrey** (le baron) — Madame mère, Napoleonis mater — Paris, Ed. Dentu (1892) in-8º, 2 vol.

23. **Leroy-Dupré** — Larrey, chirurgien en chef de la grande armée — Paris, Ch. Albessard et Bérard (1860) in 18.

24. **Malouet** (le baron) — Mémoires de Malouet publiés par son petit-fils, augmentés de lettres inédites — Paris, E. Plon et Cie (1874) in-8º, 2 vol.

25. **Marbot** (général) — Mémoires — Paris, E. Plon, Nourrit et Cie, in-8º, 3 vol.

26. **Maze** (Hippolyte) — Le général Marceau, sa vie, sa correspondance d'après des documents inédits — Paris, H.-E. Martin (1889) in-4º.

27. dº Les généraux de la République : Kléber — Paris (1879) in-18.

28. **Mézières** (A.) — Vie de Mirabeau — Paris, Hachette et Cie (1892) in-18.

29. **Michelet** (J.) — Les femmes de la Révolution — Paris, Calmann Lévy, in-18.

30. **Mirabeau** — Lettres d'amour précédées d'une étude sur Mirabeau par Mario Proth — Paris, Garnier frères (1874) in-18.

31. **Monologues** (les) de Napoléon Ier — Paris, Baudoin (1891) in-18.

32. **Napoléon** devant ses contemporains — Paris, Baudoin frères (1826) in-8º.

33. Nervo (baron de) — Le comte Corvetto, sa vie, son temps, son ministère — Paris, Michel Lévy frères (1869) in-8º.

34. Oberkirch (baronne d') — Mémoires publiés par M. le comte Léonce de Montbrison, son petit-fils, avec fac-simile — Paris, Charpentier (1869) in-18, 2 vol.

35. Parfait (Noel) — Le général Marceau — Paris, Calmann Lévy, in-8º.

36. Petion — Mémoires inédits, précédés d'une introduction par C.-A. Dauban — Paris, H. Plon (1866) in-4º.

37. Rayeur (J.) — Mirabeau, sa vie et ses œuvres — Moulins, Charmeil (1892) in-18.

38. Riouffe — Mémoires d'un détenu pour servir à l'histoire de la tyrannie de Robespierre — Paris, Firmin Didot frères, fils et Cie (1856) in-18.

39. Robinet (Docteur) — Condorcet, sa vie, son œuvre (1743-1794) — Paris, May et Motteroz, in-4º.

40. Roland (Mme) — Mémoires, avec notes par C.-A. Dauban — Paris, Henri Plon (1864) in-8º.

41. Rovigo (duc de) — Mémoires pour servir à l'histoire de l'empereur Napoléon — Paris. Bossange, Mame et Delaunay-Vallée (1828) in-8º, 8 vol.

42. Sainte-Beuve (C.-A.) — Chateaubriand et son groupe littéraire sous l'Empire — Paris, Garnier frères (1861) in-18, 2 vol.

43. Segur (Général, comte de) — Histoire et mémoires — Paris, Didot frères, fils et Cie (1873) in-8º, 7 vol.

44. Sorel (Albert) — Bonaparte et Hoche — Paris, E. Plon, Nourrit et Cie (1896) in-8º.

45. dº Madame de Stael — Paris, Hachette et Cie (1890) in-18.

46. **Stael** (Madame de) — Mémoires, dix années d'exil, ouvrage posthume publié en 1818, précédé d'une notice sur la vie et les ouvrages de Madame de Stael, par Madame Necker de Saussure — Paris, Charpentier (1861) in-18.

47. **Tiersot** (Julien) — Rouget de Lisle, son œuvre, sa vie — Paris, Delagrave, in-18.

48. **Tournier** (Albert) — Vadier, président du comité de sûreté générale sous la Terreur, d'après des documents inédits, préface de Jules Claretie — Paris, E. Flammarion, in-8°.

49. **Vidocq**, chef de la police de sûreté — Mémoires — Paris, Tenon (1828-1829) in-8°, 4 vol.

CLXXI. — *Histoire générale et spéciale de la période 1830-1870 (Louis-Philippe Ier, 2e République et second Empire.)*

1. **Bazancourt** (baron de) — L'expédition de Crimée jusqu'à la prise de Sébastopol, chronique de la guerre d'Orient — Paris, Amyot (1857) in-18, 2 vol.

2. **Beaumont Vassy** (vicomte de) — Histoire intime du second Empire — Paris, Sartorius (1874) in-18.

3. **Blanc** (Louis) — Révolution française : histoire de dix ans (1830-1840) — Paris, Pagnerre (1844) in 8°, 5 vol.

4. d° Histoire de la Révolution de 1848 — Paris, A. Lacroix, Verboeckhoven et Cie (1870) in-18, 2 vol.

5. **Garnier-Pagès** — Histoire de la Révolution de 1848. Europe, gouvernement provisoire — Paris, Pagnerre (1862) in-8°, 8 vol.

6. **Gradis** (Henri) — Histoire de la Révolution de 1848 — Paris, Michel Lévy frères (1872) in-8º, 2 vol.

7. **Hamel** (Ernest) — Histoire du second Empire faisant suite à l'histoire de la seconde République (1851-1870) — Paris, Jouvet et Cie (1893) in-8º.

8. **Keratry** (comte E. de) — L'élévation et la chute de l'empereur Maximilien. Intervention française au Mexique (1861-1867). Précédé d'une préface par Prévost Paradol — Paris, A. Lacroix, Verboeckhoven et Cie, in-8º.

9. **Ladimir** — La Guerre, histoire complète des opérations militaires en Orient et dans la Baltique pendant les années 1853 à 1856, précédé d'un aperçu historique sur les Russes et les Turcs et suivi du texte complet du traité de paix et de ses annexes — Paris, Welder (1856) in-4º, 2 vol.

10. **Lefèvre** (E.) — Histoire de l'intervention française au Mexique, documents officiels recueillis dans la secrétairerie privée de Maximilien — Paris, Armand Lechevalier (1870) in-8º, 2 vol.

11. **Regnault** (Elias) — Histoire de huit ans (1840-1848) faisant suite à l'histoire de dix ans (1830-1840) par L. Blanc et complétant le règne de Louis-Philippe — Paris, Pagnerre (1860) in-8º, 3 vol.

12. **Ribeyre** (Félix) — Histoire de la guerre du Mexique rédigée d'après les documents officiels et renfermant les notices biographiques des principaux personnages — Paris, E. Pick (1863) in-8º.

13. **Spuller** (E.) — Histoire parlementaire de la seconde République — Paris, F. Alcan (1891) in-18.

14.   dº   Petite histoire du second Empire — Paris, F. Alcan (1891) in-18.

15. **Stern** (Daniel) — Histoire de la Révolution de 1848 — Paris, Charpentier (1862) in-18, 2 vol.

CLXXII — Détails de l'Histoire de France :
Période 1830-1870.

1. **Ampère** (André Marie et Jean-Jacques) — Correspondance et souvenirs, recueillis par Mme de Chevreuse — Paris, J. Hetzel et Cie (1875) in-18, 2 vol.

2. **Barante** (baron de) — Etudes historiques et biographiques — Paris, Didier et Cie (1858) in-18, 2 vol.

3.   d^o   Etudes historiques et biographiques — Paris, Didier et Cie (1859) in-18, 2 vol.

4. **Becourt** — La Belgique et la révolution de Juillet — Paris, Moutardier (1835) in-8°.

5. **Casse** (baron de) — Souvenirs d'un officier du 2e zouaves — Paris, Michel Levy frères (1869) in-18.

6.   d^o   Souvenirs de Saint-Cyr et de l'école d'Etat-major — Paris, E. Dentu (1886) in-18.

7. **Desplaces** (Ernest) — Le canal de Suez — Episode de l'histoire du xixe siècle — Paris, Hachette et Cie (1858) in-18.

8. **Discours**, messages et proclamations de l'Empereur Paris, Henri Plon (1860) in 8°.

9. **Doudan** (X,) — Mélanges et lettres avec une introduction par M. le comte d'Haussonville et des notes par de Sacy et Cuvilier Fleury — Paris, Calmann-Levy (1876) in-8°, 2 vol.

10. **Empereur** (l'), Rome et le roi d'Italie — Paris, Dentu (1861) in-4°.

11. **Expédition de Buenos-Ayres** en (1840) — Mission de M. le vice-amiral baron de Mackau — Ses négociations — Leurs résultats — Paris, Imprimerie Royale (1841) in-8°.

12. **Extraits** littéraires et historiques de la « Revue des Deux-Mondes » année (1848) — Recueil factice — Paris (1848) in-8°.

13. **Fabre** (Henri) — Souvenirs militaires d'Afrique — Paris, Causin, in 32.

14. **Falloux** (comte de) — Correspondance du R. P. Lacordaire et de Mme Swetchine — Paris, Didier et Cie (1872) in-18.

15. **Fay** (Ch.) Souvenirs de la guerre de Crimée (1854-1856) — Paris, Dumaine (1867) in-8°

16. **Ferry** (Gabriel) (Louis de Bellemare) — Scènes de la vie militaire au Mexique — Paris, Hachette et Cie (1860) in-18.

17. **Fortunatus** — Le Révarol de 1842, dictionnaire satirique des célébrités contemporaines — Paris, (1842) in-32.

18. **Garnier-Pagés** — Un épisode de la Révolution de 1848, l'impôt de 45 centimes — Paris, Pagnerre (1850) in-32.

19. d° L'opposition et l'Empire — Paris, Rouge et Cie (1872) in-32, 2 vol.

20. **Gay** (Sophie) — Souvenirs d'une vieille femme — Paris, Michel Lévy frères (1864) in-18.

21. **Girardin** (Mme Emile de) — Le vicomte de Launay, lettres parisiennes, précédées d'une introduction par Théophile Gautier — Paris, Michel Levy frères (1857) in-18, 2 vol.

22. **Glorieuse** victoire de Mentana, remportée le 3 novembre 1867 par les troupes du Saint-Père unies aux français contre les bandes Garibaldiennes — Paris, Ch. Douniol (1868) in-18.

23. **Guérin** (Eugénie de) — Lettres publiées par G. S. Trébutien — Paris, Didier et Cie (1872) in-18.

24.   d°   Journal et lettres publiés avec l'assentiment de sa famille, par G. S. Trébutien — Paris, Didier et Cie (1864) in-18.

25. **Guérin** (Maurice de) — Journal, lettres et poèmes, précédés d'une étude biographique et littéraire, par Sainte-Beuve — Paris, Didier et Cie (1860) in-18).

26. **Guinnard** (A.) — Trois ans d'esclavage chez les Patagons, récit de ma captivité — Paris, Brunet (1864) in-18.

27. **Guyho** (Corentin) — Les hommes de 1852 — Paris, Calman-Levy (1889) in-18.

28.   d°   Les beaux jours du second Empire — Paris, Calmann-Levy (1891) in-18.

29.   d°   L'empire inédit (1855) — Paris, Calmann-Levy (1892) in-18.

30. **Hugo** (Victor) — Histoire d'un crime, déposition d'un témoin, le guet-apens, la lutte — Paris, Calmann-Levy (1877) in-18, 2 vol.

31. **Ideville** (Henry d') — Journal d'un diplomate en Italie. Notes intimes pour servir à l'histoire du second empire. Rome (1862-1866) — Paris, Hachette et Cie (1873) in-18.

32.   d°   Journal d'un diplomate en Italie. Notes intimes pour servir à l'histoire du second empire. Turin (1859-1862) in-18.

33. **Janin** (Jules) — Un hiver à Paris — Paris, Curmer-Aubert et Cie (1843) in-4°.

34. **Joinville** (prince de) — Etudes sur la marine et récits de guerre — Paris, Michel Lévy frères (1870) in-18, 2 vol.

35. **Jurien de la Gravière** — Souvenirs d'un amiral — Paris, Hachette et Cie (1860) in-18, 2 vol.

36. **Keratry** (comte E de) — La contre guerilla française au Mexique, souvenirs des terres chaudes — Paris, Lacroix, Verboeckhoven et Cie (1868) in-18.

37. **Lamartine** (A. de) — La tribune, études oratoires ou politiques, Discours et polémique — Paris, Didot frères (1849) in 8°, 2 vol.

38.   d° Le Conseiller du peuple, histoire et littérature — In-8°, 4 vol.

39. **La Rochefoucauld** (duc de) Doudeauville — Esquisses et portraits — Bruxelles, Ad. Wahlen (1844) in-32, 3 vol.

40. **Lorient** et les Lorientais — Lettres d'un parisien à une parisienne, recueillies par un provincial — Lorient, E. Grouhel (1867) in-18.

41. **Louis Napoléon Bonaparte** — Discours et messages depuis son retour en France jusqu'au 2 décembre 1852 — Paris, Plon frères (1853) in-8°.

42. **Mignet** — Notices et portraits historiques et littéraires — Paris, Charpentier (1854) in-18, 2 vol.

43.   d° Eloges historiques — Paris, Didier et Cie (1864) in-18.

44. **Montalembert** — Pie IX et la France en 1849 et en 1859 — Paris, Ch. Douniol (1860) in-4°.

45. **Noir** (Louis) — Campagne du Mexique : Puebla —
Paris, A. Faure (1867) in-18.

46 **Orléans** (duchesse Hélène de Mecklembourg Schwerin d') — Lettres originales et souvenirs biographiques recueillis par G.-H. de Saint-Hubert —
Genève, H. Georg (1860) in-8º.

47. **Papiers** et correspondance de la famille impériale,
publiés par Robert Halt, pièces saisies aux Tuileries — Paris, E. Dentu (1871) in-4º.

48. **Papiers** et correspondance de la famille impériale —
Paris, Imp. Nationale (1870) in-4º, 3 vol.

49. **Paris révolutionnaire** — Etudes historiques —
Paris, Guillaumin (1833-1834) in-8º, 4 vol.

50. **Picard** (Ernest) — Discours parlementaires. Les
cinq (1859 1860) (1861 1863) — Paris, E.
Plon et Cie (1882-86) in 4º, 2 vol·

51.   dº   id.   id   id.
Paris, E. Plon et Cie (1889) in-4º.

52. **Proudhon** (P.-J.) — Correspondance, avec notice
par Langlois — Paris, Lacroix et Cie (1875) in 8º,
14 vol.

53. **Renan** (Ernest) — Souvenirs d'enfance et de jeunesse
— Paris, Calmann Lévy (1883) in-18.

54.   dº   Feuilles détachées faisant suite aux souvenirs d'enfance et de jeunesse — Paris, Calmann Lévy (1892) in-8º.

55. **Ritt** (Olivier) — Histoire de l'isthme de Suez — Paris, Hachette et Cie (1869) in-8º.

56. **Rochefort** (Henri) — Napoléon dernier — Paris, D.
Bardin (1880) in-4º.

57. **Rossi** (Prosper) — Mes souvenirs (1848) — Toulon
(1888). in-18.

58. **Rothan** (G.) — Souvenirs diplomatiques, la France et la politique extérieure en 1867 — Paris, Calmann Lévy (1893) in-18, 2 vol.

59. **Rozet** — Relation de la guerre d'Afrique pendant les années 1830-1831 — Paris, F. Didot frères (1832) in-8°, 2 vol.

60. **Saisset** (Emile) — Mélanges d'histoire, de morale et de critique — Paris, Charpentier (1859) in-18.

61. **Talleyrand** — Correspondance diplomatique, ambassade à Londres (1830) publiée par Pallain (G.) — Paris, E. Plon, Nourrit et Cie (1891) in-8°.

62. **Tenot** — Paris en décembre 1851, étude historique sur le coup d'Etat — Paris, Armand Lechevalier (1868) in-8°.

63. **Timon** (de Cormenin) — Le livre des orateurs — Paris, Pagnerre (1842) in-4°.

64. **Villemain** — Souvenirs contemporains d'histoire et de littérature — Paris, Didier (1854) in-8°.

65. **Zouaves** (les) et les chasseurs à pied — Esquisses historiques — Paris Michel Lévy frères (1859) in-18.

CLXXIII — Détails de l'Histoire de France. Période 1830-1870. (Mémoires et biographies).

---

1. **Ampère** (J.-J.) — Alexis de Tocqueville — Paris, Simon Racon et Cie (1859) in 8°.

2. **Art** (l') et la vie de Stendhal — Caractère et œuvre d'Henri Beyle — Biographie — Gouts — Opinion — Caractère — Ses idées sur l'amour, le mariage, sa philosophie — Paris, Germer Baillière (1868) in-8°.

3. **Bardoux** (A.) — Les dernières années de Lafayette (1792-1834) — Paris, Calmann Lévy (1893) in-8°.

4. **Barthélemy** St-Hilaire, Eugène Burnouf, ses travaux et sa correspondance — Chartres, Durand (1891) in-8°.

5.   d° M. Victor Cousin, sa vie et sa correspondance — Paris, Hachette et Cie — Félix Alcan (1895) in-8°, 2 vol.

6. **Chauveau** (Franck) — Etude sur lord Brougham — Paris, Dentu (1873) in-8°.

7. **Delarbre** — Le marquis de Chasseloup-Laubat (1805-1873) — Paris, Challamel aîné (1873) in-8°.

8. **Deschanel** (Emile) — Lamartine — Paris, Calmann Lévy (1895) in-18, 2 vol.

9. **Dumas** (Alexandre) — Mémoires — Bruxelles, Meline, Caus et Cie, in-32, 26 vol.

10. **Dumas** — Eloge historique d'Arthur Auguste de la Rive — Paris, Firmin Didot frères, fils et Cie (1879) in-4°.

11. **Ernouf** (baron) — Maret duc de Bassano — Paris, Perrin (1884) in-8°.

12. **Falconnet** (Ernest) — Alphonse de Lamartine — Paris. Furne et Cie (1840) in-8°.

13. **Falloux** (comte de) — Mme Swetchine, sa vie et ses œuvres — Paris, Vaton (1863) in-18, 2 vol.

14. **Gozlan** (Léon) — Balzac chez lui — Souvenirs des Jardies — Paris, Michel Lévy frères (1862) in-18.

15.   d° Balzac en pantoufles — Paris, Michel Lévy frères (1865) in-18.

16. **Gréard** (Octave) — Prévost Paradol, étude suivie d'un choix de lettres — Paris, Hachette et Cie (1894) in-18.

17. **Guizot** — Mémoires pour servir à l'histoire de mon temps — Paris, Michel Lévy frères (1858-1867) in-8°, 8 vol,

18. **Huart** (A) — Note sur lord Brougham, grand chancelier d'Angleterre — Besançon, Dodivers et Cie (1880) in-8°.

19. **Jacob** (Ferdinand) — Illustrations contemporaines — S. E. M. Schneider — Paris, Cournol, in-32.

20. **Jurien** de la Gravière — L'Amiral Baudin — Paris, E. Plon, Nourrit et Cie (1888) in-18.

21. **Lobau** (comte) — Sa vie anecdotique, militaire et politique — Paris, Guibaud (1839) in-8°.

22. **Martin** (Henri) — Jean Reynaud — Paris, Furne et Cie (1863) in-8°.

23. **Mignet** — Notice historique sur la vie et les travaux de M. Victor Cousin — Paris, Didot frères, fils et Cie (1869) in-4°.

24. **Monnin** (Alfred) — Le curé d'Ars — Vie de J -B, Vianney — Paris, Charles Douniol (1863) in-18. 2 vol.

25. **Montalembert** (comte de) — Le père Lacordaire — Paris, Ch. Douniol (1862) in-18.

26. **Nollet-Fabert** (Jules) — Le maréchal Mouton, comte de Lobau — Nancy, Grimblot et Ve Raybois (1852) in 8°.

27. **Orléans** (la duchesse Hélène de Mecklembourg - Schwerin d') — Sa vie — Paris, Michel Lévy frères (1859) in-8°.

28. **Paleologue** (Maurice) — Alfred de Vigny — Paris, Hachette et Cie (1891) in-18.

29. **Ponlevoy** (A. de) — Vie du R. P. Xavier de Ravignan de la Compagnie de Jésus — Paris, Charles Douniol (1869) in-18, 2 vol.

30. **Poujoulat** — Le père de Ravignan — Sa vie — Ses œuvres — Paris, Ch. Douniol (1859) in 8°.

31. **Prarond** — Les hommes utiles de l'arrondissement d'Abbeville — Abbeville, Grace ; Amiens, Lenoel Herouart (1858) in-8°.

32. **Raguse** (duc de) — Mémoires (1792-1841) imprimés sur le manuscrit original de l'auteur — Paris, Perrotin (1857) in-8°, 9 vol.

33. **Robert** (Clémence) — L'abbé Olivier — Paris, Gabriel Roux (1839) in-8°.

34. **Rod** (Edouard) — Stend'hal — Paris, Hachette et Cie (1892) in-18.

35. **Simon** (Jules) — Victor Cousin — Paris, Hachette et Cie (1887) in-18.

36. **Spuller** (Eugène) — Lamennais — Paris, Hachette et Cie, in-18.

37. **Veron** (Docteur L.) — Nouveaux mémoires d'un bourgeois de Paris (1848-1863) Le second Empire — Paris, Lacroix, Verboeckhoven et Cie (1866) in-8°.

38. **Vie** de l'abbé Marin — Angers, Lainé frères (1869) in-8°.

CLXXIV. — *Histoire politique, civile et anecdotique de la période 1870-1871.*

1. **About (Edmond)** — Alsace (1871-1872) — Paris, Hachette et Cie (1873) in 18.

2. **Beaussire (Emile)** — La guerre étrangère et la guerre civile en 1870-71 — Paris, Germer-Baillière (1871) in-18.

3. **Benedetti (le comte)** — Ma mission en Prusse — Paris, H. Plon (1871) in 8º.

4. **Boissonnas (Mme B.)** — Une famille pendant la guerre (1870-71) — Paris, Hetzel et Cie (1875) in-18.

5. **Cahen (Coralie)** — Souvenirs de la guerre de 1870-71 — Paris (1888) in-8º.

6. **Cousin de Montauban (comte de Palikao)** — Un ministère de la guerre de vingt-quatre Jours, 10 août au 4 septembre 1870 — Paris, H. Plon (1891) in-8º.

7. **Dauban (C.-A.)** — Le fonds de la société sous la Commune, décrit d'après les documents qui constituent les archives de la Justice militaire avec des considérations critiques sur les maux du temps et sur les événements qui ont précédé la commune — Paris, E. Plon et Cie (1873) in-8º.

8. **Debrit (Marc)** — La guerre de 1870, notes au jour le jour par un neutre — Paris, F. Richard (1871) in-18.

9. **Dick de Lonlay** — Français et Allemands, histoire anecdotique de la guerre de 1870-71 — Paris, Garnier frères (1887) in-8º, 6 vol.

10. **Dupont** (Léonce) — Tours et Bordeaux, souvenirs de la République à outrance — Paris, Dentu (1877) in-18.

11. **Enquête** parlementaire sur l'insurrection du 20 mars 1871 — Paris, A. Wittersheim et Cie; Germer-Baillière, in-folio.

12. **Ernouf** (baron) — Histoire des chemins de fer pendant la guerre franco-prussienne — Paris, Jules Boyer et Cie (1874) in-18.

13. **Favre** (Jules) — Gouvernement de la Défense Nationale, du 30 juin 1870 au 28 janvier 1871 — Paris, Henri Plon (1872) in-8º, 2 vol.

14. **Giraudeau** (Fernand) — La vérité sur la campagne de 1870, examen raisonné des causes de la guerre et de nos revers — Paris, Amyot (1871) in-18.

15. **Glais-Bizoin** (Al.) — Dictature de cinq mois, Mémoires pour servir à l'histoire du gouvernement de la Défense nationale et de la délégation de Tours et de Bordeaux — Paris, Dentu (1873) in-18.

16. **Gramont** (duc de) — La France et la Prusse avant la guerre — Paris, Dentu (1872) in-8º.

17. **Hans** (Ludovic) — Second siège de Paris, le Comité central et la Commune — Paris, Alp. Lemerre (1871) in-18.

18. **Heine** (Henri) — Allemands et Français — Paris, Michel Lévy frères, in-18.

19. **Joseph** (le R. P.) — La captivité à Ulm, suivi d'une liste des décès — Tours, Cattier ; Lons-le-Saulnier, Roland (1872) in-18.

20. **Judicis de Mirandol** (Louis) — Mémoires d'un enfant de troupe, épisodes de la guerre franco-allemande — Paris, A. Lemerre (1873) in-18.

21 . **Lamber** (Madame J.) — Le siège de Paris, journal d'une parisienne — Paris, Michel Lévy frères (1873) in-18.

22 . **La Roncière le Noury** (baron) — La marine au siège de Paris — Paris, Henri Plon (1872) in-8º.

23 . **Lissagaray** — Histoire de la commune de 1871 — Bruxelles, Kistemaeckers (1876) in-8º.

24 . **Maquest** (Pierre) — La France et l'Europe pendant le siège de Paris. Encyclopédie politique, militaire et anecdotique avec préface de M. E. Spuller — Paris, A. Ghio (1877) in-4º.

25 . **Molinari** (G. de) — Les clubs rouges pendant le siège de Paris — Paris, Garnier frères (1871) in-18.

26 . **Procès** (le) de la Commune — Compte-rendu des débats du Conseil de guerre — Paris, Schiller (1871) in-4º.

27 . **Ranc** (O.) — De Bordeaux à Versailles, l'Assemblée de 1871 et la République — Paris, Decaux-Dreyfous (1877) in-8º.

28 . **Rothan** (G.) — Souvenirs diplomatiques : l'Allemagne et l'Italie (1870-71) — Paris, Calmann Lévy (1885) in-8º, 2 vol.

29 . **Saint-Victor** (Paul de) — Barbares et Bandits, la Prusse et la commune — Paris, Michel Lévy frères (1872) in-18.

30 . **Seinguerlet** (Eugène) — Propos de table de Bismarck pendant la campagne de France — Paris, Maurice Dreyfous (1879) in-18.

31 . **Simon** (Jules) — Souvenirs du quatre septembre, origine et chute du second Empire : le gouvernement de la Défense Nationale — Paris, Michel Lévy frères, in-4º.

32. **Stoffel** (le colonel baron) — Rapports militaires écrits de Berlin (1866-1870) — Paris, Garnier frères (1872) in-8°.

33. **Teutsch** (Edouard) — Notes pour servir à l'histoire de l'annexion de l'Alsace-Lorraine ; les derniers députés élus sous le régime français ; les premiers députés choisis sous le régime allemand (1871-74) Nancy, Berger-Levrault et Cⁱᵉ (1893) in-8°.

34. **Veuillot** (Louis) — Paris pendant les deux sièges — Paris, Vᵒʳ Palmé (1872) in-18, 2 vol.

35. **Vidieu** (l'abbé) — Histoire de la Commune de Paris (1871) — Paris, Dentu (1876) in-4°.

36. **Wey** (Francis) — Chronique du siège de Paris (1870-1871) — Paris, Hachette et Cⁱᵉ (1871) in-18.

37. **Witt** (Mᵐᵉ Cornélis de) — Six mois de guerre (1870-1871) — Paris, Hachette et Cⁱᵉ (1894) in-18.

38. **Yriarte** (Charles) — Guerre 1870-71, les Prussiens à Paris et le 18 mars, avec la série des dépêches officielles inédites des autorités françaises et allemandes, du 24 février au 19 mars — Paris, Henri Plon (1871) in-8°.

CLXXV. — Histoire générale, particulière, anecdotique et technique de la guerre 1870-1871

1. **Ambert** (général) — Gaulois et Germains, récits militaires, invasion 1870 — Paris, Blond et Barral (1883) in-8°.

2. **Armée de Chanzy** — Mobiles de la Mayenne, 3ᵉ bataillon — Alençon, Thomas (1871) in-8°.

3. **Aurelles (d') de Paladines** — La première armée de la Loire — Paris, H. Plon (1872) in-8°.

4. **Bazaine (le maréchal)** — L'armée du Rhin depuis le 12 août jusqu'au 29 octobre 1870 — Paris, H. Plon (1872) in-8°.

5. **Beaunis (H.)** — Impressions de campagne 1870-71, siège de Strasbourg, campagne de la Loire, campagne de l'Est — Paris, Félix Alcan, Berger-Levrault et Cie (1887) in-18.

6. **Belin (Léon)** — Guerre de 1870-71 : le siège de Belfort — Paris, V. Berger-Levrault et fils (1871) in-18.

7. **Bertrand (Emile)** — Souvenirs et récits militaires, les marins de la Garde — Paris, Henri Gautier, in-8°.

8. **Bibesco (prince Georges)** — Campagne de 1870 : Belfort, Reims, Sedan, le 7e corps de l'armée du Rhin — Paris, E. Plon et Cie (1874) in-8°.

9. **Blocus (le) de Metz** en 1870, publication du Conseil municipal de Metz — Paris, Didier et Cie (1871) in-8°.

10. **Blume (W.)** — Opérations des armées allemandes depuis la bataille de Sedan jusqu'à la fin de la guerre, d'après les documents officiels du grand quartier général, traduit de l'allemand par Costa de Sercla — Paris, Dumaine (1872) in-8°.

11. **Bodenhorst** — Le siège de Strasbourg en 1870 — Paris, Dumaine ; Anvers, Max Kornicker (1876) in-8°.

12. **Borbstaedt (A.)** — Guerre de 1870-71 : Opérations des armées allemandes depuis le début de la guerre jusqu'à la catastrophe de Sédan et à la capitulation de Strasbourg, traduit de l'allemand par E. Costa de Serda — Paris, J. Dumaine (1872) in-4°.

13. **Chanzy** (le général) — Campagne de 1870-71 : la deuxième armée de la Loire — Paris, Henri Plon (1873) in-8°.

14. **Chronique** du siège de Paris (1870 71) publiée par *Paris-Journal* (1871) in 4°.

15. **Duquet** (Alfred) — Guerre 1870 71 : Paris, le 4 septembre et Chatillon — Paris, Charpentier et Cie (1890) in-18.

16.   do   Frœschwiller, Chalons, Sedan — Paris, Charpentier (1880) in 18.

17. **Fabre** (le colonel) — Précis de la guerre franco-allemande — Paris, E. Plon et Cie (1875) in-18.

18. **Favre** (Jules) — Gouvernement de la Défense Nationale, du 30 juin 1870 au 28 janvier 1871 — Paris, Henri Plon (1871-1872) in-8°, 2 vol.

19. **Fay** (Ch.) — Journal d'un officier de l'armée du Rhin Paris, Dumaine ; Bruxelles, Muquardt (1871) in-8°.

20. **Flamarion** (A.) — Le livret du docteur, souvenirs de la campagne contre l'Allemagne et contre la commune de Paris 1870-71 — Paris, A. Lechevalier (1872) in-18.

21. **Freycinet** (Charles de) — La guerre en Province pendant le siège de Paris (1870-71) précis historique — Paris, Michel Lévy frères (1872) in-8°.

22. **Guerre** de 1870-71. Recueil factice — Paris, Henri Plon (1872) in-8°, 13 vol.

23. **Guerre illustrée** (la) 1870-71 — Siège de Paris — Paris, Marc et Cie (1871) in-folio.

24. **Guilin** (Max.) — Souvenirs de la dernière invasion, épisodes de la guerre de sept mois sous Metz et dans le Nord —Limoges, Charles père (1872) in-8°, 2 vol.

25. **Hérisson** (comte d') — Journal d'un officier d'ordonnance, juillet 1870, février 1871 — Paris, Paul Ollendorff (1885) in-18.

26. **Hoffbauer** — Campagne de 1870-71 : La bataille de Gravelotte, 17 et 18 août 1870, au point de vue des trois armes et de l'artillerie en particulier, traduit de l'allemand par Bodenhorst Paris, Dumaine (1881) in-8º.

27.   dº   Campagne de 1870-71 : La bataille de Noisseville au point de vue des trois armes et de l'artillerie en particulier, traduit de l'allemand par Bodenhorst — Paris, Dumaine (1881) in-8º.

28.   dº   La bataille de Borny, 14 août 1870, au point de vue des trois armes et de l'artillerie en particulier, traduit de l'allemand par Bodenhorst — Paris, Dumaine (1881) in-8º.

29. **Joguet-Tissot** (J.) — Les armées allemandes sous Paris — Paris, Didier, Perrin et Cⁱᵉ (1898) in-8º.

30. **Journal** du siège de Paris — Paris, Kugelmann (1871) in-4º.

31. **Lebrun** (le général) — Guerre de 1870 : Bazeilles, Sedan — Paris, Dentu (1884) in-8º.

32. **Ledeuil** (Ed.) — Campagne des francs tireurs de Paris-Chateaudun — Paris, Schneider frères (1896) in-8º.

33. **Lefaure** (Amédée) — Histoire de la guerre franco-allemande — Paris, Garnier frères (1875) in-4º, 2 vol. et atlas.

34. **Mahalin** (Paul) — Les Allemands chez nous, Metz, Strasbourg, Paris — Paris, Boulanger, in-18.

35. **Martin des Pallières** — Campagne de 1870-71 : Orléans — Paris, E. Plon et Cⁱᵉ (1874) in-8º.

36. **Mézières** (Alf.) — Récits de l'invasion, Alsace et Lorraine — Paris, Didier et Cie (1871) in-18.

37. **Muzeau, Huter et Gasselin** — Résumé des opérations de l'armée allemande pendant les sièges des forteresses françaises en 1870-71. Verdun, Thionville, Soissons, Lonwy, Toul, Schlestadt, Neufbrisach. Belfort et Montmédy — Paris, Berger-Levrault et Cie (1878) in-8°.

38. **Opérations** de l'armée française du Nord (1870-71) — Paris, Tanéra (1873) in-18.

39. **Quesnay de Beaurepaire** (Alfred) — De Wissembourg à Ingolstadt, souvenirs d'un capitaine prisonnier de guerre en Bavière — Paris, Firmin Didot et Cie (1891) in-4°.

40. **Schell** (A. de) — Les opérations de la première armée sous les ordres du général de Steinmetz, depuis le commencement de la guerre jusqu'à la capitulation de Metz, traduit de l'allemand par Furcy-Raynaud — Paris, Berger-Levrault et Cie (1873) in-4°.

41. **Vallery-Radot** (Réné) — Journal d'un volontaire d'un an au 10e de ligne — Paris, Hetzel el Cie, in-18.

42. **Vinoy** (le général) — 1870-71 : Siège de Paris, opérations du 13e corps et de la 3e armée — Paris, E. Plon et Cie (1874) in-8°.

43.   d°   L'Armistice et la Commune, opérations de l'armée de Paris et de l'armée de réserve — Paris, Henri Plon (1892) in-8°.

44. **Wartensleben** (H. de) — Campagne de 1870-71 : Opérations de l'armée du sud, pendant les mois de janvier et février 1871, d'après les documents officiels de l'état-major allemand, traduit de l'allemand par Alfred Dumaine — Paris, Dumaine (1872) in-8°.

CLXXVI. — Généralités et variétés de l'Histoire
de France contemporaine

1. **Académie Française** — Discours (recueil de) prononcés par les électeurs de l'Académie française sur les prix de vertu, depuis l'année 1844 jusqu'à l'année 1893 — Paris, Firmin Didot et Cie, in-18, 2 vol.

2. **Allompra** (la chute des) ou la fin du royaume d'Ava — La France et l'Angleterre dans l'Indo-Chine (1884-86), résumé de l'histoire diplomatique de l'annexion de la haute Birmanie — Paris, Challamel et Cie, in-8°.

3 **Amilhau** (Henry) — Nos premiers présidents, revue historique, politique et judiciaire du parlement de Toulouse — Toulouse, Sistac et Boubée ; Paris, Rousseau (1882) in-8°.

4. **Barail** (général du) — Mes souvenirs — Paris, E. Plon, Nourrit et Cie (1893) in-32, 2 vol.

5. **Bérard des Glajeux** — Souvenirs d'un président d'assises (1880-1890), accusés et juges, accusateurs et avocats — Paris, E. Plon, Nourrit et Cie (1892) in-18.

6. **Bert** (Paul) — Discours parlementaires (1872-1881) — Paris, J. Charpentier (1882) in-18.

7. **Breton** (Jean) — Notes d'un étudiant français en Allemagne — Paris, Calmann Lévy (1895) in-18.

8. **Centenaire** d'Ancelot, le 9 janvier 1894 — Le Havre, Micaux (1894) in-8°.

9. **Challemel-Lacour** — Œuvres oratoires, avec une introduction et des notices par Joseph Reinach — Paris, Ch. Delagrave (1897) in-8°.

10. **Chambord** (le comte de) et l'aveuglement de la France — Paris (1873) in-4°.

11. **Delaporte** — Le roi martyr, centenaire du 21 janvier 1893 — Paris, Vve Retaux et fils (1893) in-4°.

12. **Duvergier de Hauranne** — Discours prononcé à l'Académie française, le 29 février 1872 — Paris, Didier et Cie (1872) in-8°.

13. **Favre** (Jules) — Plaidoyers politiques et judiciaires, publiés par Mme Vve Jules Favre, née Velten — Paris, E. Plon et Cie (1882) in-4°, 2 vol.

14. **Funérailles** nationales du président Carnot — Paris, in-4°,

15. **Genevois** (Henri) — Les enseignements de Gambetta entièrement extraits de ses discours, précédés d'une notice — Paris, Chaumel (1895) in-8°.

16. **Gilly** (Numa) — Mes dossiers — Paris, Albert Savine (1889) in-18.

17. **Grévy** (Jules) — Discours politiques et judiciaires, rapports et messages, accompagnés de notices historiques par Lucien Delabrousse — Paris, Quantin (1891) in-8°, 2 vol.

18. **Jubilé** de M. Pasteur, 27 décembre 1822-1892 — Paris, Gauthier-Villars e. Cie (1893) in-4°.

19. **Lac** (R. p. du) — France — Paris, E. Plon, Nourrit et Cie, in-18.

20. **Laffitte** (Jean-Paul) — Le parti modéré, ce qu'il est, ce qu'il devrait être — Paris, Armand Colin et Cie in-32.

21. **Lamathière** — Panthéon de la Légion d'honneur — Paris, E. Dentu, in-4°.

22. **Maréchal** (le) devant l'opinion — Paris, A. Pougin, in-4°.

23. **Maze** (Hippolyte) — La République des Etats-Unis et la France — Paris, Martin (1887) in-18.

24. **Mercier** — Préparons-nous à combattre la quadruple alliance — Sédan, Jules Laroche, in-8°.

25. **Mézières** (A.) — En France. xviiie et xixe siècles — Paris, Hachette et Cie (1883) in-18.

26. **Monteil** (Edgar) — L'an 89 de la République (1881) Paris, Brouillet (1881) in-18.

27. **Passy** (Frédéric) — Le mouvement de la paix dans le monde — Paris, A. Davy (1897) in-8°.

28. **Pellet** (M.) — Variétés révolutionnaires — Paris, F. Alcan (1890) in-18.

29. **Pellissier** (A.) — Monarchie et Révolution, essais anecdotiques — Paris, René Haton (1893) in-4°.

30. **Pertinax** (Eudore) — Les coulisses d'un barreau en 189... — Paris, Albert Savine (1895) in-18.

31. **Pierre** (Eugène) — Politique et gouvernement — Paris, May et Motteroz (1896) in-18.

32. **Pontmartin** (Armand de) — Lettres d'un Intercepté — Paris, Hachette et Cie (1871) in-18.

33. **Rion** (Ad.) et **Félix Vernay** — A vol d'oiseau, la France actuelle — Paris, Paul Dupont (1879) in-32,

34. **Saint-Marc Girardin** — Souvenirs et réflexions politiques d'un journaliste — Paris, Michel Lévy frères (1873) in-18.

35. **Sand** (George) — Correspondance (1812-1876) — Paris, Calmann Lévy (1883) in-18, 6 vol.

36. **Segur** (le général vicomte de) — Mélanges, souvenirs et rêveries d'un octogénaire — Paris, Firmin Didot frères, fils et Cie (1873) in-8°.

37. **Spuller** (E.) — Ignace de Loyala et la compagnie de Jésus — Paris, Georges Decaux ; Bruxelles, Sardou, in-18.

38. **Thiebault** (général baron) — Mémoires — Paris, (1894) in-32.

39. **Thiers** — Discours parlementaires publiés par Calmon — Paris, Calmann Lévy, in-8°, 16 vol.

40. **Vermesch** — Le père Duchêne, année 1879 — Paris, Sornet (1879) in-4°.

41. **Vignon** (Louis) — La France dans l'Afrique du nord (Algérie et Tunisie) — Paris, Guillaumin et Cie (1888) in-8°.

42. **Vogué** (vicomte Melchior de) — Devant le siècle — Paris, Armand Colin et Cie, in-18.

43. **Zevort** (E.) — La présidence de M. Thiers — Paris, Félix Alcan (1896) in-8°.

44.   d°   La présidence du maréchal — Paris, Félix Alcan (1897) in-8°.

CLXXVII. — *Biographies et Etudes biographiques contemporaines*

---

1. **Album** des quarante de l'Académie française — Paris (1885) in-4°.

2. **Barthélemy Saint-Hilaire** — Le docteur Maure — Paris, G. Chamerot (1882) in-18.

3. **Benoist** (Charles) — Souverains, hommes d'état, hommes d'église — Paris, Lecène, Oudin et Cie (1893) in-18.

4. **Bernier** (Robert) — Léon Cladel, notes et souvenirs — Cannes, Figère et Guiglion (1893) in-8º.

5. **Brelay** (E.) — Vincent de Gournay — Bordeaux, G. Gounouilhou (1897) in-8º.

6. **Chauffour Kestner** — M. Thiers, historien, notes sur l'histoire du Consulat et de l'Empire — Paris, Lacroix, Verboeckhoven et Cᵢₑ (1863) in-8º.

7. **Cheysson** (E.) — Alexandre Gibon — Paris, Chamerot et Renouard (1896) in-4º.

8. dº Frédéric Leplay, l'homme, la méthode, la doctrine — Paris, Guillaumin et Cᵢₑ, in-4º.

9. **Corréard** (F.) — Michelet — Paris, Lecêne et Oudin (1888) in-8º.

10. **Desjardins** (Arthur) — P.-J. Proud'hon, sa vie, ses œuvres, sa doctrine — Paris, Perrin et Cᵢₑ (1896) in-18.

11. **Dide** (Auguste) — Jules Barni, sa vie et ses œuvres — Paris, Félix Alcan (1892) in-18.

12. **Daudet** (Ernest) — Le duc d'Aumale — Paris, Soye (1897) in-8º.

13. **Don Diego Barros Arana** — Courcelles Seneuil, traduit de l'espagnol par Mᵐᵉ C. de Huicci — Paris, A. Davy, in-8º.

14. **Dreyfus** — Jules Ferry — Nancy, Berger-Levrault et Cᵢₑ (1893) in-8º.

15. **Duclaux** (E.) — Pasteur, histoire d'un esprit — Paris, Masson et Cᵢₑ (1896) in-8º.

16. **Dumas** — Le commandant Guzman — Paris, Plon, Nourrit (1887) in-4º.

17. **Durand Claye** — Sa biographie (1841-1888) — Paris, Levé (1895) in-4º, 2 vol.

18. **Falloux** — Augustin Cochin — Paris, Didier et Cie (1875) in-18.

19. **Foville** (de) — Léon Say — Nancy, Berger-Levrault et Cie (1896) in-4°.

20. **Gerspach** (E.) — Le colonel Rossel, son procès — Paris, E. Dentu (1873) in-8°.

21. **Gréard** (Octave) — Edmond Scherer — Paris, Hachette et Cie (1890) in 18.

22. **Haussonville** (vicomte d') — Etudes biographiques et littéraires — Parie, Calmann Lévy (1879) in-18.

23. **Juglar** (Clément) — Notice sur la vie et les travaux de M.-J.-G. Courcelle Seneuil — Paris, Firmin Didot et Cie (1895) in-4°.

24. **Laya** (Alexandre) — Histoire populaire de Ad. Thiers, président de la République Française — Paris, E. Lachaud (1872) in-18.

25. **Mainard** (Louis) et **Buquet** (Paul) — Henri Martin, sa vie, ses œuvres, son rôle, préface de M. H. Carnot — Paris, H.-E Martin (1884) in-18.

26. **Malan** (J.-F.) — J. de Strada, le philosophe, le penseur, l'écrivain. l'œuvre — Cannes, Figère et Guiglion (1893) in-8°.

27. **Marais** (Auguste) — Un Français : le colonel Denfert-Rochereau — Paris, H.-E. Martin (1883) in-18.

28. **Maxime du Camp** — Théophile Gautier — Paris, Hachette et Cie (1890) in-18.

29. **Meissonnier** (Jean-Louis Ernest) — Notice sur sa vie et son œuvre — Paris, E. Plon, Nourrit et Cie (1891) in-4°.

30. **Mézières** (A.) — Morts et vivants — Paris, Hachette et Cie (1897) in-18.

31. **Perraud** (Mgr) — Le cardinal Lavigerie, discours et oraison funèbre, prononcés dans la basilique de Saint-Louis, de Carthage et dans la cathédrale d'Alger — Paris et Poitiers, Oudin (1893) in-8°.

32. **Regis** (Louis) — X. Doudan — Paris (1880) in-8°.

33. **Remusat** (Paul de) — A. Thiers — Paris, Hachette et Cie (1889) in-18.

34. **Simon** (Jules) — Mignet, Michelet, Henri Martin — Paris, Calmann Lévy (1890) in-8°.

35. **Spuller** (Eugène) — Portraits contemporains, politiques et littéraires, Ire série — Paris, F. Alcan (1891) in-18°.

36. do — Portraits contemporains, politiques et littéraires, 2e série — Paris, F. Alcan (1894) in-18.

37. do — Portraits contemporains, politiques et littéraires, 3e série — Paris, F. Alcan (1894) in-18.

38. **Tournier** (Albert) — Gambetta, souvenirs anecdotiques — Paris, Flammarion, in-18.

F² — Géographie et Voyages

CLXXVIII. — *Géographie proprement dite*

1. **Abrégé** de tous les voyages autour du monde depuis Magellan jusqu'à d'Urville et La Place — Tours, A. Mame et Cie (1862) in-18.

2. **Albeca** (Alexandre d') — Les établissements français du golfe de Benin, géographie, commerce, langues — Paris, L. Baudoin et Cie (1889) in-8°.

3. **Association** française pour l'avancement des sciences — Marseille : description, sciences, lettres, arts, commerce, industrie, avec carte du département — Marseille, Barlatier et Barthelet (1891) in-4°.

4. **Bailleul et Vivien** — Géographie physique et administrative de la France, appuyée sur les lignes de partage des eaux — Paris, Renard (1832) in-8°.

5. **Balbi** (Adrien) — Abrégé de géographie rédigé sur un nouveau plan, d'après les derniers traités de paix et les découvertes les plus récentes, avec cartes et plans — Paris, J. Renouard et Cie (1842) in-8°.

6. **Beauvoir** (comte de) — Voyage autour du monde — Paris, Henri Plon (1871-72) in-18, 3 vol.

7. **Cortambert et Léon de Rosny** — Tableau de la Cochinchine avec cartes, plans, gravures et introduction par le baron Paul de Bourgoing — Paris, Chevalier (1862) in-4°.

8. **Cortambert** (E.) — Le globe illustré : géographie générale à l'usage des écoles et des familles, avec gravures et cartes — Paris, Hachette et Cie (1882) in-4°.

9. **Domeny de Rienzi** — Océanie ou cinquième partie du monde, géographie et Ethnographie — Paris, Didot frères (1837) in-8°, 3 vol.

10. **Dubois** (Marcel) — Géographie économique de l'Europe — Paris, G. Masson (1889) in-18.

11. **Faidherbe** (le général) — Le Sénégal, la France dans l'Afrique occidentale, avec gravures, cartes et plans — Paris, Hachette et Cie (1889) in-4°.

12. **Gaultier** (l'abbé) — Géographie — Paris, Jules Renouard et Cⁱᵉ (1850) in-32.

13. **Géographie** administrative de l'Alsace-Lorraine — Paris, Paul Dupont (1891) in-8º.

14. **Grégoire** (L.) — Géographie physique, politique, économique de la France et de ses possessions coloniales — Paris, Garnier frères (1883) in-18.

15. **Grove** (G.) — Continents et océans — Paris, Germer-Baillière et Cⁱᵉ, in-32.

16. **Henrique** (Louis) — Les colonies françaises — Paris, Quantin (1890) in-18, 6 vol.

17. **Hübner** (baron de) — Promenade autour du monde en 1871 — Paris, Hachette et Cⁱᵉ (1873) in-18, 2 vol.

18. **Hulot** (baron) et de **Margerie** — Congrès international des sciences géographiques tenu à Paris en 1889, procès-verbaux sommaires des séances — Paris, Imp. Nationale (1890) in 4º.

19. **Itinéraire** abrégé du royaume de France — Paris, Langlois (1823) in-18.

20. **Joanne** (Ad.) — Géographie de l'Eure — Paris, Hachette et Cⁱᵉ (1883) in 18.

21. dᵒ Géographie de la Manche — Paris, Hachette et Cⁱᵉ (1882) in-18.

22. dᵒ Géographie du département de Seine-et-Marne — Paris, Hachette et Cⁱᵉ (1880) in-18.

23. dᵒ Géographie, histoire, statistique et archéologie de Seine-Oise — Paris, Hachette et Cⁱᵉ (1869) in-18.

24. dᵒ Géographie du Var — Paris, Hachette et Cⁱᵉ (1889) in-18.

25. **Kohn** (Georges) — Autour du monde — Paris, Calmann Lévy (1884) in-18.

26. **Laharpe** (J.-F.) — Abrégé de l'histoire générale des voyages, contenant ce qu'il y a de plus remarquable, de plus utile et de mieux avéré dans les pays où les voyageurs ont pénétré, avec cartes géographiques — Paris, Laporte (1780-1786) in-8º, 23 vol.

27. **Lanier** (L.) — Choix de lectures de géographie accompagnées de résumés, d'analyses, de notes explicatives et bibliographiques, l'Afrique — Paris, E. Belin (1885) in-18.

28. **Lavallée** (Théophile) — Les frontières de la France — Paris, Hetzel et Cie, in-18.

29. **Lechartier** (H.) — La Nouvelle Calédonie et les Nouvelles Hébrides, avec cartes et gravures — Paris, Jouvet et Cie (1885) in-18.

30. **Lemonnier** (Henry) — L'Algérie — Paris, Martin (1881) in-18.

31. **Levasseur** (E.) — L'Europe (moins la France) géographie et statistique — Paris, Delagrave (1871) in-18.

32. **Mentelle** (Edme) — Géographie physique, historique et statistique de la France, augmentée par Depping — Paris, Guillaume et Cie (1821) in-8º, 4 vol.

33. **Ministère des travaux publics** — Ports maritimes de la France — Paris, Imp. Nationale, in-4º, 2 vol.

34. **Morin** (J.-B.) — Géographie élémentaire, ancienne et moderne — Paris, Perine frères (1846) in-18.

35. **Reclus** (Elisée) — Nouvelle géographie universelle : la terre et les hommes, vol. I. l'Europe méridionale — Paris, Hachette et Cie (1876) in-4º.

36. **Reclus** (Elisée) — Vol. II. France (1877).

37.   do   Vol. III, l'Europe centrale (1878).

38.   do   Vol. IV, l'Europe du nord-ouest (1879).

39.   do   Vol. V, l'Europe Scandinave et Russe (1880)

40.   do   Vol. VI, l'Asie antérieure (1881).

41.   do   Vol. VII, l'Asie orientale (1882).

42.   do   Vol. VIII, l'Inde et l'Indo-Chine (1883).

43.   do   Vol. IX, l'Asie antérieure (1884).

44.   do   Vol. X, l'Afrique septentrionale, 1re partie (1885).

45.   do   Vol. XI, id. id. 2e partie (1886).

46.   do   Vol. XII, l'Afrique occidentale (1887).

47.   do   Vol. XIII, l'Afrique méridionale (1888).

48.   do   Vol. XIV, Océans et terres océaniques (1889)

49.   do   Vol. XV, Amérique boréale (1890).

50.   do   Vol. XVI, Les Etats-Unis (1891).

51.   do   Vol. XVII, Indes occidentales (1892)

52.   do   Vol. XVIII, Amérique du sud (1893).

53.   do   Vol. XIX, Amérique du sud (1894).

54. **Saint Arroman** (de) — Les missions françaises, causeries géographiques — Sceaux, Charaire et Cie in-8o, 2 vol.

55. **Société** de géographie commerciale de Paris, Tunisie, Madagascar — Paris, Lahure (1896) in-18.

56. **Schrader et Jacottet** — Le tour du monde, nouvelles géographiques — Paris, Hachette et Cie, in-8°.

57. **Teulières (Paulin)** — Nouvelle géographie — Paris, (1850) in-8°.

58. **Vidal de la Blache et Dubois** — Annales de géographie — Paris, Armand Colin et Cie (1892) in-8°.

59. **Vivien de Saint-Martin** — L'année géographique de 1863 à 1878 — Paris, Hachette et Cie (1863) in-18, 14 vol.

60. **Wilson (Joseph)** — Les terres publiques des Etats-Unis en 1866, avec carte des Etats-Unis — Washington, Imp. du Gouvernement (1867) in-4°.

CLXXIX. — *Voyages descriptifs et pittoresques en France*

---

1. **Aix** ancien et Moderne — Aix, G. Mourret (1833) in-8°.

2. **Achard (Amédée)** — Itinéraire de Paris au centre de la France — Paris, L. Hachette et Cie, in-18.

3. **Arène (Paul)** — Vingt jours en Tunisie — Paris, A. Lemerre (1884) in-18.

4. **Audiffret (Hyacinthe)** — L'été à Aix en Savoie — Paris, A. Fontaine, in-32.

5. **Bernard (Frédéric)** — De Lyon à la Méditerranée — Paris, Hachette et Cie, in-18.

6. **Bonnafont (Docteur)** — Voyage à Lacalle en 1837 — Cannes, Figère et Guiglion (1891) in-32.

7. do Douze ans en Algérie (1830 à 1842) — Paris, Dentu (1883) in-18.

8. **Boué** (Madame Germaine) — Les buttes Chaumont, notice historique et descriptive — Paris, in-8°.

9. **Bouloumié** (Ambroise) — Guide aux eaux minérales des Vosges — Paris, Hachette et Cie (1879) in-32.

10. **Burat** (Amédée) — Voyages sur les côtes de France — Paris, Baudry (1880) in-4°.

11. **Chaussenque** — Les Pyrénées ou voyages pédestres dans toutes les régions de ces montagnes depuis l'Océan jusqu'à la Méditerranée — Agen, Prosper Noubel (1854) in-18, 2 vol.

12. **Denecourt** (C.-F.) — L'Indicateur historique et descriptif de Fontainebleau, son palais, sa forêt et ses environs — Paris, Hachette (1860) in-8°.

13. **Denord** (Octave) — Les Thermes et le château d'Uriage — Grenoble, Drevet, in-8°.

14. **Doorslaer** (Hector Van) — Au bord de la Semois, excursion pédestre en Ardennes — Bruxelles, Léon Michiels (1880) in-8°.

15. **Gérente** — Aix-en-Savoie, nouveau guide pratique, médical et pittoresque — Aix, Gérente, in-32.

16. **Gimet** (François) — Luchon en poche — Luchon, Dulou (1868) in-32.

17. **Haumonté** (J.-D.) — Plombières ancien et moderne — Paris, Humbert (1865) in-8°.

18. **Joanne** (A.) — De Bordeaux à Toulouse, à Cette et à Perpignan. Itinéraire historique et descriptif — Paris, L. Hachette et Cie, in-18.

19. d° De Bordeaux à Bayonne, à Biarritz, à Arcachon et à Mont-de-Marsan. Itinéraire historique et descriptif — Paris, L. Hachette et Cie, in-18.

20. **Joanne** (A) — De Paris à Bordeaux — Paris, L. Hachette et Cie (1856) in-18.

21.   do   Itinéraire général des Pyrénées — Paris, L. Hachette et Cie (1862) in-18.

22.   do   Itinéraire général des Vosges et des Ardennes — Paris, L. Hachette et Cie (1868) in-18.

23.   do   Les environs de Paris illustrés — Paris, L. Hachette et Cie, in-18.

24.   do   De Paris à Genève et à Chamonix, par Mâcon et Lyon, avec un panorama de la chaîne du Mont-Blanc — Paris, L. Hachette et Cie, in-18.

25.   do   De Dijon en Suisse — Paris, L. Hachette et Cie, in-18.

26.   do   Vosges, Alsace. Ardennes — Paris. L. Hachette et Cie (1882) in-32.

27.   do   Itinéraire historique et descriptif de la Suisse, du Jura français, de Baden Baden et de la Forêt Noire, de la Chartreuse de Grenoble, du Mont-Blanc, de la vallée de Chamonix, du grand Saint-Bernard et du Mont-Rose — Paris, L. Maison (1853) in-18.

28.   do   Itinéraire historique et descriptif de la Suisse et du Jura français — Paris, L. Hachette et Cie, in-18.

29.   do   Itinéraire historique et descriptif du Dauphiné — Paris, L. Hachette et Cie (1862) in-18.

30.   do   Itinéraire historique et descriptif de la Savoie avec panorama et cartes — Paris, L. Hachette et Cie, in-18.

31.   do   De Poitiers à la Rochelle. Rochefort et Royan — Paris, L. Hachette et Cie (1862) in-18.

32. **Joanne** (Ad.) — Itinéraires illustrés de Paris à Nantes — Paris, L. Hachette et Cie, in-18.

33.   d° Itinéraire général de la France : Bretagne — Paris, L. Hachette et Cie (1863) in-18.

34.   d° Guide dans Paris, avec 410 vignettes et plans — Paris, L. Hachette et Cie (1863) in-18.

35.   d° Itinéraire descriptif et historique des Pyrénées à l'Océan et à la Méditerranée — Paris, L. Hachette et Cie, in-18,

36.   d° Itinéraire général de la France : l'Est et le Centre — Paris, L. Hachette et Cie (1861) in-18.

37.   d^c De Paris à Lyon et à Auxerre — Paris, L. Hachette et Cie, in-18.

38. **Ladichère** (A. Michal) — Uriage et ses environs — Grenoble, Merle, in-4°.

39. **Lacoste** — Bagnères de Bigorre et ses environs — Bagnères, Léon Péré (1880) in-32.

40. **Lambron** (Ernest) — Bagnères de Luchon, vue, plan, excursions — Paris, Napoléon Chaix et Cie, in-18.

41. **Lefeuve** — Le tour de la vallée, histoire et description de Montmorency, Enghien, etc., etc. — Paris, Dumoulin (1856) in-8°.

42. **Moléri** — De Paris au centre de la France — Paris, L. Hachette et Cie (1854) in-18.

43. **Moléri et Achard** — De Paris à Orléans — Paris, L. Hachette et Cie, in-18.

44. **Moutié** (Auguste) — De Paris à Laval et à Alençon — Paris, L. Hachette et Cie (1856) in-18,

45. **Ordinaire** — Aix ancien et moderne — Aix Demay (1875) in-18.

46. **Paris** et ses curiosités, avec une notice historique et descriptive des environs. Paris en 1806 — Paris, Marchand (1806) in-32, 2 vol.

47. **Pau** — Descriptions et excursions — Paris, Napoléon Chaix et Cie (1860) in-18.

48. **Petit** (Victor) — Promenades et voyages pittoresques dans le département de l'Yonne, le château de Chastellux et le monastère de la pierre qui vire — Auxerre, G. Perriquet (1864) in-32.

49. **Piesse** (Louis) — Vichy et ses environs — Paris, L. Hachette et Cie, in-32.

50.   d^o   Clermont-Ferrand — Paris, L. Hachette et Cie (1856) in-18.

51.   d^o   Mont-Dore — Paris, L. Hachette et Cie, in-18.

52. **Pyrénées** (les) — Vues, plans, excursions — Paris, Napoléon Chaix et Cie (1860) in-32.

53. **Robert** (Eugène) — Histoire et description naturelle de la commune de Meudon — Paris, Paulin (1843) in-8°.

54.   d^o   Notice pittoresque et pratique sur Saint-Valéry-en-Caux — Fécamp, G. Lemaître (1843) in-32.

55. **Sandfort** (Barthe de) — Dax — Bordeaux, Crespy, in-32.

56. **Soutras** (Frédéric) — Bagnères de Bigorre, considérée sous la rapport historique et pittoresque — Bagnères de Bigorre, Dossun (1850) in-32.

57. **Versailles** — Les grandes eaux et le parc — Paris, Hachette et Cie (1853) in-32.

58. **Vittel** pittoresque et anecdotique — Paris, O. Donin (1889) in-18.

59. **Whimper** — Escalade dans les Alpes, de 1860 à 1869, ouvrage traduit de l'anglais par A. Joanne Paris, Hachette et Cie (1873) in-4º.

CLXXX. — Voyages descriptifs et pittoresques dans les Colonies et à l'Etranger

1. **Alençon** (d') — Luçon et Mindanao, voyage dans l'extrême Orient, avec une carte de l'archipel des Philippines — Paris, Michel Lévy frères (1870) in-18.

2. **Assier** (Adolphe d') — Le Brésil contemporain, races, mœurs, institutions, paysage — Paris, Durand et Lauriel (1867) in-8º.

3. **Bacheville** (frères) — Voyages en Europe et en Asie des frères Bacheville, après leur condamnation par la cour prévotale du Rhône en 1816 — Paris, Corréard, Ponthieu (1822) in-8º.

4. **Bâle** — Un jour à Bâle, description de cette ville, notices, gravures et plan — Bâle, J. Schweighauser (1846) in-32.

5. **Berchère** (N.) — Le désert de Suez, cinq mois dans l'isthme — Paris, J. Hetzel, in-18.

6. **Bonnafont** (Docteur) — L'Europe en train rapide, Espagne et Italie (1886) Europe centrale et septentrionale (1889) — Paris, Dentu (1889) in-18, 2 vol.

7. do Voyage à la Calle en 1837 — Cannes, Figère et Guiglion (1891), in-18.

8. **Carrey** (Emile) — L'Amazone, huit jours sous l'équateur — Paris, Michel Lévy frères (1856) in-18.

9. **Catlin** (G.) — La vie chez les Indiens, scènes et aventures de voyage parmi les tribus des deux Amériques — Paris, Hachette et Cie (1876) in-18.

10. **Comettant** (Oscar) — Trois ans aux Etats-Unis, études de mœurs et coutumes américaines — Paris, Pagnerie (1858) in-18.

11. **Cotteau** (Edmond) — Un touriste dans l'Extrême-Orient : Japon, Chine, Indo-Chine et Tonkin (1881-82) — Paris, Hachette et Cie (1885) in-18.

12. **Coutagne** (Dr Henry) — Trois semaines en pays scandinaves, impressions de voyage —Paris (1890) in-18.

13. **Cruchley** — Tableau de Londres, avec vues de ses monuments et aperçu rétrospectif de l'histoire de cette métropole — Londres, G.-F. Cruchley, in-32.

14. **Daumas** (général E.) — Les chevaux du Sahara et les mœurs du désert, avec des commentaires par l'émir Abd-el-Kader — Paris, Michel Lévy frères (1864) in-18.

15.   do   Mœurs et coutumes de l'Algérie, Tell, Kabylie, Sahara — Paris, L. Hachette et Cie (1864) in-18.

16. **Demidof** (Anatole de) — Voyage dans la Russie méridionale et la Crimée, par la Hongrie, la Valachie et la Moldavie — Paris, E. Bourdin et Cie (1840) in-4º.

17.   do   La Crimée, illustrée par Raffet — Paris, E. Bourdin (1855) in-18.

18. **Domenech** (Abbé E.) — Journal d'un missionnaire au Texas et au Mexique (1846-52) — Paris, Gaume frères (1857) in-8º.

19. **Drouet** (Francis) — De Marseille à Moscou par le Caucase — Rouen, Cagniard (1893) in-4°.

20. **Duchaillu** (Paul) — Voyages et aventures dans l'Afrique équatoriale, mœurs et coutumes des habitants, chasses au gorille, au crocodile, au léopard, à l'éléphant, etc. — Paris, Michel Lévy frères (1863-68) in-4°.

21. **Dumas** (Alexandre) — La vie au désert, cinq ans de chasse dans l'intérieur de l'Afrique méridionale par Gordon Cumming — Paris, Michel Lévy frères (1860) in-18, 2 vol.

22. **Ebel** — Itinéraire de Suisse, avec carte routière et panoramas — Paris, H. Langlois fils et Cie (1827) in-32.

23. **Flandin** (Eugène) — Voyage en Perse pendant les années 1840-41, de M. E. Flandin et P. Coste, entrepris d'après les instructions dressées par l'Institut, relation du voyage — Paris, Gide et J. Baudry (1851) in-plano, 2 vol.

24. **Fontaine** (Marius) — Voyage pittoresque à travers l'isthme de Suez, texte avec aquarelles d'Eugène Ciceri — Paris, Paul Dupont, Lachaud, in-plano.

25. **Gobineau** (comte A. de) — Trois ans en Asie (1855-58) — Paris, Hachette et Cie (1889) in-8°.

26. **Guerin de Litteau** (R.) — Voyage circulaire à bord d'un transatlantique — Paris (1890) in-4°.

27. **Guinot** (Eugène) — Itinéraire du chemin de fer de Paris à Bruxelles — Paris, Hachette et Cie (1853) in-18.

28. **Huc** — L'Empire Chinois — Paris, Gaume frères (1854) in-8°, 2 vol.

29. **Joanne** (Ad.) — Itinéraire descriptif et historique de l'Allemagne du sud — Paris, Maison (1855) in-18.

30. **Joanne** (Ad.) — Itinéraire descriptif et historique de l'Allemagne du nord — Paris, L. Huc et Cie (1862) in-18.

31.   do   La Belgique et la Hollande — Paris, Hachette et Cie (1867) in 32.

32.   do   Itinéraire descriptif et historique de l'Allemagne — Paris, L. Maison (1856) in-18.

33. **Lamothe** (de) — Cinq mois chez les Français d'Amérique, voyage au Canada et à la Rivière rouge du nord — Paris, Hachette et Cie (1880) in-18.

34. **Lettres** sur le Caucase et la Crimée — Paris, Gide (1859) in-4°.

35. **Orbigny** (Alcide d') — Voyage pittoresque dans les deux Amériques, résumé général de tous les voyages — Paris, Tenré, Henri Dupuy (1836) in-4°.

36. **Pays** (A.-J. du) — Itinéraire descriptif, historique, artistique et industriel de la Belgique — Paris, L. Hachette et Cie (1863) in-18.

37. **La Borde** (le comte Al. de) — Itinéraire descriptif de l'Espagne, avec vignettes, cartes coloriées et atlas — Paris, Firmin Didot frères et fils (1827-1830) in-8°, 6 vol. et atlas.

38. **Mage** (E.) — Voyage dans le Soudan occidental. Sénégambie, Niger (1863-66) — Paris, L. Hachette et Cie (1868) in-8°.

39. **Orléans** (le prince Henri d') — Six mois aux Indes, chasses aux tigres — Paris, Calmann Lévy (1889) in-18.

40. **Pallas** (P.-S.) — Voyage en différentes provinces de l'empire de Russie et dans l'Asie septentrionale, traduits de l'allemand par M. Gauthier de la Peyronie — Parie, Maradan (1788-1793) in-4°, 5 vol.

41. **Rambert, Lebert,** etc. — Montreux et ses environs — Neuchâtel, Furrer (1877) in-18.

42. **Raynal** (F.-E.) — Les naufragés ou vingt mois sur un récif des îles Auckland, récit authentique — Paris, L. Hachette et Cie (1870) in-4°.

43. **Richard** — Guide du voyageur en Italie, itinéraire artistique, pittoresque, historique, commercial — Paris, Maison (1846) in-32.

44. **Rothmuller** (M. J.) — Soultz Matt — Colmar, Hoffmann (1863) in-18.

45. **Vambery** (Arminius) — Voyage d'un faux derviche dans l'Asie centrale, traduit de l'anglais par E.-D Forgues — Paris, L. Hachette et Cie (1865) in-4°.

46.   d^{o}   id.   id.   id.   id.
Paris, L. Hachette et Cie (1874) in-18.

CLXXXI. — Voyages scientifiques et d'exploration en Europe, en Amérique et dans les mers du Nord

---

1. **Bellot** (J. R.) — Journal d'un voyage aux mers polaires à la recherche de sir John Franklin, avec cartes des régions arctiques — Paris, Perretin (1866) in-18.

2. **Biolley** (Paul) — Costa Rica et son avenir — Paris, A. Giard (1889) in-18.

3. **Gaymard** (Paul) — Histoire du voyage en Islande et au Groenland exécuté pendant les années 1835-36, sur la corvette la *Recherche* commandée par M. Trehouart, dans le but de découvrir les traces de la *Lilloise* — Paris, Arthus Bertrand, in-4°, 9 vol.

4. **Gaimard** (Paul) — Voyages en Scandinavie. en Laponie, au Spitzberg et aux Feroë pendant les années 1838. 1839 et 1840 sur la corvette la *Recherche* commandée par M. Fabvre Paris, Arthus Bertrand. in-4°, 29 vol.

5. d° Lettre sur le voyage ordonné par le Roi. en Scandinavie, en Laponie et au Spitzberg, adressée à M. le baron Berzelius (avril 1838) Paris, Arthus Bertrand, in-4°,

6. **Hayes** (J.-J) — La mer libre du pôle, voyage de découvertes dans les mers arctiques exécuté en 1860-61, traduit de l'anglais par F. de Lanoye — Paris, Hachette et Cie (1868) in-4°.

7. **Irving** (Washington) — Astoria, voyage au-delà des montagnes rocheuses, traduit de l'anglais par P.-N. Grolier — Paris, Allouard (1843) in-8°, 2 vol.

8. **Jurien de la Gravière** — Les ouvriers de la onzième heure, les Anglais et les Hollandais dans les mers polaires et dans la mer des Indes — Paris, E. Plon, Nourrit et Cie (1890) in-18. 2 vol.

9. **Lacroix** (Frédéric) — Pérou et Bolivie — Paris, F. Didot frères (1843) in 8°.

10. **Lambert** (Gustave) — L'expédition au pôle nord — Paris, E. Martinet (1868) in-8°.

11. **Larenaudière** (de) — Mexique et Guatemala — Paris, F. Didot frères (1843) in-8°.

12. **Marmier** (X.) — Lettres sur l'Amérique : Canada, Etats-Unis, Havane, Rio de la Plata — Paris, E. Plon et Cie (1881) in-18, 2 vol.

13. d° Du Danube au Caucase — Paris, Garnier frères (1854) in-18.

14. d° Lettres sur la Russie, la Finlande et la Pologne — Paris, Garnier frères (1851).

15. **Marmier** (Xavier) — Lettres sur le nord : Danemark, Suède, Norwège, Laponie, Spitzberg — Paris, Hachette et Cie (1857) in-18.

16.   d^o   Relation du voyage exécuté en 1838, 39, 40, par la corvette la *Recherche* commandée par M. Fabvre, en Scandinavie — Paris, Arthus Bertrand, in-4°. 2 vol.

17. **Mequet** (Eugène) — Journal du voyage en Islande et au Groenland, exécuté pendant les années 1835 et 1836 sur la corvette la *Recherche*, commandée par M. Trehouart — Paris, Arthus Bertrand (1852) in-8°.

18. **Mercey** (F.-B. de) — La Toscane et le Midi de l'Italie — Paris, Arthus Bertrand, in-8°, 2 vol.

19.   d^o   Le Tyrol et le nord de l'Italie — Paris, Paulin Vimont (1833) in 8°, 2 vol.

20.   d^o   id.   id.   id
         Arthus Bertrand (1845) in-8°, 2 vol.

21. **Milton** (vicomte) et **W.-B** Cheadle — Voyage de l'Atlantique au Pacifique à travers le Canada, les montagnes rocheuses et la Colombie anglaise, traduit de l'anglais par Belin — Paris, Hachette et Cie (1866) in-4°.

22. **Molinari** (G. de) — Panama, l'Isthme, la Martinique, Haïti — Paris, Guillaumin et Cie, in-18.

23. **Nansen** (Fridtjof) — Vers le pôle, traduit et abrégé par Charles Rabot — Paris, E. Flammarion (1897) in-8°.

24 **Regnault** (A.) — Voyage à Stockholm, à Copenhague et à Christiania pendant les années 1870-71 — Paris, E. Voreaux (1880) in-18.

25. **Seguin** (Augustin) — Dix jours aux sources du Missouri — Lyon, J.-E. Albert (1881) in-8°.

26. **Valery** — Voyages historiques, littéraires et artistiques en Italie — Bruxelles, Hauman et Cie (1842)

27. **Wied** (le prince Maximilien de) — Voyage dans l'intérieur de l'Amérique du nord, exécuté pendant les années 1832 1833 et 1834 avec planches et dessins — Paris, Arthus Bertrand, in-8°, 4 vol.

CLXXXII. — *Voyages scientifiques et d'exploration en Asie, Australie, Afrique et dans les Terres Océaniques.*

---

1. **Baker** (sir Samuel White) — Ismailia. Récit d'une expédition dans l'Afrique centrale pour l'abolition de la traite des noirs, ouvrage traduit de l'Anglais, par Hippolyte Vattemare — Paris. Hachette et Cie (1875) in-4°.

2. **Bernard** (F.) — Quatre mois dans le Sahara, journal d'un voyage chez les Touaregs, suivi d'un aperçu sur la deuxième mission du colonel Flatters — Paris, Delagrave (1881) in-18.

3. **Burton** (le capitaine) — Huit voyages aux grands lacs de l'Afrique Orientale. Traduction de Mme H. Loreau — Paris, Hachette et Cie (1862) in-4°.

4. **Caron** (E.) — De St-Louis au port de Tombouctou, voyage d'une canonnière française, avec vocabulaire Tonraï — Paris, A. Challamel (1891) in-4°.

5. **Daumas** (le général) et **Ausone de Chancel** — Le grand désert. Itinéraire d'une caravane du Sahara au pays des nègres, royaume de Haoussa — Paris, Michel Lévy frères (1869) in-18.

6. **Depping** (Guillaume) — Le Japon — Paris, Jouvet et Cie (1884) in-18.

7. **Deschamps** (Emile) — Carnet d'un voyageur au pays des Veddas Ceylan, avec cartes et figures — Paris, (1892) in-4°.

8. **Devay** — Journal d'un voyage dans l'Inde Anglaise, à Java, dans l'Archipel des Moluques, sur les côtes Méridionales de la Chine, à Ceylan (1864) — Paris, Firmin Didot frères, fils et Cie (1867) in-4°, 2 vol.

9. **Deville** (Louis) — Excursion dans l'Inde — Paris, Hachette et Cie (1860) in-18.

10. **Doudart de Lagrée** — Explorations et missions du Mekong et du haut Song-Koï, publiées par M. de Villemereuil — Paris, Ve Bouchard Huzard (1883) in-4°.

11. **Douliot** Henry — Journal du voyage fait sur la côte ouest de Madagascar (1891 1892) — Paris, Joseph André et Cie (1895) in-8°.

12. **Duchaillu** (Paul) — L'Afrique sauvage. Nouvelles excursions au pays des Ashangos — Paris, Michel Lévy, frères (1868) in-4°.

13. **Description de l'Egypte** (Voir page 10, vol. 1.) — Paris, Imp. Impériale (1809) in-f° 9 vol. in-plano 14 albums.

14. **Chardin** (le chev.) — Voyages du Chevalier Chardin en Perse et autres lieux de l'Orient — Paris, Lenormant (1811) in-8° 10 vol. in-plano Atlas.

15. **Duveyrier** (Henri) — Exploration du Sahara — Les Touaregs du Nord — Paris, Challamel aîné (1864) in-4°.

16. **Gagarine** — Le Caucase pittoresque — Paris, Plon frères, in-plano.

17. **Galliéni** — Deux campagnes au Soudan français (1886-88) avec préface par V^{or} Duruy — Paris, Hachette et Cie (1891) in-4°.

18. **Giraud** (V^{or}) — Les lacs de l'Afrique équatoriale, voyage d'exploration exécuté de 1883 à 1885 — Paris, Hachette et Cie (1890) in-4°.

19. **Gobat** (Samuel) — Journal d'un séjour en Abyssinie pendant les années 1830, 31, 32, précédé d'une introduction historique et géographique sur l'Abyssinie — Paris, J.-J. Risler (1834) in-8°.

20. **Heuzey** (L.) — Le mont Olympe et l'Acarnanie, exploration de ces deux régions, étude de leurs antiquités, de leur géographie et de leur histoire — Paris, Firmin Didot frères, fi's et G^{ie} (1860) in-8°.

21. **Huc** — Souvenirs d'un voyage dans la Tartarie et le Thibet en 1844, 45, 45 — Paris, Gaume frères, in-18, 2 vol.

22. **Hadji Ab-El Hamid-Bey** — L'Arabie heureuse, souvenirs d'un voyage en Afrique et en Asie, publiés par Alexandre Dumas — Paris, Michel Lévy frères (1860) in-18, 3 vol.

23. **Irisson** (Maurice) — Etudes sur la Chine contemporaine — Paris, Chamerot et Lauwereins (1866) in-8°.

24. **Jacobs** (Alfred) — L'Afrique nouvelle, récents voyages, état moral, intellectuel et social dans le continent noir — Paris, Didier et Cie (1862) in-18.

25. **Joanne** (Ad.) et **Isambert** (Em.) — Itinéraire descriptif, historique et archéologique de l'Orient — Paris, L. Hachette et Cie (1861) in-18.

26. **Jurien de la Gravière** — Voyage de la corvette la *Bayonnaise* dans les mers de Chine — Paris, E. Plon, Nourrit et Cie (1885) in-18, 2 vol.

27. **Lacour** (Raoul) — L'Egypte : d'Alexandrie à la seconde cataracte — Paris, Hachette et Cie (1871) in-8°.

28. **Lanoye** (Ferdinand de) — Le Niger et les explorations de l'Afrique centrale depuis Mungo-Park jusqu'au docteur Barth — Paris, Hachette et Cie (1860) in-18.

29. do La Sibérie d'après les voyageurs les plus récents — Paris, Hachette et Cie (1868) in-18.

30. **Livingstone** (David et Charles) — Exploration du Zambèze et de ses affluents, découverte des lacs Chiroua et Nyassa — Paris, Hachette et Cie (1866) in-8º.

31. **Lycklama A Nijeholt** (le chevalier T.-M.) — Voyage en Russie, au Caucase et en Perse, dans la Mésopotamie, le Kurdistan, la Syrie, la Palestine et la Turquie, exécuté pendant les années 1866, 67 et 68 — Paris, Arthus Bertrand ; Bruxelles, Van Langen Huyssen, 1872, in-4º, 4 vol.

32. **Marguerite** (général A.) — Chasses de l'Algérie, notes sur les arabes du sud — Paris, Furne (1884) in-18.

33. **Marmier** (X.) — Lettres sur l'Algérie, précédées d'une bibliographie des états barbaresques — Paris, Bertrand, in-18.

34. **Morgan** (J. de) — Mission scientifique en Perse, études géographiques — Paris, Ernest Leroux (1894-95) in-4º, 2 vol.

35. **Ney** (Napoléon) — De la mer Noire à Samarkand, en Asie centrale, à la vapeur — Paris, Garnier frères (1888) in-8º.

36. **Oliphant** (Laurence) — La Chine et le Japon, mission du comte d'Elgin pendant les années 1857, 58, 59, traduction et introduction par Guizot — Paris, Michel Lévy frères (1860) in-8º, 2 vol.

37. **Oppert** (Jules) — Expédition scientifique en Mésopotamie — Paris. Imp. Impériale (1863) in-4º, 2 vol. in-folio, 1 atlas.

38. **Pensa** (Henri) — L'Egypte et le Soudan égyptien — Paris, Hachette et Cie (1895) in-18.

39. **Pavie** — Exploration de l'Indo-Chine. Mémoires et documents publiés sous la direction de MM. Pavie et Pierre Lefèvre Pontalis — Paris, E. Leroux (1894) in-4º, 3 vol.

40. **Speke** (John Hannins) — Les sources du Nil ; journal de voyage, traduit de l'anglais par E. de Forgues — Paris, Hachette et Cie (1864) in-8º.

41. **Stanley** (H.-M) — Dans les ténèbres de l'Afrique, recherche, délivrance et retraite d'Emin Pacha, traduit de l'anglais — Paris. Hachette et Cie (1890) in-4º, 2 vol.

42. **Tavernier** (J.-B.) — Les six voyages en Turquie, en Perse et aux Indes, pendant l'espace de quarante ans et par toutes les routes que l'on peut tenir, accompagnés d'observations particulières sur la qualité, la religion, le gouvernement, les coutumes et le commerce de chaque pays, avec les figures, le poids et la valeur des monnaies qui y ont cours — Paris, Gervais Clouzier, au Voyageur (1681) in-4º, 2 vol.

43. dº Nouveau recueil de plusieurs relations et traités singuliers et curieux qui n'ont point été mis dans ses six premiers voyages — Paris, à l'enseigne du Voyageur, Gervais Clouzier (1680). in-4º.

44. **Volney** (C.-F.) — Voyage en Syrie et en Egypte pendant les années 1783, 84 et 85 — Paris, Volland-Deseune (1789) in-18, 2 vol.

45. dº id. id. id. Paris, Dugour et Durand, an VII, in-8º, 2 vol.

46. **Voyage** en Algérie de la délégation de la commission sénatoriale d'études présidée par Jules Ferry, préface par E. Combes, publié par Pensa (Henri) — Paris, J. Rothschild (1894) in-8º.

CLXXXIII. — *Voyages littéraires, artistiques fantaisistes*

---

1. **Asselin (A.)** — France et Italie, journal de voyage d'un touriste dans le midi de la France et en Italie — Paris, L. Maison (1853) in-18.

2. **Augé** — Voyage aux sept merveilles du monde — Paris, Hachette et Cie (1878) in-18.

3. **Belgiojoso (princesse de)** — Asie mineure et Syrie, souvenirs de voyage — Paris, Michel Lévy frères (1858) in-8º.

4. **Branda (Paul)** — Çà et là, Cochinchine et Cambodge, l'ame Khmère, Ang-Kor — Paris, Fischbacher (1892) in-18.

5.   dº   Mers de l'Inde, le Cap, Maurice, Aden, Singapour, etc. — Paris, E. Lachaud (1870) in-18.

6.   dº   Mers de Chine — Paris, Pichon et Cie (1872) in-18.

7. **Chambrun de Rosemont** — Récits et impressions de voyage au xviᵉ siècle, Montaigne en Suisse, en Allemagne, en Italie — Nevers, Fay (1872) in-4º.

8. **Chateaubriand** — Itinéraire de Paris à Jérusalem, suivi du voyage en Amérique — Paris, E. et V. Penaud frères, in-4º, 2 vol.

9.   dº   id.   id.   id.
Paris, E. et V. Penaud frères (1827) in-4º, 2 vol.

10. **Chrouschoff** (de) — Pau. souvenirs et impressions — Pau, Aréas (1891) in-18.

11. **Claretie** (Jules) — Voyages d'un parisien — Paris, A. Faure (1865) in-18.

12. **Dumas** (Alexandre) — Impressions de voyage, la Suisse — Paris, Michel Lévy frères (1869) in-18, 3 vol.

13.   do   En Russie — Paris, Michel Lévy frères (1866) in-18, 4 vol.

14.   do   Excursions sur les bords du Rhin — Paris, Michel Lévy frères (1869) in-18, 2 vol.

15.   do   Une année à Florence — Paris, Michel Lévy frères (1867) in-18.

16.   do   Le Midi de la France — Paris, Michel Lévy frères (1865) in-18, 2 vol.

17.   do   Impression de voyage, le capitaine Arena — Paris, Michel Lévy frères (1870) in-18.

18.   do   Le Caucase — Paris, Michel Lévy frères (1865) in-18, 3 vol.

19.   do   Quinze jours au Sinaï — Paris, Michel Lévy frères (1868) in-18.

20.   do   id.   id.   id. Paris (1855) in-4°.

21. **Fromentin** (Eugène) — Un été dans le Sahara — Paris, Michel Lévy frères (1857) in-18.

22.   do   Une année dans le Sahel — Paris, Michel Lévy frères (1859) in-18.

23. **Fulchiron** (J.-C.) — Voyage dans l'Italie méridionale — Paris, Pillet aîné (1843) in-8°, 4 vol.

24. **Gasparin** (comtesse de) — Sur les montagnes, au pays du soleil — Paris, Calmann Lévy (1890) in-18.

25. do A travers les Espagnes — Paris, Calmann Levy (1875) in-18.

26. do Andalousie et Portugal — Paris, Calmann Lévy (1886) in-18.

27. do A Constantinople — Paris, Calmann Lévy (1867) in-18.

28. do Chez les Allemands, chez Nous, à Florence — Paris, Calmann Lévy (1890) in-18.

29. do A Florence — Paris, Michel Lévy frères (1866) in-18.

30. do Vogage au Levant — Paris, Calmann Lévy (1878) in-18, 2 vol.

31. **Gautier** (Théophile) — Constantinople — Paris, Michel Lévy frères (1873) in-18.

32. do Voyage en Espagne — Paris, Charpentier et Cie (1870) in-18.

33. **Lamartine** (A. de) — Voyage en Orient — Paris, Firmin Didot frères (1849) in-8°, 4 vol.

34. do id. id. id. Paris, Hachette et Cie, in-18, 2 vol.

35. **Lentheric** (Charles) — Du Saint-Gothard à la mer, le Rhône, histoire d'un fleuve — Paris, Plon, Nourrit et Cie, in-4°, 2 vol.

36. **Liégeard** (Stephen) — A travers l'Engadine, la Valteline, le Tyrol du sud et les lacs de l'Italie supérieure — Paris, Hachette et Cie (1878) in-18.

37. **Michelet** — Sur les chemins de l'Europe — Paris, Marpon et Flammarion (1893) in-18.

38. **Michelet** — Rome — Paris, Marpon et Flammarion (1891) in-18.

39. **Montaigne** — Journal du voyage en Italie par la Suisse et l'Allemagne en 1580 et 1581 — Paris, (1774) in-18, 3 vol.

40. **Nerval** (Gérard de) — Voyage en Orient — Paris. Charpentier (1869) in-18, 2 vol.

41. **Nisard** (D.) — Souvenirs de voyages : France, Belgique, Prusse Rhénane, Angleterre — Paris, Michel Lévy frères (1855) in-18.

42. **Quinet** (Mme Edgar) — De Paris à Edimbourg — Paris, Calmann Lévy (1898) in-18.

43. **Saint-Félix** (Jules de) — Le Rhône et la mer, souvenirs, légendes, études historiques et pittoresques — Paris (1845) in-8°, 2 vol.

44. **Saulcy** (F. de) — Voyage en Terre sainte — Paris, Didier et Cie (1865) in-8°, 2 vol.

45. **Taine** (H.) — Carnets de voyage, notes sur la Province (1863-65) — Paris, Hachette et Cie (1897) in-18.

46.   d° Voyage aux Pyrénées — Paris, Hachette et Cie (1858) in-18.

47.   d° Voyage en Italie, Naples et Rome Florence et Venise — Paris, Hachette et Cie (1866) in-8°, 2 vol.

48. **Tischendorf** (Constantin) — Terre Sainte — Paris, Reinwald (1868) in-8°.

49. **Tissot** (Victor) — Voyage aux pays annexés — Paris, Dentu (1877) in-18.

50.   d° Voyage aux pays annexés — Paris, C. Marpon et Flammarion, in-4°.

51. **Tissot** (Victor) — Voyage au pays des milliards, les prussiens en Allemagne — Paris, Schulz et fils (1878) in-4°.

52. **Trois ans** en Italie, suivi d'un voyage en Grèce, par une brésilienne — Paris. E Dentu ; Londres. Jeffs. in-8°.

53. **Vernes** (Mme Théodore) née de Witt — Deux mois en Norwège — Paris, Grattart, in-18.

54. **Vilbort** (J.) — En Kabylie, voyage d'une parisienne au Djurjura — Paris, Charpentier et Cie (1875) in-18.

55. **Vincent** (H.) — Les 22 années du père Tasse à Chamrousse — Grenoble, Baratier fr. et Cie (1861) in 18.

56. **Voyage** en France et autres pays par Racine, La Fontaine, Regnard, etc. — Paris, J. Chamerot (1808) in 32.

57. **Wey** (Francis) — La Haute-Savoie, récits d'histoire et de voyage — Paris, L. Hachette et Cie (1865) in-18.

CLXXXIV. — *Atlas et Cartes*

Cartes militaires, vol. I, F. XLII — Cartes Marines. vol. I, F. XLIV
Cartes géologiques, vol. I, D. XXXII

---

1. Atlas universel d'histoire et de géographie par Bouillet — Paris, Hachette et Cie (1877) in-4°.

2. **Atlas** de l'Europe (1764-65) assujetti aux observations astronomiques combinées avec les itinéraires tant anciens que modernes par L. Brion, géographe du roi — Paris, Desnos, au Globe (1764) in-4°.

3. **Atlas** géographique, statistique, historique et chronologique des deux Amériques et des Iles adjacentes, traduit de l'atlas exécuté en Amérique d'après Lesage — Paris, J. Carez (1825) in-folio.

4. **Atlas** universel pour l'étude de la géographie et de l'histoire ancienne et moderne, par Philippe, etc. — Paris, Nyon l'aîné (1787) in-4°.

5. **Atlas** universel de géographie ancienne et de géographie moderne, par Robert — Paris, Boudet (1757) in-folio.

6. **Atlas** de géographie moderne, par Schrader, Prudent et Anthoine — Paris, Hachette et Cie (1891) in-f°.

7. **Atlas** universel par Vuillemin — Paris, in-4°.

8. **Atlas** factice de la France et des colonies.

9. **Atlas** factice des Etats Etrangers.

10. **Atlas** factice ancien.

11 **Recueil** des cartes et plans du chemin de fer de Paris à Lyon et à la Méditerranée, par E. Andriveau-Goujon, avec carte supplémentaire pour les chemins de fer de l'Algérie. Echelle $\frac{1}{80000}$ pour les longueurs, $\frac{1}{2000}$ pour les hauteurs de profil — Paris, Lemercier, gravé par Avril (1889).

CINQUIÈME PARTIE

LITTÉRATURE

G.² — Linguistique

CLXXXV. — *Dictionnaires français et Encyclopédies*

---

1. **Académie française** — Dictionnaire — Paris, veuve Bernard Brunet (1762) in-folio, 2 vol.

2.   do   Dictionnaire — Nismes, Pierre Beaume (1778) in-4°, 2 vol.

3.   do   Dictionnaire de l'Académie française, revu, corrigé er augmenté par l'Académie elle-même — Paris, Bossange et Masson, H. Nicolle (1814) in-4°, 2 vol.

4.   do   Dictionnaire de l'Académie française — Paris, Firmin Didot frères (1835) in-4°, 2 vol.

5. **Bayle** (Pierre) — Dictionnaire historique et critique — Bâle, Louis Brand Muller (1738) in-folio, 4 vol.

6. **Bescherelle** frères — Dictionnaire usuel de tous les verbes tant réguliers qu'irréguliers, entièrement conjugués, contenant par ordre alphabétique les 7.000 verbes de la langue française avec leur conjugaison complète et la solution analytique et raisonnée de toutes les difficultés — Paris, Dussillion (1844) in 8°, 2 vol.

7. **Bescherelle aîné et Bourguignon** — Dictionnaire usuel de la langue française, comprenant les archaïsmes utiles à connaître pour l'intelligence des auteurs classiques, la prononciation, les étymologies et la solution des difficultés grammaticales, l'histoire, la mythologie et la géographie — Paris, Garnier frères (1888) in-8°.

8. **Bouillet (N.)** — Dictionnaire universel des sciences, des lettres et des arts — Paris, Hachette et Cie (1857) in-4°.

9. **Brachet (Auguste)** — Dictionnaire étymologique de la langue française, préface par E. Egger — Paris, J. Hetzel et Cie, in-18.

10. **Chaufepié (George de)** — Nouveau dictionnaire historique et critique — Amsterdam et La Haye (1750) in-folio, 3 vol.

11. **Chevreul** — Grand dictionnaire encyclopédique illustré de la langue française usuelle et fantaisiste, avec les règles grammaticales, la prononciation, les étymologies, synonymies de la littérature et de l'histoire générales, des sciences, etc. — Paris, in-folio, 5 vol.

12. **Diderot et d'Alembert** — Encyclopédie — Paris, Briasson (1751) in-folio, 35 vol.

13. **Duckett (W.)** — Dictionnaire de la conversation — Paris, Leclercq et Langlois (1841) in-18, 10 vol.

14. **Feraud (l'abbé)** — Dictionnaire critique de la langue française — Marseille, Jean Mossy père et fils (1787) in-4°, 3 vol.

15. **Girard (l'abbé)** — Synonymes français, leurs différentes significations — Paris (1763) in-18.

16. **Girard, de Bauzée, d'Alembert, etc.** — Dictionnaire universel des synonymes de la langue française — Paris, Duprat, Duverger, Mame frères (1810) in-18, 2 vol.

17. **Guizot** — Dictionnaire des synonymes de la langue française — Paris, Didier et Cie (1861) in-4°.

18. **Joly** (l'abbé) — Remarques critiques sur le dictionnaire de Bayle — Paris, Ganeau (1752) in-folio.

19. **Lafaye** — Dictionnaire des synonymes de la langue française avec une introduction sur la théorie des synonymes — Paris, Hachette et Cie (1858) in 4°.

20. **La Madelaine** (L.-Ph. de) — Dictionnaire portatif des rimes, précédé d'un nouveau traité de la versification française et suivi d'un essai sur la langue poétique — Paris, Capelle et Renaud (1806) in-32.

21. **Larousse** (Pierre) — Grand dictionnaire universel du XIXe siècle avec les deux suppléments (1878-90) — Paris (1866 78-90) in-folio, 17 vol.

22. **Laveaux** (J.-Ch) — Dictionnaire raisonné des difficultés grammaticales et littéraires de la langue française — Paris, Ledentu (1822) in-8°, 2 vol.

23. **Littré** (E.) — Dictionnaire de la langue française contenant la nomenclature complète des mots ; la grammaire, la signification des mots, une collection de phrases appartenant aux anciens écrivains jusqu'au XVIe siècle, etc. — Paris, Hachette et Cie (1863) in-folio, 4 vol.

24. **Nodier** (Ch.) et **Verger** (V.) — Dictionnaire universel de la langue française enrichi de plus de 6.000 mots qui ne se trouvent dans aucun dictionnaire du même format et d'un grand nombre d'acceptions omises dans les autres dictionnaires — Paris, Belin-Mandar (1842) in 8°, 2 vol.

25. **Planche** (J.) — Dictionnaire français de la langue oratoire et poétique suivi d'un vocabulaire de tous les mots qui appartiennent au langage vulgaire — Paris, Gide fils (1819) in 8°, 3 vol.

26. **Saint-Laurens** (Charles) — Dictionnaire encyclopédique usuel — Paris, Magen et Comon (1842) in-4°.

27. **Sardou** (A.-L.) — Nouveau dictionnaire des synonymes français — Paris, Dezobry, E. Magdeleine et Cie (1857) in-18.

28.   do   Nouveau dictionnaire abrégé de la langue française où l'on trouve les mots de la langue littéraire et les termes scientifiques les plus usités — Paris, Magdeleine et Cie, Dezobry, in-32.

29. **Scheler** (Auguste) — Dictionnaire d'étymologie française d'après les résultats de la science moderne — Paris, F. Didot fils et Cie ; Bruxelles, Schnée (1862) in-8°.

30. **Wailly** (MM. de) — Nouveau vocabulaire français où l'on a suivi l'orthographe adoptée pour le dictionnaire de l'académie — Paris, Tenré (1831) in-8°.

CLXXXVI. — Dictionnaires des Langues anciennes et du Dialecte Provençal

---

1. **Alexandre** (C.) — Dictionnaire Grec-Français, composé sur un nouveau plan et suivi de plusieurs tables nécessaires pour l'intelligence des auteurs — Paris, L. Hachette et Cie (1860) in-4°.

2. **Alexandre, Planche et Defauconpret** — Dictionnaire Français-Grec composé sur le plan des meilleurs dictionnaires français-latins et enrichi d'une table des noms irréguliers, d'une table très complète des verbes irréguliers ou difficiles et d'un vocabulaire des noms propres — Paris, Hachette et Cie (1877) in-4°.

3. **Boudot** (Jean) — Dictionarium universale latino, gallicum, avec observations préliminaires en forme de règles sur la traduction suivi de : Differentiœ vocum latinarum — Paris, in-8º

4. **Dictionnaire** universel français et latin contenant la signification et la définition des mots, leurs usages, les professions, etc., avec des remarques d'érudition et de critique tirées des plus excellents auteurs. lexicographes, étymologistes et glossaires — Paris, Ganeau Estienne (1704) in-folio. 3 vol.

5. **Honnorat** (S.-J.) — Dictionnaire Provençal-Français ou dictionnaire de la langue d'Oc. ancienne et moderne — Digne, Repos, (1846-47), in-4º, 3 vol.

6. **Lallemant** — Dictionnaire universel Français-Latin suivi des prétérits des verbes latins rangés selon l'ordre alphabétique — Paris, Barbou ; Rouen, Delalain (1804) in-8º.

7. **Mistral** (F.) — Lou trésor dou felibrige ou dictionnaire Provençal Français — Aix, Vᵛᵉ Remondet-Aubin (1878) in-4º, 2 vol.

8. **Noel** — Gradus ad Parnassum ou nouveau dictionnaire poétique Latin-Français. enrichi d'exemples et de citations tirés des meilleurs poètes latins, anciens et modernes — Paris. Lenormant (1814) in-8º.

9. **Novitius** — Dictionarium Latino-Gallicum ad usum serenissimi Delphini , cum serie auctorum latinorum justa tempora et secula — Paris, Jacob Lambert (1733) in-4º, 2 vol.

10. **Quicherat** (L.) — Dictionnaire Français-Latin tiré des auteurs classiques pour la langue commune, des auteurs spéciaux pour la langue technique, des pères de l'Eglise pour la langue sacrée et du glossaire de Ducange pour la langue du moyen-âge — Paris, Hachette et Cⁱᵉ (1881) in-4º.

11. **Quicherat** et **Daveluy** — Dictionnaire Latin-Français, rédigé sur un nouveau plan, contenant plus de 1,500 mots qu'on ne trouve dans aucun autre lexique — Paris, Hachette et Cie (1871) in-4°.

12. **Remi** (Siméon) — Dictionnaire de la langue Nahualt ou mexicaine d'après les documents imprimés et manuscrits les plus authentiques et précédé d'une introduction — Paris, Imp. Nationale (1885) in-folio.

CLXXXVII. — Dictionnaires des Langues étrangères

1. **Boniface** (A) — Dictionnaire Français-Anglais avec vocabulaire de marine, de géographie, de mythologie et de noms de personnes — Paris, Belin-Mandar et Devaux (1828) in-8°.

2. d° Dictionnaire Anglais-Français — Paris, Belin-Mandar et Devaux (1828) in-8°.

3. **Boyer** (A.) — The royal dictionary English and French, extracted from the writings of the best authors in both languages — Lions, J.-M. Bruyset and sons (1780) in-4°.

4. d° Dictionnaire royal Français-Anglais — Lyon, J.-M. Bruyset (1780) in-4°.

5. **Buttura** (A.) — Dictionnaire Français-Italien précédé de la prononciation, de la grammaire et de la versification françaises — Paris, Lefèvre (1832) in-8°.

6. d° Dictionnaire Italien-Français, précédé de la prononciation, de la grammaire et de la versification italiennes — Paris, Lefèvre (1832) in-8°.

7. **Deheque** (F.-D.) — Dictionnaire Grec-moderne Français contenant les diverses acceptions des mots,
leur étymologie ancienne ou moderne, et tous les
temps irréguliers des verbes, suivi d'un double
vocabulaire de noms propres — Paris, Duplessis
et Cie (1825) in-32.

8. **Hamonière** (G.) — Nouveau Dictionnaire Français-
Anglais augmenté d'un dictionnaire de prononciation — Paris, Ch. Hingray (1839)
in-8°.

9.   d° New dictionary English and French, abridged from Boyer, augmented with mythological, geographical and naval vocabulairs —
Paris, Ch. Hingray (1838) in-8°.

10. **Henschel** — Dictionnaire Allemand-Français — Paris,
P· Renouard (1838) in-4°.

11.   d° Dictionnaire Français-Allemand — Paris,
Paul Renouard (1838) in-4°.

12. **Lauri** (Ange) — Dictionnaire Italien-Français, avec
l'accent prosodique apposé sur les mots —
Lyon, Savy (1810) in-18.

13.   d° Dictionnaire Français-Italien, précédé d'un
abrégé de grammaire — Lyon, Savy (1810)
in-18.

14. **Lemprière's** — Classical dictionary with a chrono-
logical table from the creation of the world to the
fall of the Roman Empire in the west and in the
east — London (1792) in-8°.

15. **Martin-Lopez** et **F. Maurel** — Dictionnaire Français-Espagnol — Paris, Ch. Hingray (1852)
in-8°.

16.   d° Dictionnaire Espagnol-Français — Paris,
Ch. Hingray (1852) in-8°.

17. **Mozin**-Peschier — Dictionnaire Allemand-Français. Vollstandiges Worterburch ber deutschen und franzofifchen sprache in vier banden —Stuttgart. Berlag der Cottaschen Buckhandlung, in 4°, 2 vol.

18.   d°   Dictionnaire Français-Allemand, avec le concours de M. Guizot, augmenté d'un supplément — Stuttgart, J.-G. Cotta (1873) in·4°, 3 vol.

19. **Nunez de Taboada** — Dictionnaire Espagnol-Français — Paris, Rey et Gravier (1833) in-8°.

20.   d°   Diccionario Frances-Espanol — Paris, Rey et Gravier (1833) in-8°.

21. **Pavie** — Dictionnaire Laotien — Paris, E. Leroux (1894) in-4°.

22. **Quintana** — Nouveau dictionnaire portatif Espagnol-Français, avec vocabulaire des noms propres et géographiques — Paris, J. Langlumé, in-32.

23.   d°   Nouveau dictionnaire portatif Français-Espagnol — Paris, J. Langlumé, in-32.

24. **Ronna** (A.) — Dictionnaire Français-Italien, à l'usage des maisons d'éducation, augmenté de la table des noms propres, etc. — Paris, Ch. Hingray (1838) in-8°.

25.   d°   Dictionnaire Italien-Français, précédé du tableau des verbes italiens et de leur théorie, suivi du dictionnaire géographique — Paris, Ch. Hingray (1838) in-8°.

26. **Rotteck** (K.) — Nouveau dictionnaire Allemand-Français suivi d'un tableau des verbes irréguliers — Paris, Garnier frères, in-32.

27.   d°   Nouveau dictionnaire Allemand-Français — Paris, Garnier frères, in-32.

28. **Spiers** (A.) — Dictionnaire Anglais-Français — Paris, Dramard Baudry, in-8°.

29.   d°   Dictionnaire Français-Anglais — Paris, Dramard-Baudry in-8°.

30. **Walker** (John) — A critical pronouncing dictionary and expositor of the english language, to wich are prefixed principles of english pronunciation — London, H. Fischer, son and co, in-8°.

CLXXXVII. — *Grammaire générale et Lexicologie de la Langue Française*

1. **Agnel** (Emile) — De l'influence du langage populaire sur la forme de certains mots de la langue française — Paris, Dumoulin (1870) in-8°.

2. **Benoist** — Etude sur la grammaire — Nice (1894) in-18.

3. **Bescherelle** aîné et jeune — Grammaire nationale ou cours de littérature française, précédé d'un essai sur la grammaire en France par Philarète Charles — Paris, Bourgeois-Maze (1838-39) in-8°.

4. **Bescherelle** frères et **Litois de Gaux** — Grammaire nationale renfermant plus de cent mille exemples, ouvrage classique destiné à dévoiler le mécanisme et le génie de la langue française, avec introduction par Philarète Charles — Paris, Garnier frères (1860) in-4°.

5. **Braconnier** — Essai sur la langue française, théorie du genre des noms — Paris, Belin-Mandar (1835) in-8°.

6. **Chassang** (A.) — Nouvelle grammaire française, cours supérieur, avec des notices sur l'histoire de la langue et en particulier sur les variations de la syntaxe, du XVIe au XIXe siècle — Paris, Garnier frères (1882) in-18.

7. **Cocheris** (H.) — Cours de langue française, histoire de la grammaire, origine et permutation des lettres, formation des mots, préfixes, radicaux et suffixes — Paris, Aureau et Cie, in-18.

8. **Condillac** — Grammaire, discours préliminaire et leçons — Paris, Monory (1776) in-8º.

9.   do   Grammaire, art d'écrire et de raisonner, dissertation sur l'harmonie — Paris (1796) in-folio, 2 vol.

10. **Dumarsais** — des Tropes ou des différents sens dans lesquels on peut prendre un même mot dans une même langue — Lyon, Tournachon-Molin (1804) in-18.

11. **Dupuis** (Mlle Eudoxie) — Daniel Hureau, livre de lecture courante — Paris, Delagrave (1877) in-18.

12. **Girault-Duvivier** — Grammaire des grammaires ou analyse raisonnée des meilleurs traités sur la langue française — Paris, Janet et Cotelle (1822) in-8º, 2 vol.

13. **Gossin** (Louis) et **Lancelin** — Grammaire française — Paris, Ch. Bleriot (1867) in-18.

14. **Gossin** (Louis) — Premier livre de lecture courante — Paris, Ch. Bleriot (1868) in-18.

15.   do   Cours gradué de dictées françaises — Paris, Ch. Blériot (1868) in-18.

16.   do   Lectures choisies à l'usage des écoles et des familles — Paris, Blériot (1868) in-18.

17. **Landais** (Napoléon) — Grammaire, résumé général de toutes les grammaires françaises — Paris, A. Everat (1835) in 4°.

18. **Larive et Fleury** — Grammaire française avec exercices et lexique — Paris, Armand Colin et Cie, in-8°.

19. **Larousse** (P.) — Lexicologie, cours complet de langue française — Paris (1850) in-18.

20. **Lemaire** (P.-A.) — Grammaire de la langue française à l'usage des classes supérieures — Paris, J. Delalain et fils (1869) in-8°.

21. **Livet** (Ch. L.) — La grammaire française et les grammairiens du xvie siècle — Paris, Didier et Cie, A. Durand (1859) in-8°.

22. **Moustalon** — Le lycée de la jeunesse, grammaire, rhétorique — Paris, Servière (1786) in-32, 2 vol.

23. **Negrin** (Emile) — Traité rationel des majuscules — Nice, Gilletta (1868) in-18.

24.   d°   Grammaire française des gens du monde — Nice, Gilletta (1868) in-18.

25.   d°   La vraie règle des noms composés et des locutions substantives — Nice, Gilletta (1864) in-18.

26. **Noel et Chapsal** — Grammaire française — Paris, Hachette et Cie (1848) in-18.

27.   d°   Cours supérieur — Paris, Ch. Delagrave (1885) in-18.

28. **Rion** (Ad.) — Linguistique, grammaire et littérature — Paris, in-32.

29. **Silvestre de Sacy** — Principes de grammaire générale — Paris, A. Belin (1822) in-18.

30. **Wailly** (de) — Principes généraux et particuliers de la langue française — Paris, J. Barbou (1774) in-18.

31. **Wailly** (de) — Grammaire française suivie d'un abrégé de versification — Paris, Maumur et Cie (1826) in-18.

32. **Wey** (Francis) — Histoire des révolutions du langage en France.

CLXXXIX. — *Lexicologie des Langues anciennes et des Dialectes dérivés*

---

1. **Alcantara** (Don Pedro d') Empereur du Brésil — Poésies hébraïco-provençales du rituel israélite Comtadin, traduites et transcrites par Dom Pedro II — Avignon, Seguin frères (1891) in-32.

2. **Burnouf** — Méthode pour étudier la langue grecque — Paris (1843) in-8º.

3.   d°   Méthode pour étudier la langue grecque, adoptée par l'Université de France — Paris, Aug. Delalain (1825) in-8º.

4. **Christian Ostermann** (Dr) — Lateinisches Uebungsbuch im unschlub an ein grammatisch geordnetes vocabularium — Leipzig, Teubner (1867) in-8º.

5. **Closset** (A. de) — Histoire de la langue et de la littérature provençales et de leur influence sur l'Espagne ainsi que sur une partie de l'Italie durant les XIe et XIIe siècles — Bruxelles, Th. Lesigne (1845) in-4º.

6. **Daubasse** (Arnaud) — Œuvres complètes avec notices, notes et traduction par Claris — Villeneuve-sur-Lot, Chabrier (1888) in-8º.

7. **Delisle** (Léopold) — Anciennes traductions françaises de la *Consolation de Boëce*, conservées à la Bibliothèque Nationale — Paris (1873) in-8º.

8. **Dutrey** — Grammaire de la langue latine — Paris, L. Hachette (1840) in-18.

9. **Eichtal** (Gustave) — La langue grecque, mémoires et notices — Paris, Hachette et Cie (1887) in-8°.

10. **Eussner** (Adam) — Spécimen criticum ad scriptores quosdam Latinos — Wirceburgi Stuber (1868) in-8°.

11. **Fauriel** (C.) — Histoire de la poésie provençale — Paris, Benjamin Duprat (1847) in-8°, 3 vol.

12. **Feraud-Raymond** — La vida de sant Honorat, légende en vers provençaux du XIIIe siècle, analyse et morceaux choisis, avec la traduction, la biographie du vieux poète, une notice historique par A.-L- Sardou — Paris, P. Janet ; Marseille, Boy, in-4°.

13. **Feraud Raymond**, troubadour niçois — La vida de sant Honorat, légende en vers provençaux du XIIIe siècle — Nice, Caisson et Mignon, in-8°.

14. **Gardin Dumesnil** et **Achaintre** — Synonymes latins et leurs différentes significations, avec des exemples tirés des meilleurs auteurs — Paris, A. Delalain (1821) in-8°.

15. **Goudelin** (Pierre) — Œuvres, avec étude biographique, notes et glossaire par J.-B. Noblet — Toulouse, E. Privat (1887) in-8°.

16. **Hiriart** (A.) — Introduction à la langue française et à la langue basque — Bayonne, Ve Cluzeau (1840) in-18.

17. **Jacobs und Doring** — Lateinisches elementarburch zum offentlichen und privat Gebrauche — Iéna, Fr. Frommann (1864) in-18.

18. **Lancelot** (Claude) — Le jardin des racines grecques Paris, L. Hachette et Cie (1844) in-18.

19. **Lhomond** et l'abbé **Sainsère** — Eléments de grammaire latine — Metz, Vᵉ de Villy (1835) in-18.

20. **Manuel** du Provençal ou les provençalismes corrigés Aix. Aubin ; Marseille, Camoin et Masvert (1836) in-18.

21. **Mantenenco** felibrenco de Provenço — Lou felibrige (1887 à 1892) — Marseille in 8°.

22. **Marieton** (Paul) — Le félibrige devant la Patrie et l'école — Lyon, Georg (1886) in-4°.

23. **Mary-Lafon** — Tableau historique et littéraire de la langue parlée dans le midi de la France et connue sous le nom de langue romano-provençale — Paris, Maffre Capin (1842) in-18.

24. **Mistral** (Frédéric) — Lou felibrige et l'emperi dòu souleu avec la traduction française en regard — Montpellier, Hamelin frères (1883) in-8°.

25. **Noel** et **Delaplace** — Leçons latines de littérature et de morale ou recueil des plus beaux morceaux des auteurs latins anciens, avec des modèles d'exercices par Rollin — Paris, Lenormant, Nicole, Mame (1808) in-8ᶜ, 2 vol.

26. **Paris** (Gaston) — Dissertation critique sur le poème latin du Ligurinus attribué à Gunther — Paris, A. Franck (1872) in-8°.

27. **Port-Royal** — Nouvelle méthode latine, avec un traité de la poésie latine et une brève instruction sur les règles de la comédie française — Amsterterdam, G. Gallet (1696) in-8°.

28. **Raport** de l'escolo de Marsiho en 1889 — Aix (1889) in-8°.

29. **Revue** des langues romanes, années 1870 à 1879 — Paris, Maisonneuve et Cⁱᵉ, in-8°.

30. **Savinian** — Grammaire provençale (sons dialecte Rhodanien) précis historique de la langue d'Oc — Avignon, Aubanel ; Paris, Thorin (1882) in-18.

31. **Tourtoulon** (de) et **Bringuier** — Etude sur la limite géographique de la langue d'Oc et de la langue d'Oil Paris, Imp. Nationale (1876) in-8º.

32. **Valpy** — A latin delectus, with vocabulary — London (1857) in-18.

33. **Villemain** — Tableau de l'éloquence chrétienne au IVe siècle — Paris. Didier et Cie (1870) in-18.

34. **Wilhelmus** (Eugenius) — De infinitivi linguarum sanscritæ, bactricæ, perticæ, græcæ oscæ, umbricæ, latinæ, goticæ forma — Isenaci, Sumptibus i boes meisteri, in-4º.

CXC. — *Lexicologie des langues étrangères*

---

1. **Abbecedario** morale e religioso, ossia metodo facile per insegnare a leggere — Roma. Cesaretti (1859) in-32.

2. **Ahn** (F.) — Nouvelle méthode pratique et facile pour apprendre la langue allemande (2e et 3ᵘ cours) — Leipzig Brockhaus (1872) in-18, 2 vol.

3. **Albeca** (d') — Essai sur les langues Djedji et Mina parlées au Dahomey et dans les établissements français du golfe de Benin — Paris, L. Baudoin et Cie (1889) in-8º.

4. **Chalumeau de Verneuil** — Grammaire espagnole composée par l'Académie royale espagnole, traduite en Français et mise à l'usage des français et des anglais qui entendent un peu la langue française — Paris, Samson fils (1821) in-8º, 2 vol.

5. **Chambaud** (Lewis) et des Carrières — A grammar of the french tongue, with a preface — London, Gowan (1829) in-8°.

6. **Curtius** (Dʳ Georg.) — Griechische Schulgrammatik — Prag, tempstv (1870) in-8°.

7. **Eléments** (les) de la langue anglaise et dialogues familiers en anglais et en français — in·18.

8. **Feld** (K. de) — Les verbes irréguliers de la langue allemande — Paris, Truchy (1855) in-8°.

9. **Ferrari** (Claudio-Ermanno) et **Muzzi** (Luigi) — Vocabolario de nomi propri sustantivi — Bologna, Masi (1827) in-32.

10. **Fleming** (C.) — Nouveaux exercices de conversations anglais-français — Paris, Hachette et Cⁱᵉ (1852) in·18.

11. **Goldsmith** — Le voyageur — Le village abandonné, expliqués d'après une méthode nouvelle par deux traductions françaises par Legrand — Paris, Hachette et Cⁱᵉ (1883) in-32.

12. **Grœser** (Charles) — Nouvelle méthode pour apprendre la langue anglaise, d'après les principes de F. Ahn (1ᵉʳ cours) — Leipzig, F. A. Brockham (1882) Paris, Ract et Falquet, in-18.

13. **Hempel** — Die adverbien and adverbiallocutionen der Franzosischen sprache erflart — Altenburg (1851) in-8°.

14. **Julien** (Stanislas) — Syntaxe nouvelle de la langue Chinoise fondée sur la position des mots, suivie d'un petit dictionnaire, du roman des deux cousines et de dialogues dramatiques traduits mot à mot — Paris, Maisonneuve et Cⁱᵉ (1870) in-4°.

15. **Kleczkowski** (le comte) — Cours graduet et complet de Chinois écrit et parlé — Paris, Maisonneuve et Cⁱᵉ (1876) in-4°.

16. **Luporricardi Carmine** — Principii generali e ragionati della grammatica italiana compilati e messi in dialogo — Napoli, Flautina (1848) in-18.

17. **Martelli**, de Sienne — Cours de langue italienne d'après la méthode Robertson — Paris, Derache (1843) in-8°.

18. **Martinez Lopez** (Pedro de) — Grammatica de la lengua Castellana — Paris, Bouret (1856) in-18.

19. **Noriéga** (F. M.) — Nouvelle méthode pour apprendre la langue espagnole en très peu de temps — Paris, Baudry (1842) in-18.

20. **Ollendorff** (H. G.) — Nouvelle méthode pour apprendre à lire, à écrire et parler une langue en six mois, appliquée à l'allemand — Paris (1872) in-8°.

21. do — Nouvelle méthode pour apprendre une langue en six mois, appliquée au russe — Paris, Paul Ollendorff (1882) in-8°.

22. do — Key to the exercises in the new methode of Learning the Italian Language — Frankfort, Jugel (1864) in-18.

23. **Pardal** — Nouveau guide de conversation moderne, en français et en espagnol — Paris, Baudry (1846, in-32.

24. **Plate** (H.) — Cours gradué de langue anglaise — Grammaire pratique — Dresde, Louis Chlermann (1884) in-18.

25. **Recueil** de prose allemande, à l'usage des Italiens — in-8°, 2 vol.

26. **Revaclier et Krauss** — Cours gradué de la langue allemande — Partie supérieure — Syntaxe — Genève et Bâle, Georg. (1871) in-18.

27. **Robello** (G.) — Grammaire italienne, élémentaire, analytique et raisonnée — Paris (1835) in-8°.

28. **Roustan** (Paul) — Grammaire allemande — Strasbourg, Derivaux ; Paris, Firmin-Didot (1847) in-18.

29. **Sadler** (P.) — Cours gradué de langue anglaise avec clef des idiomes et locutions difficiles et dictionnaire anglais-français — Paris, Truchy (1850) in-32.

30. **Scott** (William) — An introduction to the reading and spelling of the english tongue to which are added the economy of human life, translated of an indian manuscript and a classical vocabulary french and english by Maillet — Paris, Delalain (1819) in-18.

31. **Suckau** (W.) — Tableaux synoptiques de la langue allemande — Paris, Firmin-Didot frères (1831) in-8°.

32. **Veneroni** — Grammaire française et italienne — Lyon, Bruysset aîné et Cie (1803) in-8°.

H.² — Littératures Anciennes : la Grèce et Rome

Voir en outre § LXXXIV (vol. I) et § CXLVII (vol. II)

CXCI. — *Histoire, Didactique et Critique*

1. **Aristote** — La poétique, traduction de M. J. Chenier Paris, Baudouin frères (1822) in-32.

2. **Chauvin** (Victor) — Les romanciers grecs et latins Paris, L. Hachette et Cie (1864) in 18.

3. **Clément** — Observations critiques sur la nouvelle traduction en vers français des georgiques de Virgile — Genève (1771) in-18.

4. **Crozals** (J. de) — Plutarque, historien, artiste — Paris, Lecène et Oudin (1889) in-8°.

5. **Deltour** (F.) — Histoire de la littérature romaine — Paris, Delagrave (1889) in 18.

6. **Ciceron** — Orationes quœ in universitate Pariensi vulgo explicantur cum notis ex optimis quibusque commentatoribus selectis — Paris, Barbou (1768) in-18, 3 vol.

7. **Essarts** (Emmanuel des) — L'Hercule grec — Paris, Thorin (1871) in-8°.

8. **Ficker** (F.) — Histoire abrégée de la littérature grecque — Paris, Hachette (1837) in-8°.

9.   d° Histoire abrégée de la littérature latine — Paris, Hachette (1837) in-8°.

10. **Guizot** (Guillaume) — Menandre, étude historique et littéraire sur la comédie et la société grecques — Paris, Didier, in-18.

11. **Hignard** — Des hymnes homériques — Paris, Durand ; Lyon, Palud (1864) in 8°.

12.   d° Littérature ancienne, programme d'un cours sur les poèmes homériques — Lyon, Vingtrinier (1866) in-8°.

13. **Lalanne** (P.-J.-A.) — Art poétique d'Horace, avec l'exposition analytique du plan de l'auteur, suivi d'une analyse didactique de l'art poétique de Boileau Despréaux — Paris, Gedalge jeune (1877) in-18.

14. **Martha** (Constant) — Mélanges de littérature ancienne, l'éducation des femmes grecques, Pindare, les romains à la comédie, Ciceron et Lucrèce, Auguste et les lettres, Sénèque — Paris, Hachette et Cie (1896) in-18.

15. **Quintilien** — Institution oratoire, texte latin et traduction par C.-V. Ouizille — Paris, C.-L.-F. Panckoucke (1885) in-8º, 6 vol.

16. **Quintilianus** (Fabius) — Institutionum oratoriarum libri duodecim, avec notices par Rollin — Lugduni, Amable Leroy (1812) in-18, 2 vol.

17. **Patin** — Etudes sur les tragiques grecs : Eschyle — Paris, Hachette et Cie (1858) in-18.

18.   do   Etude sur les tragiques greces : Euripide — Paris, Hachette et Cie (1858) in-18, 2 vol.

19.   do   Etudes sur les tragiques grecs : Sophocle — Paris, Hachette et Cie (1858) in-18.

20. **Renan** (Ernest) — La chère d'Hébreu au Collége de France — Paris, Michel Lévy frères (1862) in-8º.

21. **Tissot** — Etudes sur Virgile comparé avec tous les poètes épiques et dramatiques des anciens et des modernes — Paris, Mequignon-Marvis (1825) in-8º, 2 vol.

22. **Widal** (Auguste) — Juvenal et ses satires, Etudes littéraires et morales — Paris, Didier et Cie (1869) in 8º.

CXCII — *Prosateurs Grecs*

1. **Andocidis** Orationes — Græce et Latine — Paris, Ambroise Firmin Didot frères (1846) in-4º.

2. **Antiphontis** Orationes — Paris, Ambroise Firmin, Didot frères (1846) in-4º.

3. **Demosthéne** — Œuvres politiques — Traduction de Plougoulm — Paris, Hachette et Cie (1863) in-4º.

4. **Diogenes** (Antonius) — De incredibilibus quœ ultra thulem insulam sunt — Grœce et Latine — Paris, Ambroise Firmin, Didot (1856) in-4º.

5. **Chariton** — Aphrodisiensis de chœrea et callirhoe — Grœce et latine — Paris, Ambroise Firmin Didot (1856) in-4º.

6. **Erotica** de Apollonio Tyrio fabula — Grœce et latine — Paris, Ambroise Firmin Didot (1856) in-4º.

7. **Eumathias** — De Hysmines et Hysininiœ amoribus — Grœce et latine — Paris, Ambroise Firmin Didot (1856) in-4º.

8. **Heliodorus** — Œthiopicorum libri decem — Grœce et latine — Paris, Ambroise Firmin Didot (1856) in-4º.

9. **Isocrate** — Orationes et Epistolœ — Grœce et latine — Paris, Ambroise Firmin Didot (1856) in-4º.

10. **Iscei** Orationes — Grœce et latine — Paris, Ambroise Firmin Didot (1846) in 4º.

11. **Jamblichus** — Drama — Grœce et latine — Paris, Ambroise Firmin Didot (1856) in-4º.

12. **Longus** — Les Pastorales — Daphnis et Chloé — Traduction de messire Jacques Amyot, revue par P. L. Courier — Paris, Paulin (1834) in-8º.

13. dº Les amours pastorales de Daphnis et Chloé, escrites en grec par longus et translatées en français par Jacques Amyot — Lille, Lehoucq (1792) in 32.

14. dº Daphnis et Chloé, traduction d'Amyot, revue par Courier — Paris, Gustave Haward, in-4º.

15. **Longus** — Pastoralium de Daphnide et Chloé, libri quatuor — Grœcé et latine — Paris, Ambroise Firmin Didot (1856) in-4°.

16. **Lucien** — Dialogues satiriques et philosophiques. — Traduction de Belin de Ballu — Paris, Lefèvre Charpentier (1841) in 18.

17. **Lucius de Patras** — La Luciade ou l'âne, traduction de P. L. Courier — Paris, Paulin (1834) in-8°.

18. **Lysiœ** Orationes — Grœce et latine — Paris, Ambroise Firmin Didot (1846) in-4°.

19. **Parthenius** Opéra — Grœce et latine — Paris, Amb. Firmin Didot (1856) in-4°.

20. **Tatius** (Achilles) — Opéra — Grœce et latine — Paris, Ambroise Firmin Didot (1856) in 4°.

21. **Xenophon d'Ephese** — Ephesiacorum de Amoribus Anthiæ et Abrocomœ Libri ɪv — Grœce et latine — Paris. Ambroise Firmin Didot (1856) in-4°.

CXCIII. — *Poètes et Théâtre des Grecs*

---

1. **Alcée** — Traduction de E. Falconnet, avec biographie — Paris, Lefèvre (1842) in-18.

2. **Alcmane** — Traduction de E. Falconnet — Paris, Lefevre (1842) in-18.

3. **Anacréon** — Odes, la menade, traduction de Denne Baron, avec notice — Paris, Lefevre (1842) in-18.

4. **Ante Homerica**, Homerica et post-Homerica — Grœce et Latine — Paris, Amb. Firmin Didot (1841) in-4°.

5 . **Anthologie** des Lyriques grecs, avec notice sur l'anthologie par Falconnet — Paris, Lefèvre (1842)

6 . **Apollonius Rhodius** — Argonautica , Grœce et Latine — Paris, Amb. Firmin Didot (1841) in-4°.

7 . **Aristophane** — Comédies avec notices et parallèles, traduction sous la direction du père Brumoy, précédé d'un discours sur la comédie grecque, d'observations préliminaires et des fastes de la guerre du Péloponèse pour servir d'introduction aux comédies d'Aristophane — Paris, Cussac (1785) in-8°, 4 vol.

8 . **Asii, Pisandri. Panyasidis, Chœrili et Antimachi** Fragmenta cum annotatione — grœcé et latine — Paris, Amb. Firmin Didot (1841) in-4°.

9 . **Bacchylide** — Poésies. traduction de Falconnet, avec biographie — Paris, Lefevre (1842) in-18.

10 . **Bion et Moschus** — Idylles, traduction de Grégoire et Collombet, avec préface — Paris, Lefevre (1842) in-18.

11 . **Brumoy** (le p.) — Théâtre des Grecs. avec gravures et traduction entière des pièces grecques — Paris, Cussac (1785) in-8°, 10 vol.

12 . **Coluthus** — Raptus Helenæ. Grœcé et Latine — Paris, Amb. Firmin Didot (1841) in-4°.

13 . **Eschyle** — Théâtre, traduction d'Alexis Pierron avec notice — Paris, Charpentier (1841) in-18.

14 .   d°   Tragédies. précédées de discours sur le théâtre des Grecs, l'origine de la tragédie, le parallèle des théâtres, l'objet et l'art de la tragédie grecque, sous la direction du père Brumoy — Paris, Cussac (1785) in-8°, 2 vol.

15 .   d°   Æschyli tragediœ septem et perditarum fragmenta, texte grec et traduction latine par Ahrens — Paris, Amb. Firmin Didot (1864) in-4°.

16. **Eschyle** — Les suppliantes, drame lyrique en deux tableaux et en vers, traduit et adapté pour la scène par Paul Abaur — Paris, Marpon et Flammarion (1891) in-18.

17. **Euripide** — Le cyclope, drame satyrique, traduction de Brumoy, avec discours sur le spectacle satyrique — Paris, Cussac (1785) in 8°.

18. d° Tragédies, précédées d'un essai sur la vie et les ouvrages d'Euripide — Paris, Cussac (1785) in-8°, 6 vol.

19. d° Tragédies, traduction d'Artaud — Paris, Charpentier (1842) in-18, 2 vol.

20. **Hesiode** — Hesiodi carmina et fragmenta, græcé et latine — Paris, Amb. Firmin Didot (1841) in-4°.

21. **Homère** — L'odyssée, traduction de Bitaubé — Paris, Tenré, (1822) in-8ᶜ, 2 vol.

22. d° L'Iliade, traduction de Bitaubé — Paris, Tenré (1822) in-8°, 2 vol.

23. d° l'Odyssée, traduction de Bitaubé — Nancy, Vincenot (1837) in-18, 2 vol.

24. d° L'Iliade, traduction de Bitaubé — Nancy, Vincenot (1837) in-18, 2 vol.

25. d° L'Iliade d'Homère, traduction en vers français par Barthélemy Saint-Hilaire — Paris, Didier et Cⁱᵉ (1868) in-8°, 2 vol.

26. d° L'Iliade, traduction de Bitaubé — Paris, (1873) in-32, 3 vol.

27. d° L'Iliade d'Homère, texte grec, revu et corrigé d'après les documents authentiques de la recension d'Aristarque, par Alexis Pierron — Paris, Hachette et Cⁱᵉ (1869) in-4°, 2 vol.

28. **Ibycus** — Traduction de E. Falconnet, avec biographie — Paris, Lefevre (1842) in-18.

29. **Musée** — Carmen, de Hérone et Leandro, grœcé et latine — Paris. Amb, Firmin Didot (1841) in-4°.

30. **Oppien de Cilicie** — Les Halieutiques, poème en cinq chants sur la pêche maritime, traduction de Bourquin — Coulomniers, Ponsat et Brodard (1877) in-8°.

31. **Oppien de Syrie** — Les cynégétiques, poème en quatre chants sur la chasse des quadrupèdes, traduction de Bourquin — Coulomniers, Ponsat et et Brodard (1877) in-8°.

32. **Orphée** — Hymnes, traduction de Falconnet — Paris, Lefevre (1842) in-18.

33. **Petits poèmes grecs**, traduction de Falconnet — Paris, Lefèvre, Charpentier (1841) in-18.

34. **Pindare** — Odes, les isthmiques, traduction par A. Muzac, avec notice — Paris, Lefevre (1842) in-18.

35. **Quinti Smyrnœi** Posthomericorum grœcé et latiné — Paris, Amb. Firmin Didot (1841) in-4°.

36. **Romanciers Byzantins** — Nicetœ, Eugeniani, Drosillœ et Chariclis, rerum libri IX, nunc integros edidit boissonnade, grœcé et latine — Paris, Amb. Firmin Didot (1856) in-4°.

37. **Sappho** — Fragments, traduction de Falconnet, avec la vie de Sappho — Paris, Lefevre (1842) in-18.

38. **Solon** — Poésies, traduction de Falconnet, vie de Solon — Paris, Lefevre (1842) in-18.

39. **Sophocle** — Tragédies précédées de la vie de Sophocle, traductiou du p. Brumoy — Paris, Cussac (1785) in-8°, 2 vol.

40. **Sophocle** — Tragédies, traduction d'Artaud, avec notices — Paris, Lefevre, Charpentier (1841) in-18.

41.   do   Sophoclis tragediæ septem et perditarum fragmenta — Paris, Amb. Firmin Didot (1864) in-4°.

42. **Stesichore** — Poésies, traduction de Falconnet avec vie de Stesichore — Paris, Charpentier (1842) in-18.

43. **Synesius** — Hymnes et vie de Synésius, évêque de Ptolemaïs, par Falconnet — Paris, Lefevre (1842) in-18.

44. **Theocrite** — Idylles, inscriptions, notice sur la vie et les ouvrages de Théocrite — Paris, Lefevre (1842) in-18.

45. **Tryphiodori** — Excidium Ilii, græce et latine — Paris, Amb. Firmin Didot (1841) in-4°.

46. **Tyrtée** — Messeniques et vie de Tyrtée, traduction de Falconnet — Paris, Charpentier (1842) in-18.

CXCIV. — *Prosateurs latins*

1. **Apulée** — Œuvres, texte et traduction de Betolaud Paris, Panckoucke (1888) in-8°, 4 vol.

2. **Cicéron** — Œuvres complètes, texte et traduction — Paris, Panckoucke, in-8°, 36 vol.

3.   do   Lettres à Atticus, texte et traduction de Montgault — Paris, Barbou (1787) in-18, 4 vol.

4.   do   Lettres choisies, texte et traduction avec dictionnaire abrégé des antiquités romaines — Douai. Jacques Villerval (1756) in-18.

5. **Ciceron** — Oraisons, texte et traduction de Guéroult, etc. — Paris, Panckoucke (1831) in-8°, 3 vol.

6. **Marc-Aurèle** — Pensées, traduction de Barthélemy Saint-Hilaire — Paris, Germer-Baillière et Cie (1876) in-18.

7. **Panckoucke (C.-L.-F.)** — Bibliothèque latine française, recueil des textes latins (prosateurs et poètes) avec traduction et commentaires — Paris, Panckoucke (1826-1839) in 8°, 178 vol.

8. **Pline le Naturaliste** — Histoire naturelle, texte et traduction d'Ajasson de Grandsagne—Paris, Panckoucke (1883) in-8°, 20 vol.

9.   d°   C. Plinii Naturalis historia, index, in C. Plinii secundi naturalem ad exemplum, Joan-Camertis-mutatis tamen et emendatis quam plurimis quœ huic œditioni non congruebant nec paucioribus adjectis — Paris, mois de janvier 1535, in-folio.

10. **Pline le Jeune** — Lettres, traduction de Sacy — Paris, Panckoucke (1883) in-8°, 3 vol.

11.   d°   Epistolœ et panegyricus Trajano dictus, C. Plinii, Cœcilii Secundi, Recensuit Joannes Nic. Lallemand — Paris, Desaint (1769) in-32.

12. **Plutarque** — Œuvres morales, traduction de Ricard — Paris, Vᵉ Desaint (an III) in-18.

13. **Selectœ** e profanis scriptoribus historiœ — Paris, Estienne frères (1776) in-32, 2 vol.

14. **Sénèque le philosophe** — Œuvres complètes, texte et traduction de Charles du Rozoir — Paris, Panckoucke (1883) in-8°, 8 vol.

15. **Wendel-Heyl (L.-A.)** — Narrationes exerptœ ex latinis scriptoribus — Paris, Delalain et fils, in-18.

CVC. — Poètes Latins

1. **Catullus, Tibullus, Propertius** — Quœ sub galli nomine circum ferentur cum selectis variorum commentariis accurante Simone Abbes Gabbema. — Gisberti à Zyll, anno 1659, in-18.

2. **Catulle** — Œuvres, texte et traduction en prose — Paris, Delalain (1771) in-32, 2 vol.

3. d⁰ Œuvres complètes. texte et traduction Nisard — Paris, P. Dubochet et (Cⁱᵉ 1843) in-4⁰.

4. d⁰ Poésies, texte et traduction de Guerle — Paris, Panckoucke (1887) in-8⁰.

5. **Catullus Valerius**, opera omnia — Londres, Curante et Imprimente, Valpy (1822) in-8⁰, 2 vol.

6. **Claudien** — Œuvres, texte latin et traduction — Paris, P. Dubochet et Cⁱᵉ (1857) in-4⁰.

7. d⁰ Œuvres complètes, texte et traduction de Guerle — Paris, Panckoucke (1883) in-8⁰, 2 vol.

8. **Conciones** poeticœ, ou discours choisis des poètes anciens, publiés par Noel et de la Place — Paris, Lenormant (1819) in-18.

9. **Gallus** — Poésies, texte et traduction en prose — Paris, Delalain (1771) in-32.

10. **Gallus** et **Maximien** — Œuvres complètes, texte et traduction Nisard — Paris, Delalain (1843) in-4⁰.

11. **Horatius** (Quintus Flaccus), cum scholiis perpetuis Parisiis apud Achaintre (1806) in-8⁰.

12. **Horatius** — Ad usum scholarum — Paris, Belin (1813) in-32.

13. **Horace** — Œuvres complètes, texte et traduction — Paris, Panckoucke (1882) in-8°, 2 vol.

14. d° Œuvres complètes, texte latin et traduction de Batteux et Achaintre — Paris, Dalibon (1823) in-8°, 3 vol.

15. d° Œuvres, texte et traduction de René Binet — Paris, Colas (1802) in-32, 2 vol.

16. d° Œuvres complètes, texte et traduction Nisard — Paris, J. J. Dubochet et Cie (1843) in-4°.

17. d° Satires et épitres, texte et traduction de Rey — Marseille, M. Olive (1868) in-18.

18. **Juvenal** — Œuvres complètes, texte latin et traduction Nisard — Paris, J. J. Dubochet et Cie (1843) in-4°.

19. d° Traduction en vers par de Silvecane, avec texte — Paris, Robert Pepie (1690) in-18.

20. d° Traduction en vers par Jules Lacroix, avec texte — Paris, Hachette et Cie (1882) in-18.

21. d° Satires, texte et traduction de Dusaulx — Paris, Panckoucke (1880) in-8°, 2 vol.

22. **Juvenalis et Persius** — Decii Junii Juvenalis et Auli Persii Satyræ, — Rotomagi, apud Lallemant (1736) in-32.

23. **Lucrèce** — De la nature des choses, poème traduit en prose par de Pongerville, avec texte — Paris, Panckoucke (1836) in-8°, 2 vol.

24. d° De la nature des choses, traduction en vers français, par de Pongerville — Paris, Dondey, Dupré père et fils (1828) in-32, 2 vol.

25. **Lucrèce** — De la nature des choses, texte latin et traduction — Paris, Bleuet (1768) in-18, 2 v.

26. **Lucain** (A.) — Pharsale, texte et traduction de Courtaud, Divemeresse — Paris, Panckoucke (1886) in-8°, 2 vol.

27. d° La Pharsale, texte et traduction — Paris, J.-J. Dubochet (1831) in-4°.

28. **Martial** — Epigrammes, texte et traduction — Paris, Panckoucke (1885) in-8°, 4 vol.

29. d° Epigrammatum libri XV — Paris, Claude Morel, (1607) in-8°, 3 vol.

30. **Ovide** — Métamorphoseon, libri XV — Paris, Ve Brocas (1745) in-4°.

31. d° P. Ovidii Nasonis opera omnia — Lyon, Pierre Leffen (1662) in-18, 3 vol.

32. d° Les métamorphoses, texte latin et traduction de Desaintange — Paris, Giguet et Michaud (1808) in 18, 4 vol.

33. d° Œuvres, texte et traduction — Paris, Panckoucke (1886) in-8°, 10 vol.

34. d° Œuvres complètes, texte et traduction de Nisard — Paris, J.-J. Dubochet et Cie (1838) in-4°.

35. **Parnasse** latin **Moderne**, ou choix des merveilleux morceaux des poètes latins depuis la Renaissance des lettres jusqu'à nos jours, avec notices et traduction — Lyon, Yvernault et Caluis (1808) in-18, 2 vol.

36. **Perse** — Œuvres complètes, texte et traduction Nisard — Paris, J.J. Dubochet et Cie (1843) in-4°.

37. **Perse** — Satires, texte et traduction avec fragments, de Turnus — Paris, Panckoucke (1882) in-8°.

38. **Petrone** — Le Satyricon, texte et traduction — Paris, Panckoucke (1885) in-8°, 2 vol.

39.   d°   Œuvres complètes, texte et traduction de Guerle — Paris, Garnier frères, in-18.

40. **Phèdre** — Fables, texte et traduction de E. Panckoucke — Paris, Panckoucke (1884) in 8.

41.   d°   Œuvres complètes, texte et traduction Nisard — Paris, Delalain (1843) in-4°.

42.   d°   Fabularum Œsopiarum libri quinque, avec notes et observations de J. Desbillons — Paris, Duprat-Duverger (1807) in-18.

43. **Plaute** — Théâtre, texte et traduction de J. Naudet — Paris, Panckoucke (1888) in 8°, 9 vol.

44. **Properce** — Elegies, traduction de Mollevant — Paris, Arthus Bertrand, in-32.

45.   d°   Elegies, texte et traduction de Genouille — Paris, Panckoucke (1884) in-8°.

46.   d°   Opera omnia Propertii Sextii Aurelii — Londini, A.-J. Valpy (1822) in-8°, 2 vol.

47.   d°   Œuvres complètes, texte et traduction Nisard — Paris, Dubochet et Cie (1843) in-4°.

48. **Seneque le Tragique** — Tragédies texte et traduction de E. Greslon — Paris, Panckoucke (1884) in-8°.

49. **Silius Italicus** — Les Puniques, texte et traduction — Paris, Panckoucke (1888) in-8°, 3 vol.

50.   d°   Guerres puniques, texte latin et traduction — Paris, Dubochet et Cie (1857) in-4°.

51. **Stace** — Œuvres complètes, texte et traduction de Boutteville — Paris, Panckoucke (1882) in 8°, 4 vol.

52. **Sulpicia** — Œuvres complètes, texte et traduction Nisard — Paris, Dubochet et Cie (1843) in-4°.

53. **Syrus** — Œuvres complètes, texte latin et traduction Nisard — Paris, Dubochet et Cie ,1843) in-4°.

54. **Terence** — Les comédies, texte et traduction d'Amar — Paris, Panckoucke (1881) in-8°, 3 vol.

55. **Tibulle** (A.) — Elegies. texte et traduction de Valatour — Paris, Panckoucke (1886) in-8°.

56.   d°   Elegies, texte et traduction — Paris, Delalain (1771) in-32.

57.   d°   Les Amours, traduction de la Chapelle — Paris, Delaulne (1713) in-18, 3 vol.

58.   d°   Œuvres complètes, texte et traduction Nisard — Paris, Delalain (1843) in-4°.

59.   d°   Opera omnia ex editione G. Huschkii — Londini, Valpy (1822) in-8°,

60. **Turnus** — Œuvres complètes, texte latin et traduction Nisard — Paris, Dubochet et Cie (1843) in-4°.

61. **Valerius Flaccus** — L'Argonautique ou Conquête de la Toison d'Or, poème, texte et traduction de Perceval — Paris, Panckoucke (1885) in-8°.

62. **Vanierius** (Jacobus) — Predium rusticum, latin moderne — Coloniæ Munatianæ Thurneisen (1750) in-18.

63. **Virgile** — Opera omnia Virgilii Maronis cum Appendice de diis et heroïbus poeticis Juvencii. Andegavi apud Faurier — Mame (1807) in-32.

64.   d°   P. Virgilii Maronis Opera — Parisiis, apud Simonem Benard (1682) in-4°.

65.   d°   Œuvres, texte et traduction — Paris, Desaint et Saillant (1751) in-32, 3 vol.

66. **Virgile** — Œuvres complètes, texte et traduction — Paris, Panckoucke (1885) in-8°, 4 vol.

67. do Œuvres de Virgile Maron, texte latin et traduction de Robert et Antoine d'Agneaux frères — Paris, Thomas Perier, in-4°.

68. do Les Bucoliques, texte et traduction de Tissot — Paris, Colnetfain et Cie (1888) in-18

69. do Les Georgiques, texte et traduction de l'abbé Delille, Paris (1784) in-8°,

K.^2 — Littérature Française : Introduction

CVCI. — Histoire de la Littérature Française

1. **Albert** (Paul) — La littérature française au XIXe siècle Paris, Hachette et Cie (1887) in-18, 2 vol.

2. **Barante** (de) — De la littérature française pendant le XVIIIe siècle — Paris, Ladvocat (1824) in-8°.

3. **Barthe** (F.) — Histoire abrégée de la langue et de la littérature française — Paris, Hachette (1838) in-8°.

4. **Brunetière** (Ferdinand) — L'évolution de la poésie lyrique en France au XIXe siècle — Paris, Hachette et Cie (1895) in-18, 2 vol.

5. do Les époques du théâtre français (1636-1850) — Paris, Calmann Lévy (1893) in-18.

6. **Duchesne** (Julien) — Histoire des poèmes épiques français du XVIIe siècle — Paris, Thorin (1870) in-8°.

7. **Dupuy** (Adrien) — Histoire de la littérature française au XVIIe siècle — Paris, E. Leroux (1892) in-4°.

8. **Fontenelle** — Histoire du théâtre français, vie de Corneille, réflexions sur la poétique et les discours académiques — Paris, Michel Bruney, au Mercure galant (1742) in-18.

9. **Gautier** (Théophile) — Histoire du romantisme, suivie de notices et d'une étude sur la poésie française (1830-1868). — Paris, Charpentier et Cie (1874) in-18.

10. **Gazier** (A.) — Petite histoire de la littérature française principalement depuis la Renaissance — Paris, Armand Colin et Cie, in-8o.

11. **Geruzez** (Eugène) — Histoire de la littérature française depuis ses origines jusqu'à la Révolution — Paris, Didier et Cie (1863) in-18, 2 vol.

12. **Gidel** (Charles) — Histoire de la littérature française depuis son origine jusqu'à la Renaissance — Paris, A. Lemerre, in 32.

13. do Histoire de la littérature française depuis la Renaissance jusqu'à la fin du XVIIe siècle — Paris, A. Lemerre, in-32.

14. do Histoire de la littérature française depuis la fin du XVIIe siècle jusqu'en 1815 — Paris, A. Lemerre, in-32.

15. do Histoire de la littérature française depuis 1815 jusqu'à nos jours — Paris, Lemerre, in-32.

16. **Hallam** (Henri) — Histoire de la littérature de l'Europe pendant les XVe, XVIe et XVIIe siècles, traduit de l'anglais par Alp. Borghers — Paris, Baudry-Ladrange (1839) in-8o, 4 vol.

17. **Histoire** littéraire — Cannes, J.-A. Dani, in-8o.

18. **Houssaye** (Arsène) — Histoire du 41e fauteuil de l'Académie française, avec préface : histoire de l'Académie française, du beau et du vrai, des destinées de l'art moderne — Paris, Hachette et Cie (1857) in-18.

19. **Munier Jolain** — La plaidoirie dans la langue française : xve, xvie et xviie siècles — Paris, Marescq aîné (1896) in 8º.

20.   dº   La plaidoirie dans la langue française, xviiie
siècle — Paris. Marescq aîné (1897) in-8º.

21. **Nisard** — Histoire de la littérature française — Paris,
Firmin Didot frères, fils et Cie (1867) in-18, 4 vol.

22. **Nolhac** (P. de) — Les correspondants d'Alde-Manuce,
matériaux nouveaux d'histoire littéraire (1483-1514)
— Rome, Imp. Vaticane (1888) in-4º.

23. **Paris** (Gaston) — La littérature française au moyen-
âge — Paris, Hachette et Cie (1888) in-18.

24. **Parnajon** (F. de) — Histoire de la littérature française au xviie siècle — Paris. Martin (1882)
in 18.

25.   dº   Histoire de la littérature française aux xviiie
et xixe siècles — Paris, Martin (1882) in-18.

26. **Religieux** bénédictins de la congrégation de Saint-
Maur — Histoire littéraire de la France, où l'on
traite de l'origine et du progrès. de la décadence et
du rétablissement des sciences, du goût et du génie
des Gaulois et des Français, par les lettres ; de tout
ce qui a un rapport particulier à la littérature depuis les temps qui ont précédé la naissance de
Jésus-Christ et les trois premiers siècles de l Eglise
jusqu'au xiie siècle de l Eglise, publiée par Paulin
Paris — Paris, Vor Palmé (1865 69) in-4º, 11 vol.

27. **Rigault** (H.) — Histoire de la querelle des anciens et
des modernes. avec notice biographique et littéraire
par Saint-Marc Girardin — Paris, L. Hachette et
Cie (1859) in-8º.

28. **Sainte-Beuve** — Port royal — Paris, Hachette et
Cie (1860) in-8º, 5 vol.

29. **Saint-Marc Girardin** — Tableau de la littérature française au XVIe siècle, suivi d'études sur la littérature du Moyen-âge et de la Renaissance — Paris, Didier et Cie (1833) in-18.

30. **Scherer (Edmond)** — Etudes sur la littérature au XVIIIe — Paris, Calman-Lévy (1891) in-18.

31. **Villemain** — La tribune moderne en France et en Angleterre — Paris, Calmann-Lévy (1882) in 8°.

32. **Weiss (J.-J.)** — Essais sur l'histoire de la littérature française — Paris, Calmann-Lévy (1891) in-18.

33. d° Autour de la comédie française — Paris, Calmann-Lévy (1892) in-18.

CVCII. — Didactique

1. **Albalat** — Le mal d'écrire et le roman contemporain — Paris, E. Flammarion (1895) in-18.

2. **Banville (Th. de)** — Petit traité de poésie française — Paris, Charpentier (1891) in-18.

3. **Blair (Hugues)** — Cours de rhétorique et de belles-lettres, traduit de l'anglais par Pierre Prévost.

4. **Boileau-Despréaux (Nicolas)** — Œuvres complètes — Paris, Lefevre (1885) in-4°.

5. d° Œuvres — Paris, Esprit Billiot (1713) in-4°. 2 vol.

6. d° Œuvres — Paris (1793) in-32, 3 vol.

7. d° Œuvres complètes — Paris, l'Ecrivain (1815) in-32.

8. **Boileau-Despréaux** (Nicolas) — Œuvres poétiques, suivies d'œuvres en prose, publiées avec notes et variantes par P. Cheron — Paris, D. Jouaust (1876) in-18, 2 vol.

9. **Brunetière** (Ferdinand) — Nouveaux essais sur la littérature contemporaine, suivi de discours — Paris, Calmann-Lévy (1895) in-18.

10. **Chenier** (J. de) — Cours de littérature fait à l'Athénée de Paris en 1806-1807 — Paris, Maradan (1818) in-8°.

11. **Condillac** (abbé de) — Cours d'études pour l'instruction du prince de Parme — Paris, Monory (1776) in-8°, 14 vol.

12.   d°   Traité de l'art d'écrire — Paris, Monory (1776) in-8°.

13.   d°   Traité de l'art de penser — Paris, Monory (1776) in-8°.

14.   d°   L'art de raisonner — Paris, Monory (1776) in-8°.

15. **Conférences** faites aux matinées classiques du théâtre national de l'Odéon, préface de M. de la Pommeraye — Paris, Crémieux et Chaléon (1890) in-18.

16.   d°   id.   id.   id. Préface de M. Chantavoine — Paris, Crémieux et Chaléon (1890) in 18.

17.   d°   id.   id.   id. Préface de M. Lintilhac — Paris, Crémieux (1891) in-18.

18.   d°   id.   id.   id. Préface de M. Eug. Maurel — Paris, Crémieux (1892) in-18.

19. **Conférences** faites aux matinées classiques du théâtre national de l'Odéon — Paris, A. Crémieux (1895) in-18, 2 vol.

20.　d⁰　　id.　　id.　　id.
Préface de M. Léo Claretie — Paris, A. Crémieux (1896) in-18.

21.　d⁰　　id.　　id.　　id.
Paris, A. Crémieux (1897) in-18, 2 vol.

22. **Deschamps** (Emile) — Le romantisme des classiques — Paris, Calmann-Lévy (1887) in-18.

23. **Dorat** — La déclamation théâtrale, poème didactique en 4 chants. — Paris, Delalain (1771) in-8°.

24. **Fénélon** — Dialogues sur l'éloquence — Paris, F.-A. Didot (1767) in-4°.

25. **Fontenelle** — Discours sur la nature de l'églogue, éloges — Paris, Bastien, Serviers (1790) in-8°, 3 vol.

26. **Geruzez** (E.) — Cours de littérature — Paris, Delalain et Cⁱᵉ (1882) in-8°.

27. **Hugo** (Victor) — Littérature et philosophie mêlées — Paris, Houssiaux (1864) in-8°.

28. **Imitation théâtrale** (de l') — A propos du romantisme. Poétique du théâtre — Paris, J. Claye (1858) in-18.

29. **La Harpe** (J.-F.) — Lycée ou Cours de Littérature ancienne et moderne — Paris, Ledoux et Tenré-Bechet (1815) in-32, 16 vol.

30.　d⁰　　d⁰　　d⁰　　d⁰
Dijon, Victor Lagier (1820) in-18, 16 vol.

31.　d⁰　　d⁰　　d⁰　　d⁰
Paris, Ledentu (1826) in-8°, 18 vol.

32. **Lamartine** (A. de) — Cours familier de Littératnre — Paris, Firmin Didot frères, in 8°, 43 fascicules.

33. **Lebatteux** — Cours de Belles-Lettres distribué par exercices — Paris, Desaint et Saillant (1747) in-18, 2 vol.

34. **Morellet** (abbé) — Mélanges de Littérature et de Philosophie du XVIII° siècle — Paris, Lepetit (1818) in 8°, 4 vol.

35. **Nisard** — Nouvelles études d'Histoire et de Littérature — Paris, Michel Lévy frères (1864) in-18.

36. d° Etudes de Critique Littéraire, manifeste contre la littérature facile — Paris, Michel Lévy frères (1858-1864) in-18.

37. **Pellissier** (Georges) — Essais de Littérature Contemporaine — Paris, Lecène, Oudin et Cie, in-18.

38. **Quicherat** (L.) — Traité de versification française — Paris, Hachette et Cie (1850) in-8°.

39. **Rigault** — Etudes Littéraires et Morales — Paris, L. Hachette et Cie (1859) in-8°, 3 vol.

40. **Roblot** (Ch.) — Leçons et exercices gradués de littérature — Cannes (1873) in-18.

41. **Rollin** — Traité des études ou de la manière d'enseigner les belles-lettres par rapport à l'esprit et au cœur — Paris, Richard-Blaise (1807) in-8°, 6 vol.

42. **Saint-Marc Girardin** — Essais de Littérature et de Morale — Paris, Charpentier et Cie (1886) in-18, 2 vol.

43. d° Cours de Littérature dramatique ou de l'usage des passions dans le drame — Paris, Charpentier (1868) in-18, 5 vol.

44. **Samson** — L'art Théâtral — Paris, E. Dentu (1863) in-8°, 2 vol.

45 . **Schlegel** (A.W.)—Cours de Littérature dramatique, traduit de l'Allemand par Mme Necker de Saussure — Paris, Lacroix Verbœckhoven et Cie (1865) in-18, 2 vol.

46 . **Tuet** (abbé) — Le Guide des Humanistes ou premiers principes du Goût—Paris, Belin, Mandar et Devaux (1830) in-18.

47 . **Villemain** — Cours de Littérature française. Tableau de la littérature au Moyen Age, en France, en Italie, en Espagne et en Angleterre — Paris, Didier et Cie (1871) in 18, 2 vol.

48 . d^o Cours de Littérature française. Tableau de la Littérature au XVIIIe siècle — Paris, Didier et Cie (1875) in-18, 4 vol.

CVCIII. — Critique

---

1 . **Barbey d'Aurevilly** — Les œuvres et les hommes : les philosophes, les écrivains religieux, les historiens, les poètes, les romanciers — Paris, Amyot (1860) in 18, 4 vol.

2 . **Barbier et Desessarts** — Nouvelle bibliothèque d'un homme de goût, contenant les jugements tirés des journaux les plus connus et des critiques les plus estimés sur les meilleurs ouvrages qui ont paru dans tous les genres, tant en France que chez l'Etranger jusqu'à ce jour — Paris, Dumenil Lesueur (1808) in-8°, 5 vol.

3 . **Barnave** — Etudes littéraires — Paris, J. Chapelle et Guillen (1843) in 8°.

4 . **Baumann** (Emile) — Le symbolisme de la vie dans Balzac — Paris, F. Verne (1896) in-32.

5. **Bernier** Robert, Léon **Cladel** — Notes et souvenirs d'un ami — Paris (1893) in-8°.

6. **Caro** (E.) — Variétés littéraires — Paris, Hachette et Cie (1889) in 18.

7. d° Poètes et romanciers — Paris, Hachette et Cie (1888) in-18.

8. **Chalandon** (Georges) — Essai sur la vie et les œuvres de P. de Ronsard — Paris, A. Durand et Pedone Lauriel (1875) in-8°.

9. **Chanson** (la) française, notice historique et littéraire — Les poèmes de l'Inde — Angers, Burdin et Cie, in-18.

10. **Clément** — Nouvelles observations critiques sur différents sujets de littérature — Paris, Moutard, à Saint-Ambroise (1772) in-18.

11. **Coquelin** (C.) — Un poète du foyer, Eugène Manuel — Paris, Ollendorff (1881) in-18.

12. **Darmestetter** (James) — Critique et politique — Paris, Calmann Lévy (1895) in-18.

13. **Deschanel** (E.) — Le romantisme des classiques : Racine — Paris, Calmann Lévy (1885) in-18, 2 v.

14. **Doumic** (René) — Portraits d'écrivains — Paris, Perrin et Cie, in-18.

15. **Dupuy** (Ernest) — Victor Hugo, l'homme et le poète, les quatre âges, les quatre cultes, les quatre inspirations, l'expression — Paris, Lecène Oudin et Cie (1890) in-18.

16. **Essarts** (Em. des) — Portraits de maîtres — Paris, Perrin et Cie (1888) in-18.

17. **Evrat** (Emile) — Différence entre le théâtre de Corneille et celui de Racine — Antibes, J. Marchand (1873) in-32.

18. **Faguet** (Emile) — 18e siècle : Etudes littéraires : De Pierre Bayle à André Chénier — Paris, H. Lecene et H. Oudin (1890) in-18

19. **Gautier** (Théophile) — Portraits contemporains — Paris, Charpentier et Cie (1874) in-18.

20. **Gossot** (Emile) — Marivaux moraliste — Paris, Didier et Cie (1881) in-18.

21. **Granier de Cassagnac** — Portraits littéraires — Paris, V. Lecou. E. Didier (1852) in-18.

22. **Guillemin** (Victor) — Nouvelles écoles littéraires, deux poètes Comtois — Besançon, Jacquin (1895) in-8o.

23. **Hennequin** (Emile) — Quelques écrivains français — Paris, Perrin et Cie (1890) in-18.

24. **Jullien** (Adolphe) — Le romantisme et l'éditeur Renduel, souvenirs et documents sur les écrivains de l'école romantique — Paris, Charpentier et Fasquelle (1897) in-18.

25. **Lacroix** (Octave) — Quelqnes maîtres étrangers et français — Paris, Hachette et Cie (1891) in-18.

26. **Larochefoucauld** (de) — Esquisses et portraits — Bruxelles. A. Wahlen et Cie (1844) in 32, 3 vol.

27. **Lemaître** (Jules) — Impressions de théâtre — Paris, Lecène Oudin (1890) in-18.

28.   do   Impressions de théâtre — Paris, Lecène Oudin (1891) in 18.

29.   do   Etudes et portraits littéraires — Paris, Lecène Oudin (1890) in-18, 5 vol.

30. **Lemoinne** (John) — Etudes critiques et biographiques — Paris, Michel Lévy frères (1852) in-18.

31. **Liégeard** (Stephen) — Au caprice de la plume, études, fantaisies, critique — Paris, Hachette et Cie (1884) in-18.

32. **Malan** (J.-F.) — J. de Strada, le philosophe, le penseur, l'écrivain, l'œuvre — Paris (1893) in-8º.

33. **Sainte-Beuve** — Critiques et portraits littéraires — Paris, Renduel (1832) in-8º, 5 vol.

34.   dº   Causeries du lundi (1849-61) — Paris, Garnier frères (1852) in-18, 15 vol.

35.   dº   Premiers lundis — Paris, Calmann-Lévy (1886) in-18, 3 vol.

36.   dº   Nouveaux lundis — Paris, Michel Lévy frères (1870) in-18, 13 vol.

37.   dº   Portraits contemporains — Paris, Michel Lévy frères (1870) in-18, 5 vol.

38. **Saint-Marc Girardin** — La Fontaine et les fabulistes — Paris, Calmann-Lévy (1882) in-18, 2 vol.

39. **Sechan** — Souvenirs d'un homme de théâtre (1831-1855) recueillis par Adolphe Badin — Paris, Calmann-Lévy (1883) in-18.

40. **Signoret** (E.) — Le saint Graal, cahiers d'art et d'esthétique — Cannes, Figère et Guiglion (1897) in-18.

41. **Simon** (Jules) — Notices et portraits — Paris, Calmann-Lévy (1893) in-8º.

42. **Taine** (H.) — La Fontaine et ses fables — Paris, Hachette et Cie (1861) in-18.

43. **Vallery-Radot** — Souvenirs littéraires — Paris, Chamerot (1877) in-18.

44. **Villemain** — Souvenirs contemporains d'histoire et de littérature — Paris, Didier (1855) in-18, 2 vol.

45. **Voltaire** — Commentaires sur Corneille — Paris, Esneaux (1824) in-8º.

46.   dº   Mélanges littéraires — Paris, Esneaux (1823) in-8º.

M² — Littérature Française par Epoques

CIC. — Depuis les Origines jusqu'à la Renaissance et à la fin du XVIᵉ siècle

1. **Abelard** (Pierre) — Œuvres complètes, texte latin — Paris, Migne (1855) in-4º.

2. **Amyot** (Jacques) — Les vies des hommes illustres Grecs et Romains comparées l'une avec l'autre, par Plutarque de Chœronée — Paris, Jean Mestais (1622) in-18, 2 vol.

3.   dº   Les vies des hommes illustres, par Plutarque, traduites du Grec par Amyot, avec des notes et des observations par Brotier, Vauvilliers, Claviers — Paris, Cussac (1801) in-8º, 10 vol.

4.   dº   Œuvres morales de Plutarque — Paris, Cussac (1802) in-8º, 6 vol.

5.   dº   Œuvres mélées de Plutarque — Paris, Cussac (1803) in-8º, 7 vol.

6. **Avril** (Adolphe d') — La chanson de Roland, traduite du vieux français, avec introduction sur le Cycle et le Geste du Roi — Paris (1877) in-32.

7.   dº   La Chanson de Roland — Paris, Aubanel (1867) in-18.

8. **Baïf** (J.A. de) — Poésies choisies, suivies de Poésies inédites, avec une notice sur la vie et les œuvres de Baïf, des appendices bibliographiques, des spécimens des *Etrennes* et des *Chansonnettes*, un tableau de la prononciation au XVIᵉ siècle, par Becq de Fouquières — Paris, Charpentier et Cⁱᵉ (1874) in-18.

9. **Brachet** (Auguste) — Morceaux choisis des grands écrivains du XVIᵉ siècle, accompagnés d'une grammaire et d'un dictionnaire de la langue du XVIᵉ siècle — Paris, Hachette et Cⁱᵉ (1875) in-8º.

10. **Brantome** (Seigneur de) — Œuvres, accompagnées de remarques historiques et critiques — Londres (1779) in-18, 15 vol.

11. **Chandos** (héraut d'armes) — Le prince Noir, poème, texte critique suivi de notes, par Francisque Michel —Londres et Paris, J G. Fotheringham (1883) in-4º.

12. **Chassignet** (J.-B.) besançonnais — D. aux Droits, dédié à Mgr le marquis de Varambon. Le Mespris de la vie et Consolation contre la mort, poésies avec préface en prose — Besançon, Nicolas de Moingesse (1594) in-32.

13. **Conon de Béthune** trouveur artésien de la fin du XIIᵉ siècle, Chansons, édition critique, précédée de la biographie du poète, par Axel Wallenskold, avec Glossaire — Helsingfors (1891) in-18.

14. **Froissart** — Poésies, publiées par M. Aug. Scheler. Le Paradys d'Amours, Li orloge amoureus, l'Espinette amoureuse, la Prison amoureuse, Le dit dou bleu Chevalier — Bruxelles, V. Devaux et Cⁱᵉ (1870) in-4º.

15. **Houdenc** (Raoul de) — Meraugis de Portlesguez, roman de la table ronde, publié par H. Michelant, avec fac-simile des miniatures du manuscrit de Vienne, des notes et des variantes — Paris, Tross (1869) in-4º.

16. **Francisque Michel** — Le livre des Psaumes, ancienne traduction française publiée d'après les manuscrits de Cambridge et de Paris — Paris, Imprimerie Nationale (1876) in-4°.

17. **Guessard** et de **Certain** — Le *Mystère* du siège d'Orléans, publié pour la première fois d'après le manuscrit unique conservé à la bibliothèque du Vatican — Paris, Imprimerie Impériale (1862) in-4°.

18. **Leroux de Lincy** — Les quatre livres des Rois traduits en français du XIIe siècle, suivis d'un fragment de moralités sur Job, et d'un choix de sermons de Saint Bernard — Paris, Imprimerie Royale (1841) in-4°.

19. **Louandre** (Charles) — Chefs d'œuvres des conteurs français avant Lafontaine (1050-1650) avec une introduction des notes historiques et littéraires, et un index — Paris, Charpentier et Cie (1874) in-18.

20. **Malherbe** (François de) — Œuvres avec les observations de Ménage — Paris, Barbou (1723) in-18, 3 vol.

21.   d° — Poésies avec notice biographique et lettre de Malherbe à Louis XIII, sur la mort de son fils — Paris, Froment (1822) in-32.

22.   d° — Œuvres choisies, précédées de la vie de Malherbe — Paris, Lefevre (1885) in-4°.

23. **Marguerite de Navarre** (la reine) — L'heptaméron ou histoire des amants fortunés; nouvelles; ancien texte publié par Claude Gruget, dans l'édition originale de 1559, avec notes par le bibliophile Jacob Paris, Ch. Gosselin — (1841) in-18.

24. **Marot** (Clément) — Œuvres avec préface historique et observations critiques — Lahaye, Gosse et Neaulme (1731) in-32, 6 vol.

25. **Marot (Jean)** — Œuvres avec les pièces du différend de Clément avec François Lagon — Lahage, P. Gosse et Neaulme — (1731) in-32.

26. **Marot (Michel)** — Œuvres — Lahaye — P. Gosse et J. Neaulme (1871) in-32.

27. **Montaigne** (Michel seigneur de) — Voir 3e partie : LXXXVI.

28. **Pechon de Ruby** — La vie généreuse des mattois, gueux, bohémiens et cagoux, contenant leurs façons de vivre, subtilités et gergon, avec un dictionnaire en langage blesquin — avec l'explication vulgaire — mis en lumière par M. Pechon de Ruby, gentilhomme breton ayant esté avec eux en ses jeunes ans où il a exercé ce beau mestier — Paris, par P. Mesnier, imprimeur et portier de la Porte Saint-Victor (1618) in-32.

29. **Rabelais** — Œuvres, texte collectionné sur les éditions originales, vie de l'auteur, notes et glossaire par L. Moland — Paris, Garnier frères, illustrations de G. Doré, in-4º, 2 vol.

30.   dº   Œuvres augmentées de plusieurs fragments et de deux chapitres du 5e livre, restitués d'après un manuscrit de la Bibliothèque Impériale, et précédées d'une notice historique sur la vie et les ouvrages de Rabelais, éclaircies quant à l'orthographe et à la ponctuation, accompagnées de notes succintes et d'un glossaire par Louis Barré — Paris, Garnier frères, in 18.

31.   dº   Œuvres, avec table analytique et glossaire, erotica verba, Rabelœsiana — Paris, Ledentu (1837) in-4º.

32. **Regnier** — Œuvres — Genève (1877) in-32, 2 v.

33. **Second (Jean)** Les baisers, élégies, épigrammes, odes, épitres, texte latin et traduction en vers par Tissot — Paris, Delaunay, in-32.

34. **Simon** — Vie de Saint Bertin en vers latins du xe siècle, publiée par F. de Morand — Paris, Imp. Nationale (1876) in-4°.

35. **Tressan** (de) — Histoire du petit Jehan de Saintré et de la dame des belles cousines, extraite de la vieille chronique de ce nom, avec gravures de Moreau le Jeune — Paris, Dufort (1796) in-32.

36.   d°   Corps d'extraits de romans de chevalerie — Paris, Pissot père et fils (1782) in-18, 3 vol.

37. **Villon** à Benserade (de) — Recueil des plus belles pièces des poètes français depuis Villon jusqu'à Benserade — Paris, Compagnie des libraires (1751) in-32, 6 vol.

38. **Voragine** (Jacques de) — La légende dorée, traduite du latin et précédée d'une notice historique et bibliographique — Paris, Ch. Gosselin (1843) in-18, 2 vol.

CC. — Le XVIIe Siècle

1. **Aceilly** (d') (chevalier de Cailly) — Poésies — Trévoux (1754) in-18.

2. **Aguesseau** (d') — (2e partie : C).

3. **Ancourt** (d') — Les œuvres de théâtre — Paris (1760) in-32, 12 vol.

4. **Aulnoy** (Mme d') — Les contes de fées — Paris, G. Havard (1852) in-4°.

5. **Bossuet** — (2e partie : LXXXV, XCVI, CXLIV).

6. **Bourdaloue** — (2e partie : XCVI).

7. **Boursault** — Œuvres choisies — Paris, Didot l'aîné et Firmin (1811) in-32, 2 vol.

8. **Chapelle et Bachaumont** — Voyages et poésies — Trévoux (1754) in-18.

9. **Chaulieu** — Poésies, avec notice par Lemontey — Paris, Froment (1825) in-8°.

10.   d°   Œuvres, d'après les manuscrits de l'auteur — Paris, La Haye, Pissot (1777) in-32, 2 vol.

11. **Corneille** (Œuvres des deux) — Edition variorum avec biographie et notices par Charles Louandre — Paris, Charpentier (1853) in-18, 2 vol.

12. **Corneille** (Pierre) — Œuvres complètes, avec les notes de tous les commentateurs et la vie de Corneille par Fontenelle — Paris, Firmin Didot frères (1846) in-4°, 2 vol.

13.   d°   Chefs-d'œuvres — Paris, F. Didot frères (an VIII) in-32, 2 vol.

14.   d°   Théâtre — Paris, A. Vernay et Rion, in-32.

15. **Corneille** (Thomas) — Œuvres choisies — Paris, F. Didot frères (1846) in-4°.

16. **Descartes** — (2ᵉ partie : LXXXVI).

17. **Deshoulières** (Madame et Mademoiselle) — Œuvres augmentées de leur éloge historique et de pièces — Paris, Vᵉ Brocas et Aumont (1753) in-32, 2 vol.

18. **Dorigny** — Lettres du chevalier Dorigny à son ami Mercourt — Paris, Vᵉ David (1771) in-18, 2 vol.

19. **Du Fresny** (Rivière) — Œuvres, avec la musique à la fin de chaque pièce — Paris, Briasson (1747) in-18, 4 vol.

20. **Fénélon** — (2ᵉ partie : LXXXV).

21. **Fénélon** — Dialogues des morts et fables — Paris, F.-A. Didot (1787) in-4°.

22.   dᵒ   Télémaque — Paris, F.-A. Didot (1787) in-4°.

23.   dᵉ   Les aventures de Télémaque fils d'Ulysse — Paris, les frères Estienne (1775) in-18, 2 vol.

24.   dᵒ   Dialogues des morts, fables et contes choisis — Lyon, Amable Leroy (1808) in-32.

25. **Fléchier** — (2ᵉ partie : XCVI).

26. **Godeau** — Poésies chrétiennes — Paris, Pierre le Petit (1660) in-32, 2 vol.

27. **La Bruyère** — (2ᵉ partie : XCVI).

28. **La Fare** — Poésies choisies — Paris, Froment (1825) in-8°.

29. **La Fontaine** (J. de) — Œuvres complètes, avec notice — Paris, Hachette et Cⁱᵉ (1875) in-18, 3 vol.

30.   dᵒ   Fables — Paris, Boiste fils aîné (1821) in-32. 2 vol.

31.   dᵒ   Fables, avec commentaires par Ch. Nodier Paris, Didot l'aîné (1828) in-4°, 2 vol.

32. **Lambert** (marquis de) — Œuvres avec biographie — Paris, Ganeau, Bauche (1751) in-32. 2 vol.

33. **Larochefoucauld** (duc de) — (2ᵉ partie : LXXXVI).

34. **Le Pays** — Amitiés, amours et amourettes — Amsterdam, Ab. Wolfgang (1693) in-32, 3 vol.

35. **Le Sage** — Œuvres complètes, ornées de gravures, avec notice sur la vie et les ouvrages de Le Sage et sur les spectacles de la foire — Paris, Ledoux (1828) in-8°, 12 vol.

36. **Le Sage** — Histoire d'Estevanille Gonzalez, surnommé le garçon de bonne humeur — Paris (1783) in-8º.

37. dº Histoire de Gilblas de Santillanne — Montargis, Prévost (1785) in-18, 4 vol.

38. dº Aventures de Gilblas de Santillanne, édition destinée à l'adolescence — Paris, Hachette et Cⁱᵉ (1881) in-18.

39. dº Le Diable boîteux — Paris, G. Havard, in-4º.

40. dº Le bachelier de Salamanque — Paris, G. Havard, in-4º.

41. **Malebranche** — (2ᵉ partie : LXXXVI).

42. **Massillon** — (2ᵉ partie : XCVI).

43. **Molière** (J.-B. Poquelin) — Œuvres complètes, précédées de la vie de Molière par Voltaire — Paris, Furne, Jouvet et Cⁱᵉ (1869) in-8º, 2 vol.

44. dº Œuvres, avec des réflexions sur chaque pièce, précédées de la vie de Molière — Paris, Lebigre frères (1836) in-8º, 6 vol.

45. dº Œuvres avec des remarques grammaticales, des avertissements et des observations sur chaque pièce, discours préliminaire et vie de Molière — Paris (1805) in-18, 8 vol.

46. dº Œuvres complètes, édition variorum, précédées d'un précis de l'histoire du théâtre en France, de la biographie de Molière, accompagnées de variantes par Charles Louandre — Paris, Charpentier (1869) in-18, 3 vol.

47. dº Œuvres, avec des remarques grammaticales, des avertissements et des observations sur chaque pièce par Bret — Paris (1786) in-32, 8 vol.

48. **Molière** (J.-B. Poquelin) — Œuvres — Paris, Denis Thierry (1681) in-32.

49. **Pascal** (Blaise) — (2e partie : LXXXVI).

50. **Perrault** (Charles) — Les contes de fées — Paris, G. Havard (1852) in-4°.

51. **Quinault** — Œuvres choisies — Paris, Didot l'aîné et F. Didot (1811) in-32, 2 vol.

52. **Racine** (Jean) — Théâtre complet, édition variorum publiée par Ch. Louandre — Paris, Charpentier (1863) in-18.

53. d° Œuvres, avec notice biographique et littéraire par L.-S. Auger — Paris, Furne, Jouvet et Cie (1869) in-8°.

54. d° Œuvres — Paris, Dabo et Tremblay (1819) in 32, 5 vol.

55. d° Œuvres, avec commentaires par Luneau de Boisjermain — Paris, Louis Cellot (1769) in-32, 6 vol.

56. d° Théâtre — Paris, Vernay-Rion, in-32.

57. **Regnard** (J.-F.) — Œuvres avec notice biographique — Paris, Ledentu (1836) in-4°.

58. d° Œuvres — Amsterdam (1750) in-18, 2 vol.

59. d° Théâtre, suivi de ses voyages en Laponie, etc., et de la Provençale — Paris, Firmin Didot frères, fils et Cie, in-18.

60. **Scarron** — Le Roman comique — Paris, G. Havard, in-4°.

61. d° Le Roman comique — Paris, Garnier frères, in-18.

62. **Voiture** (de) — Lettres — Paris, Claude Robustel (1729) in-18.

———————

CCI. — XVIIIᵉ Siècle : Œuvres complètes, choisies

1. **Bernardin de Saint-Pierre** — Œuvres, mises en ordre par L.-Aimé Martin — Paris, Lefèvre (1883) in 4°.

2. **Bernis** (de) — Œuvres complètes — Avignon, Joly (1791) in-32, 2 vol.

3. **Bertin** (le chevalier) — Œuvres — Angers, Mame (1797) in-32, 2 vol.

4. **Buffon** — (2ᵉ partie : LXXXV).

5. **Chamfort** — (2ᵉ partie : LXXXVI).

6. **Collin-Harleville** — Œuvres, théâtres et poésies fugitives — Paris, Delongchamps (1828) in-8°, 4 vol.

7. **Condillac** — Œuvres complètes (2ᵉ partie : LXXXV).

8. d° Cours d'études (2ᵉ partie : LXXXV).

9. **Crébillon** — Œuvres, avec la vie de l'auteur — Paris (1772) in-32, 3 vol.

10. **Deffand** (marquise du) — Correspondance complète avec ses amis, augmentée de lettres inédites au chevalier de l'Isle, précédée d'une histoire de sa vie, de son salon, de ses amis, suivie de ses œuvres diverses et éclairée de nombreuses notes par de Lescure — Paris, Henri Plon (1865) in-8°, 2 vol.

11. **Delille** (J.) — Œuvres — Paris, Lefèvre (1836) in-4°.

12. **Destouches** (Néricault) — Œuvres dramatiques — Paris, Pault père (1772) in-32, 10 vol.

13. d° Œuvres choisies — Paris, Ledentu (1836) in-4°.

14. **Diderot** — (2e partie : LXXXV).

15. **Ducis** — Œuvres, avec introduction par **Auger** — Paris, Aimé André (1827) in-32, 4 vol.

16.   do   Œuvres posthumes — Paris, Aimé André (1827) in-32, 2 vol.

17.   do   Œuvres — Paris, Guiraudet (1830) in-8º, 3 vol.

18. **Fagan** — Théâtre — Paris, Duchesne (1760) in-18.

19. **Favart** — Théâtre choisi — Paris, Léopold Collin (1809) in-8º, 3 voi.

20. **Fontenelle** — (2e partie : LXXXV).

21.   do   Œuvres diverses — Paris, J.-F. Bastien (1790) in-8º.

22.   do   Eloges et dialogue de morts — Paris, J.-F. Bastien (1790) in-8º.

23. **Gilbert** — Œuvres complètes, avec notes littéraires et historiques, les corrections et les variantes de l'auteur — Paris, Dalibon (1823) in-8º.

24.   do   Œuvres complètes — Paris, Lejay (1788) in-8º.

25.   do   Œuvres choisies — Paris, Menard et Desorme fils (1817) in-32.

26. **Gresset** — Œuvres complètes — Londres, E. Kelmarneck (1748) in-32, 2 vol.

17.   do   Œuvres complètes, précédées du discours prononcé à l'Académie française par l'auteur le jour de sa réception — Paris (1805) in-18, 2 vol.

28.   do   Œuvres — Nîmes, J. Gaude)1808) in-18, 2 vol.

29. **Gresset** — Œuvres, avec biographie de l'auteur — Paris, E. Houdaille (1839) in-8°.

30. **Helvetius** — (2ᵉ partie : LXXXVI).

31. **Holbach** — (2ᵉ partie : LXXXNI).

32. **Lebrun** (Ecouchard) — Œuvres, mises en ordre et publiées par P.-L. Ginguené — Paris, Gabriel Warée (1811) in-8°, 3 vol.

33.   dᵒ   Correspondance et œuvres choisies — Paris, G. Warée (1811) in-8°.

34. **Le Mierre** (A.-M.) — Œuvres, avec notice par René Perin — Paris, Delaunay (1810) in-8°, 3 vol.

35. **Mably** (abbé de) — (2ᵉ partie : LXXXV).

36. **Malfilâtre** — Œuvres, ave notes et notice — Paris, Jehenne (1825) in-8°.

37.   dᵒ   Œuvres — Paris, Vᵉ Dabo (1823) in-32.

38. **Montesquieu** — Œuvres complètes (2ᵉ partie : LXXXV).

39.   dᵒ   Mélanges — Paris, P. Didot (1820) in-8°.

40.   dᵒ   Lettres persanes et poésies — Paris, Plasson, Bernard et Grégoire (1796) in-4°.

41. **Palissot** — Œuvres complètes — Paris, Bastien (1778) in-8°, 6 vol.

42. **Parny** (Evariste) — Œuvres — Paris, Debray (1808) in-32, 5 vol.

43. **Reyre** (J.) — Le mentor des enfants — Paris, Onfroy (1802) in-18.

44. **Riccoboni** (Mᵐᵉ) — Œuvres complètes — Paris, Foucault (1818) in-8°, 6 vol.

45. **Rollin** — (2ᵉ partie : LXXXV).

46. **Rousseau** (Jean Jacques) — (2ᵉ partie : LXXXV).

47. **Rousseau** (Jean-Baptiste) — Œuvres complètes —
    Bruxelles (1743) in-folio, 3 vol.

48.   dᵒ   Œuvres — Londres (1753) in-32, 4 vol.

49.   dᵒ   Œuvres choisies — Paris (1813) in-32.

50.   dᵒ   Œuvres, avec biographie et commentaires
                  par A. de Latour — Paris, Garnier frères
                  (1869) in-4º.

51. **Turgot** — (2ᵉ partie : C).

52. **Vauvenargues** — (2ᵉ partie : LXXXVI).

53. **Voltaire** — (2ᵉ partie : LXXXV).

54.   dᵒ   Œuvres choisies, édition du centenaire —
                  Paris (1878) in-18.

CCII — XVIIIᵉ Siècle : Mélanges — Théâtre — Romans

1. **Barthélemy** (l'abbé) — Voyage du jeune Anacharsis en Grèce — Paris, Dupont (1826) in-8º, 7 vol.
   et Atlas in-4º.

2. **Beaumarchais** — Le Barbier de Séville ou la Précau-
   tion inutile, comédie en 4 actes et en prose
   — Paris, Barba (1836) in-8º.

3.   dᵒ   Eugénie, drame en 5 actes et en prose —
                 Paris, Delalain (1785) in-8º.

4.   dᵒ   Théâtre, avec notices par F. de Marescot —
                 Paris, in-4º.

5. **Bibliothèque** des Petits Maîtres ou Mémoire pour servir à l'histoire du bon ton et de l'extrêmement bonne compagnie au Palais-Royal chez la petite Lolo, marchande de galanteries, à la Frivolité (1760) in-32.

6. **Buffon** — Morceaux choisis ou recueil de ce que ses écrits ont de plus parfait sous le rapport du style et de l'élégance — Paris, A.A. Renouard (1812) in-32.

7. —   Histoire naturelle — Paris, Imp. Royale (1787) in-18, 51 vol.

8. **Cazotte** — Le diable amoureux—Paris, J. Bry, in-4º.

9. **Crébillon** — Le Sopha — Paris, J. Bry, in-4º.

10. **Dacier, Lebœuf,** etc. — Vies des hommes illustres pour servir de supplément aux Vies de Plutarque — Paris, Cussac (1803) in-8º.

11. **Dalembert** — Mélange de littérature, d'histoire et de philosophie — Amsterdam, Z. Chatelain et fils (1773) in-18, 6 vol.

12. **Diderot** — La Religieuse — Paris (1833) in-32.

13.   do   Jacques le fataliste et son maître — Paris, Constant Taillard (1822) in-32.

14.   do   La Religieuse, etc. — Paris, Desray-Deterville (1798) in-8º.

15.   do   Jacques le fataliste — Paris, Deray-Deterville (1798) in-8º.

16.   do   Les Bijoux indiscrets, L'oiseau blanc — Paris, Desray (1798) in-8º.

17. **Fiévée**—La dot de Suzette —Paris, J. Bry aîné, in-4º.

18. **Florian** — Les six nouvelles — Lyon, J. Ayné (1805) in-32.

19. **Florian** — Nouvelles nouvelles — Lyon, J. Ayné (1805) in-32,

20. dº Jeannot et Colin, comédie en 3 actes — Paris, J. Bry aîné, in-4º.

21. dº Théâtre — Lyon, J. Ayné (1805) in-32, 3 vol.

22. dº Galatée, roman pastoral imité de Cervantes avec la vie de Cervantes — Lyon, J. Ayné (1805) in-32,

23. dº Estelle, roman pastoral — Lyon, J. Ayné (1805) in-32

24. dº Estelle, pastorale, avec essai sur la pastorale — Paris, Briand (1820) in-32.

25. dº Numa Pompilius, second roi de Rome — Lyon, J. Ayné (1805) in-32, 2 vol.

26. dº Gonzalve de Cordoue ou Grenade reconquise — Lyon, J. Ayné (1805) in-32, 2 vol.

27. **Fontenelle** — Comédies — Paris, J. F. Bastien (1790) in-8º.

28. dº Œuvres diverses — Paris, Bastien (1792) in-8º.

29. **Formey** — L'Esprit de Julie ou extrait de la nouvelle Héloïse — Berlin, Jean Jasperd (1763) in-32.

30. **Genlis** (Mᵐᵉ de) — Les vœux téméraires ou l'Enthousiasme — Paris, Maradan (1807) in-18, 2 vol.

31. **Jauffret** (L.-F.) — Voyage au Jardin des Plantes — Paris, Ch. Houel, an 6, in-32.

32. **Mercier** — l'Indigent — Drame en quatre actes et en prose — Paris, Ruault (1777) in-8º.

33. **Montesquieu** — Lettres persanes — Paris, P. Didot l'aîné et J. Didot fils (1820) in-8º, 2 vol.

34. **Montrose et Amélie** — Drame en quatre actes et et en prose — Paris (1784) in-8°.

35. **Monvel (de)** — Clémentine et Desormes — Drame — Paris, Didot (1783) in-8°.

36. **Prévost (l'abbé)** — Histoire de Manon Lescaut et du Chevalier Desgrieux, avec notice sur la vie et les ouvrages de Prévost, par Sainte Beuve, et une appréciation de Manon Lescaut, par Gustave Plauche — Paris, Charpentier (1869) in-18.

37.   d⁰   Manon Lescaut — Paris, G. Havard, in-4°.

38. **Rousseau (Jean-Jacques)** — Mémoires ou Confessions — Genève (1782) in-18, 4 vol.

39.   d⁰   Julie ou la nouvelle Héloïse — Genève (1782) in-18, 2 vol.

40.   d⁰   Emile où l'éducation — Genève (1782) in-18, 4 vol.

41. **Saint-Foix** — Théâtre — Paris, Debray (1805) in-18, 2 vol.

42.   d⁰   Théâtre — Paris, Duchesne (1778) in-18, 2 vol.

43. **Tencin (Mᵐᵉ de)** — Le siège de Calais — Paris, G. Havard, in-4°.

44. **Tressan (Cᵗᵉ de)** — Corps d'extraits de Romans de Chevalerie — Paris, Pissot père et fils (1782) in-18, 3 vol.

45. **Voltaire** — Romans — Paris, Esneaux (1822) in-8°.

46.   d⁰   Romans — Paris, Lefevre (1829) in 8°, 2 vol.

47.   d⁰   Romans et Contes — Bouillon (1778) in-8°, 3 vol.

48.   d⁰   Romans — Paris, Lechevalier (1867) in-4°.

CCIII. — XVIIIe Siècle : Œuvres en vers

1. **Allets** — Les ornements de la mémoire ou les traits brillants des poètes français les plus célèbres, avec des dissertations sur chaque genre de style — Paris, Billois (1805) in-32.

2. **Bertin** — Les amours — Paris, Garnier frères (1880) in-18.

3. **Bitaubé** — Joseph, poème en neuf chants avec épitre et discours préliminaire — Paris, Belin (1773) in-32.

4. **Chénier** (M.-J, de) — Théâtre, précédé d'une analyse par M.-N.-L. Lemercier — Paris, Baudouin frères (1821) in 32, 3 vol.

5.   d⁰   Choix de poésies diverses — Paris, Baudoin (1820) in-32.

6.   d⁰   Poésies, suivies de la poétique d'Aristote — Paris, Baudouin frères (1822) in-32.

7. **Chénier** (André) — Poésies, précédées d'une notice par M.-H. de Latouche, suivies de notes et jugements extraits de divers ouvrages — Paris, Charpentier (1840) in-18.

8. **Colardeau** — Poésies choisies, lettre amoureuse d'Héloïse à Abailard — Paris, Vᵉ Dabo (1823) in-32.

9. **Dorat** — Fables — Paris et La Haye, Delalain (1773) in-8⁰, 2 vol.

10.   d⁰   Les baisers — Paris, Garnier frères (1880) in-18.

11.   d⁰   Mes fantaisies — Paris, Delalain (1770) in-8⁰.

12. **Fenouillot de Falbaire** — L'honnête criminel, drame en 5 actes et en vers — Stokolm, Kiesweter (1785) in-8º.

13. **Flèches d'Apollon (Les)** ou nouveau recueil d'épigrammes anciennes et modernes — Londres (1786) in-32, 2 vol.

14. **Florian** — Fables — Lyon J. Ayné (1805) in-32.

15.   do   Fables — Paris, M. Jasserand (1809) in-32.

16.   do   Mélanges de poésie et de littérature — Lyon, J. Ayné (1805) in-32.

17.   do   Fables, illustrées par J.-J. Grandville, suivies de Tobie et de Ruth, poèmes tirés de l'écriture sainte, introduction, biographie et notices par P.-J. Stahl — Paris, Garnier frères, in-4º.

18. **Gentil-Bernard** — Petits poèmes érotiques du XVIIIe siècle; l'art d'aimer, notices et notes de Douville — Paris, Garnier frères (1880) in-18.

19.   do   L'art d'aimer et poésies diverses — Paris, André (1802) in-32.

20. **Lamotte-Houdart** — Poésies et fables — Paris, Mme Dabo-Butschert (1825) in-32.

21. **Le Bailly** — Fables — Paris, Chaumont (1814) in-18, 2 vol.

22. **Léonard** — Le temple de Gnide — Paris, Garnier frères (1880) in-18.

23. **Mero (Joseph)** — Odes anacréontiques en vers, Côme de Médicis — Londres (1781) in-32.

24. **Pezay** — Zelis au bain — Paris, Garnier frères (1880) in-18.

25. **Piron** (Alexis) — La métromanie, comédie ; Fernand Cortès, tragédie — Paris, Duchesne, in-18.

26. **Racine** (Louis) — Poésies — Paris, Didot frères, fils et Cie (1860) in-18.

27.   d°   La religion, poème — Lyon, Perisse frères (1807) in-18.

28.   d°   La religion — Poésies sacrées — Paris, Mame frères (1810) in-32.

29. **Reyre** (l'abbé) — Le fabuliste des enfants et des adolescents — Paris, Onfroy (1806) in-32.

30. **Rousseau** (Jean-Baptiste) — Odes, cantates, épîtres et poésies — Paris, Didot l'aîné (an VII) in-32, 2 vol

31.   d°   Œuvres poétiques, avec notice par Amar — Paris, Lefèvre (1885) in-4°.

32. **Saint Lambert** (de) — Les saisons, poème — Lyon, Ve Buynaud (1847) in 32.

33. **Sauger Preneuf** — La jeune abeille du Parnasse français — Paris, in-32

34. **Voltaire** — Poèmes, épîtres, stances, odes, etc. — Paris, J. Esneaux (1823) in-8°, 2 vol.

35.   d°   La Henriade — Théâtre — Paris, J. Esneaux (1823) in-8°, 6 vol.

36.   d°   Poésies — Paris, Lefèvre (1823) in-8°, 3 vol.

37.   d°   La Henriade, suivie de l'essai sur la poésie épique — Paris, Didot (1801) in-32.

38.   d°   La Henriade, suivie de l'esssai sur la poésie épique — Paris, Mame (1807) in 32.

39. **Voltaire** — Théâtre — Paris, Belin (1821) in-18,
     3 vol.

40.   dº   Théâtre, notes et notice sur chaque pièce —
          Paris, Furne, in-8º.

N.² — Littérature Française : XIXᵉ Siècle

CCIV. — Œuvres complètes, choisies, recueils.

1. **About** (Edmond) — Œuvres — Paris, Hachette
    et Cⁱᵉ, in-18, 19 vol.

2. **Académie Française** — Discours prononcés par
    les Directeurs de l'Académie Française sur les Prix
    de Vertu, depuis l'année 1819 jusqu'à l'année 1848
    recueil factice — Paris, Firm. Didot fr., in-32. 3 vol.

3. **Alexandre** (Roger) — Le Musée de la Conversation,
    répertoire de citations françaises, dictions moder-
    nes, curiosités littéraires, historiques et anecdoti-
    ques, avec une indication précise des Sources —
    Paris, E. Bouillon (1892) in-18.

4. **Ancelot** — Œuvres complètes, précédées d'une
    notice sur sa vie et ses ouvrages, par Saintine —
    Paris, A. Desrez (1838) in-4º.

5. **Arnault** (A.V.) — Œuvres, mélanges — Paris, Bos-
    sanges (1827) in-8º.

6. **Arnault** (Lucien) — Œuvres dramatiques — Paris,
    Firmin Didot frère (1865) in-8º, 3 vol.

7. **Augier** (Emile) — Théâtre complet — Paris, Cal-
    mann Lévy (1889) in-18, 7 vol.

8. **Augier** (Emile) — Poésies complètes et pièces choisies — Paris, Michel Lévy frères (1852) in-18, 2 vol.

9. **Balzac** (Honoré de) — Œuvres illustrées — Paris, Michel Lévy frères (1867) in-4°, 4 vol.

10. **Barthelemy** et **Mery** — Œuvres — Paris, Perrotin (1831) in-32, 4 vol.

11. **Beranger** (P. J. de) — Œuvres complètes — Paris, Perrotin (1834) in-8°, 4 vol.

12. **Brizeux** (A) — Œuvres, poésies — Paris, Garnier frères (1853) in-18, 3 vol.

13. **Chateaubriand** (V. de) — Œuvres complètes — Paris, Furne (1834) in-4°, 4 vol.

14. **Colet** (Mme Louise) — Poésies complètes — Paris, Ch. Gosselin (1844) in-18.

15. **Courrier** (P.L.) — Œuvres complètes, précédées d'un essai sur la vie et les écrits de l'auteur, par Armand Carrel — Paris, Dubuisson et Cie, in-18, 4 vol.

16. d° Chefs-d'œuvre — Paris, Dubuisson et Cie, in 32; 2 vol.

17. **Delavigne** (Casimir) — Œuvres complètes — Paris, Desrez (1886) in-4°.

18. **Delille** — Œuvres — Paris, Lefèvre (1836) in-4°.

19. **Desbordes Valmore** (Mme) — Œuvres, poésies — Paris, A. Boulland (1830) in 18, 3 vol.

20. **Dufrenoy** (Mme) — Œuvres poétiques — Paris, Moutardier (1827) in-8°.

21. **Dumas fils** (Alexandre) — Théâtre complet — Paris, Michel Lévy frères (1869) in-18, 3 vol.

22. **Dumas** (Alexandre) — Œuvres — Paris, Calmann-Lévy, in-18, 55 vol.

23. **Empis** (A.-S) — Théâtre — Paris, Tresse (1840) in-8°, 2 vol.

24. **Feuillet** (Octave) — Scènes et comédies : le village, le cheveu blanc, Dalila, l'ermitage, l'urne, la fée. — Paris, Michel Lévy frères (1866) in-18.

25. **Flaubert** (Gustave) — Œuvres complètes — Paris, Quantin (1845) in-8°, 8 vol.

26. **Gambini** — Carnet de l'ignorant, art de paraître érudit dans le monde, vocabulaire humoristique des différentes locutions françaises, latines, grecques, italiennes. etc., avec les origines historiques et littéraires, augmenté d'adages russes, arabes, persans, indiens et Chinois — Paris, A. Fayard, in-18.

27. **Garnier** — Souvenirs d'Emmanuel, œuvres littéraires et poétiques — Paris, Louis Perrin (1861) in-4°.

28. **Gautier** (Théophile) — Œuvres — Paris, Charpentier, in-18, 5 vol.

29. **Hugo** (Victor) — Œuvres — Paris, Hetzel, in-8°, 33 vol.

30.   d°   Œuvres diverses, édition des écoles, extraits Paris, Hetzel, Quantin (1887) in-18.

31. **Labiche** — Théâtre complet, préface par Emile Augier — Paris, Calmann Lévy (1888) in-18, 10 vol.

32. **Lamartine** — Œuvres — Paris, Furne et Cie in-8°, 24 vol.

33. **Lamartine** — Extraits choisis et annotés avec notice sur la vie et les œuvres de l'auteur — Paris, Hachette et Cie (1887) in-18.

34. **Lamartine** — Lectures pour tous, extraits des œuvres générales — Paris, Hachette et Cie (1887) in-18.

35. **Leclercq** — Proverbes dramatiques — Paris. Aimé André-Ladrange (1835) in-8°, 8 vol.

36. **Legouvé** (Ernest) — Théâtre — Paris. Didier et Cie (1873) in-18.

37. **Lemoyne** (André) — Œuvres poétiques (1855-1890) — Paris, A. Lemerre in-32, 3 vol.

38. **Leroux de Lincy** — Le livre des Proverbes français, précédé de recherches historiques sur l'emploi des Proverbes dans la littérature du moyen-âge et de la renaissance — Paris, Ad. Delahaye (1859) in-18. 2 vol.

39. **Luzel** (F.-M.) — Chants populaires de la basse Bretagne, recueillis et traduits en français — Lorient, Corfmat fils (1874) in-8°, 2 vol.

40. **Magasin théâtral** — Choix de pièces nouvelles, jouées sur tous les théâtres de Paris — Paris, Marchand (1834) in-4°, 3 vol.

41. **Maistre** (Xavier de) — Œuvres complètes — Paris, Charpentier (1844) in-18.

42. **Merimée** (Prosper) — Œuvres — Paris. Michel Levy in-18, 8 vol.

43. **Millevoye** — Œuvres précédées d'une notice biographique et littéraire, par de Pongerville — Paris, Furne (1833) in-8°, 2 vol.

44. **Moreau** (Hegesippe) — Œuvres avec notice littéraire, par Ste Beuve — Paris, Garnier frères (1876) in-18.

45.   d°   Le Myosotis ; le Diogène et pièces posthumes — Paris, Masgana (1840 in-18.

46. **Musset** (Alfred de) — Œuvres — Paris, Charpentier in-18, 5 vol.

47. **Musset** — Extraits choisis et annotés à l'usage de la jeunesse — Paris, Charpentier et Cie (1887) in-18.

48.   do   Poésies complètes. Contes d Espagne et d'Italie — Paris, Charpentier (1841) in-18.

49. **Rigault** (H.) — Œuvres complètes — Paris, L. Hachette et Cie (1859) in-8o, 4 vol.

50. **Rochelle** (la) — Académie de la Rochelle. choix de pièces lues aux séances. section de littérature — La Rochelle, Drouineau (1870) in-8o.

51. **Recueil** — Morceaux choisis des prosateurs français du XVIe au XIXe siècle, avec un tableau sommaire de l'histoire de la littérature française. des notices et des notes par A. Cahen — Paris, Hachette et Cie (1890) in-18.

52.   do   Morceaux choisis des poètes français du XVIe au XIXe siècle avec des notices et des notes par Alb. Cahen — Paris, Hachette et Cie (1890) in-18.

53.   do   Anthologie de quatrains anciens et modernes recueillis par John Brunton — Paris (1877) in-18.

54.   do   Anthologie des prosateurs français depuis le XVIIe siècle jusqu'à nos jours. avec introduction historique sur la langue française — Paris, A. Lemerre, in-32.

55.   do   Anthologie des poètes français depuis le XVe siècle jusqu'à nos jours — Paris, A. Lemerre, in-32.

56. **Salm** (princesse Constance de) — Œuvres complètes — Paris, Firmin Didot (1842) in-8o 4 vol.

57. **Sainte Beuve** — Poésies complètes — Paris, Charpentier (1840) in-18.

58. **Sand** (George) — Œuvres complètes — Paris, Calmann-Lévy (1893) in-18. 116 vol.

59. **Tournoi** (le) poétique et littéraire, recueil de poésies
— Paris, de Liversay. in-32.

60. **Vigny** (Alfred de) — Œuvres — Paris, Delloye,
in-8°, 7 vol.

61.   d°   Poésies complètes — Paris, Calmann-Lévy
(1882) in 18.

62.   d°   Théâtre complet — Paris, Jaccotet, Bour-
dilliat et Cie, in-8°.

63. **Wailly** (Alfred, Gustave et Jules de) — Théâtre —
Paris, F. Didot frères, fils et Cie (1873) in 8°, 2 vol.

CCV. — *Œuvres diverses: Prose*

1. **Ampère** (Jean-Jacques) — Christian ou l'Année Romaine — Paris, Quantin (1887) in-8°.

2. **Arçay** (Joseph d') — La salle à manger du docteur
Veron — Paris, Lemerre (1868) in-8°.

3. **Arène** (Paul) et **Tournier** (Albert) — Des Alpes aux
Pyrénées, étapes félibréennes — Préface d'Anatole
France — Paris E. Flammarion, in-18

4. **Balzac** — Physiologie du mariage — Paris, Michel
Lévy frères (1870) in-18.

5. **Cahun** (Léon) — Les rois de Mer — Paris, Charavay
Montoux et Cie. in-4°.

6. **Chateaubriand** (Vte de) — Le génie du Christianisme, suivi de la Défense du Christianisme et
de la lettre à M. de Fontanes — Paris, E.
et V. Penaud frères. in-4°, 2 vol.

7. **Chateaubriand** (vicomte de) — Les Martyrs — Paris, E. et V. Penaud frères (1826) in-8° 2 vol.

8. do Les Natchez — Paris, E. et V. Penaud frères, in 8°.

9. do Mélanges Littéraires — Paris, Plon (1839) in-8°.

10. do Romans – Paris, E. et V. Penaud frères, in-8°.

11. **Claretie** (Jules) — Discours sur les prix de Vertu décernés par l'Académie Française en 1897 — Paris, Firmin Didot et Cie (1897) in 32.

12. **Corozaïn** (Jahiel) — Silhouettes de Chinois neufs pour les vieux paravents — Paris, Bachelin-Deflorenne (1870) in-18.

13. **Claudin** (Gustave) — Paris — Paris, Dentu (1862) in-18.

14. **Daguet** (Alexandre) etc. — Traditions et légendes de la Suisse Romande — Paris et Lausanne, Lucien Vincent (1872) in-18.

15. **Dargand** (J.M.) — La Famille — Paris, Perrotin (1853) in-8°.

16. **Delerot** (E.) — Ce que les poètes ont dit de Versailles — Versailles, Bernard (1870) in-18.

17. **Fayères** (comte des) — Engelhaus, ses ruines et ses légendes — Paris, Plon et Cie (1876) in-18.

18. **Fournier** (Edouard) — Le vieux neuf, histoire ancienne des inventions et découvertes modernes — Paris, Dentu (1859) in-18, 2 vol.

19. **Gasparin** (Mme de) — Camille — Paris, Michel Lévy frères (1868) in-18.

20. do Edelweiss, poésies — Paris, Calmann-Lévy (1890) in-18.

21. **Gasparin** (Mme de) — Au bord de la mer, rêveries d'un voyageur -- Paris, Michel Lévy frères (1866) in-18.

22.   do   Dans les prés et dans les bois, nouvelles — Paris, Calmann Lévy (1888) in-18.

23.   do   Vesper, nouvelles — Paris, Calmann-Lévy (1882) in 18.

24. **Grolier** (P.) — Contes et nouvelles — Paris, in-18.

25. **Hérédia** — La nonne Alferez — Paris, A. Lemerre, in-32.

26. **Jonchère** (Ernest) — Clovis, Bourbon, excursion dans le vingtième siècle — Paris, Lacroix Verboeckhoven et Cie (1868) in-18.

27. **Joret** (Charles) — La rose dans l'antiquité et au moyen-âge, histoire, légende et symbolisme — Paris, E. Bouillon (1892) in-18.

28. **Karr** (Alphonse) — Menus propos — Paris, Wittersheim, in-18.

29.   do   La promenade des anglais — Paris, Michel Lévy frères (1874) in-18.

30.   do   Au soleil — Paris, Calmann-Lévy (1883) in-18.

31.   do   Promenades au bord de la mer — Paris, Michel Lévy frères (1874) in-18.

32.   do   Voyage autour de mon jardin — Paris, Michel Lévy frères (1857) in-18.

33. **Latouche** (de) — Souvenirs et fantaisies, la vallée aux loups — Paris, A. Levasseur (1833) in-8o.

34. **Lamartine** (de) — Geneviève, histoire d'une servante — Paris, Michel Lévy frères (1855) in-4o.

35. **Lamartine** (de) — Les confidences — Paris, Hachette et Cie (1862) in-18, 2 vol.

36. **Leroy** (Louis) — Artistes et rapins — Paris, A. Lechevalier (1868) in-32.

37. **Maria** (Mlle Jenny) — Paysages et fantaisies — Paris, Plon, Nourrit et Cie (1893) in-18.

38. **Maillard** (Georges) — Le régiment — Paris, A. Jeandé, in-4°.

39. **Marmier** (Xavier) — Légende des plantes et des oiseaux — Paris, Hachette et Cie (1882) in-18.

40. d° Robert Bruce, Comment on reconquiert un royaume – Paris, Hachette et Cie (1873) in-18.

41. **Mary-Lafon** — Pasquino et Marforio, les bouches de marbre de Rome — Paris, A. Lacroix et Cie (1877) in-18.

42. **Mesnil** (Armand du) — Propos interrompus — Paris, Hachette et Cie (1882) in 18.

43. **Michelet** (Jules) — L'oiseau — Paris, Hachette et Cie (1872) in-18.

44. d° La Montagne — Paris, Lacroix et Cie (1877) in-18.

45. d° Rome — Paris, Marpon et Flammarion (1891) in-18.

46. **Musset** (A. de) — Contes en prose — Paris, Charpentier (1865) in-18.

47. d° Nouvelles — Paris, Charpentier (1866) in-18.

48. **Nouveaux devoirs** de la conversation en France. — Paris (1876) in-18.

49. **Pailleron** (Edouard) — Pièces et Morceaux — Paris, Calmann Lévy (1897) in-18.

50. **Petites misères de la vie humaine** — Paris, in-8º.

51. **Philalèthe** (Hector van Doorslaer) — Petites lettres d'un provincial — Lille, Desclée, de Brouwer et Cⁱᵉ (1882) in-8º.

52. **Piedagnel** (Alex.) — Jadis souvenirs et fantaisies — Paris, Isidore Liseux (1886) in-4º.

53. **Quinet** (Mᵐᵉ Edgar) — Ce que dit la musique — Paris, Calmann-Lévy (1894) in 18.

54. **Seigneur** (M. du) — Paris, voici Paris — Paris, Bourtelon (1889) in-8º.

55. **Simon** (Jules) — Mémoires des autres — Paris, E. Testard et Cⁱᵉ (1890) in-18.

56.   dº   Nouveaux mémoires des autres — Paris, E. Testard et Cⁱᵉ (1891) in-18.

57.   dº   Derniers mémoires des autres — Paris, E. Flammarion, in 18.

58. **Simon** (Jules et Gustave) — La femme du vingtième siècle — Paris, Calman Lévy (1892) in-18.

59. **Tastu** (Mᵐᵉ Amable) — Alpes et Pyrénées, arabesques littéraires — Paris, Lehuby (1842) in-4º.

60. **Toussenel** (A.) — L'esprit des bêtes, vénérie française et zoologie passionnelle — Paris, Lange, Lévy et Cⁱᵉ (1847) in 18.

61. **Veuillot** (Louis) — Le fond de Giboyer — Paris, Gaume frères et Duprey (1863) in-18.

62. **Vigny** (Alfred de) — Cinq mars ou une conjuration sous Louis XIII, précédé de réflexions sur la vérité dans l'art — Paris, Dellaye, Lecou (1838) in-8º, 2 vol.

63. **Vigny** (Alfred de) — Cinq mars ou une conjuration sous Louis XIII — Paris. Calmann-Lévy (1878) in-8°.

64. do Servitude et grandeur militaire — Paris, Michel Lévy (1872) in-18.

65. **Vivès** (Hippolyte de) — Le livre sans queue ni tête — Paris, Allouard et Kaeppelin (1853) in-18.

CCVI. — *Œuvres diverses : Poésies*

1. **Autran** (J.) — La comédie de l'histoire, poésies, préface de Victor Laprade.

2. do Milianah, épisode des guerres d'Afrique, poème — Paris, Michel Lévy frères (1857) in-18.

3. **Banville** (Th. de) — Poésies — Paris, G. Charpentier (1878) in-18.

4. **Barbier** (Auguste) — Poésies — Paris, Dentu (1864) in-18.

5. do Iambes et poèmes — Paris, Dentu (1878) in-18.

6. **Barthélemy** — Nouvelle Nemesis, satires — Paris, Lallemand Lepine (1845) in-8°.

7. do Le zodiaque, satires — Paris, Lallemand Lepine (1847) in-8°.

8. do Nemesis — Paris, Perrotin (1835) in-8°, 2 vol.

9. do Douze journées de la Révolution, poèmes — Paris, Perrotin (1832) in-8.

10. **Beranger** — Chansons anciennes et posthumes avec notice : Béranger et la postérité par Barthélemy Saint-Hilaire — Paris. Garnier frères, in-4°.

11.　　d° 　　Chansons — Bruxelles, Walhen (1823) in-32.

12.　　d° 　　Chansons nouvelles — Bruxelles, Walhen (1825) in-32.

13. **Berville** — Mélodies amiénoises — Paris, Simon Racon et Cie (1853) in-8°.

14. **Blanchecotte** (Mme A.-M.) — Rêves et réalités, poésies — Paris, Didier et Cie (1878) in-18.

15. **Bourran** (Emile de) — Les Algues, poésies — Bordeaux. Lawale (1843) in-18.

16. **Brave** (J E.) — Souvenir — Nancy, Sordoillet et fils (1869) in-8°.

17. **Breton** (Jules) — Les champs et la mer — Paris, Lemerre (1875) in-18.

18.　　d° 　　Jeanne poème — Paris, G. Charpentier (1880) in-18.

19. **Brion** — Salade gauloise, préface de F. Coppée — Bar le-Duc, Coutant Laguerre. in-8°.

20. **Cabaret** (G.) — Ariella. poésies — Paris. Paul Ollendorff (1881) in-32.

21. **Caillaux** (L.-Ch.) — Hymnes de la dernière heure — Nice (1858) in-8°.

22. **Chatelain** (le chevalier de) — Ronces et chardons. Tohubohu politique et satirique, prosaïque et poétique (1822 à 1869) — London (1869) in-18.

23. **Colas** (Charles) — Coqs et vautours. poésies — Paris, A Ghio (1885) in-8'.

24. **Debraux** (Emile) — Chansons complètes, augmen-
     tées d'une notice et d'une chanson de Béranger —
     Paris (1836) in-32, 3 vol.

25. **Delahaye** (Louis) — Crimée, poésies — Abbeville,
     A. Retaux, in-18.

26. **Delavigne** — Derniers chants — Paris, Didier (1855)
     in-8º.

27.   do   Messéniennes, élégies — Paris, Ladvocat
     (1820) in-8º.

28. **Deschamps** (Emile) — Poésies — Paris, Delloye
     (1841) in-18.

29. **Duchesne** — Poésie — Nancy, Vᵉ Raybois et Cⁱᵉ
     (1860) in-8º.

30. **Dufrenoy** (Mme) — Elégies, suivies de poésies diver-
     ses — Paris, Eymery (1813) in 32.

31. **Durbec** (F.H.) — Solitude, poésies — Marseille,
     Marius Olive (1859) in-8º.

32. **Esmenard du Mazet** — Retraite de Constantine,
     poème — Alger, Bastide (1857) in-8º.

33. **Fabre** (Auguste) — La Calédonie ou la Guerre Natio-
     nale, poème en douze chants — Paris. Firmin
     Didot, in-8º.

34. **Faucon** — Italie, strophes et poèmes, avec préface
     de Coppée — Paris, Lemerre (1889) in-18.

35. **Fontan** (L.M.) — Odes et épitres — Paris, A.
     Imbert (1826) in-18.

36. **Gaillon** (Isidore de) — Les Oiseaux et les Fleurs,
     poésies — Paris, Garnier frères (1847) in-18.

37. **Gautier** (Théophile) — Italia, poésies — Paris,
     Hachette et Cⁱᵉ (1860) in-18.

16.

38. **Giraud** — L'Ame effeuillée, poésies — Paris, A. Lemerre (1896) in-18.

39. **Goujon** (Louis) — Sonnets, inspirations de voyage — Paris, Didier et Cie (1866) in-18.

40. **Grangier** (Paul) — Les Soupirs, poésies — Cannes, Figère et Guiglion (1890) in-18.

41.   d⁰   Sous le Ciel bleu, — Paris, Alp. Lemerre (1895) in-18.

42.   d⁰   Le Paria, poésies — Cannes, Figère et Guiglion (1894) in-18.

43. **Grisard** (Achille) — De Branche en Branche, poésies — Paris (1892) in-18.

44. **Grolier** (P.) — Poésies — Paris, Amyot, in-18.

45. **Guérin de Litteau** (Hippolyte) — Poésies — Paris, A. Fontaine (1856) in-18.

46. **Guillemin** (V^{or}) — Sentiments et Pensées — Besançon, Paul Jacquin (1895) in-18.

47. **Heredia** (José-Maria de) — Les Trophées — Paris, A. Lemerre (1893) in-18.

48. **Hignard** — Esquisses évangéliques — Lyon, A. Cote (1892) in-18.

49. **Hommey** — La Morale dans les Ecoles, poésies — Cannes, Figère et Guiglion (1897) in-18.

50. **Hugo** (Victor)—Poésies—Paris, Hetzel-Quantin, in-8⁰.

51.   d⁰   Poésies, — Paris, L. Hachette et Cie (1855) in 18, 2 vol.

52.   d⁰   Poésies—Paris, E. Renduel (1834) in-8⁰, 2 vol.

53.   d⁰   Les Orientales — Paris, Ch. Gosselin (1829) in-32.

54. **Hugo** (Victor) — Les Feuilles d'Automne — Bruxelles, Louis Hamman et Cie (1832) in-32.

55.   d^o   Poésies — Paris, Al. Houssiaux (1864) in-8°, 4 vol.

56. **Jeantet** (Félix) — Les Plastiques, poésies — Paris, Charpentier et Cie (1887) in-18.

57. **Joinville** (Juliette) — Les Vibrations, poésies — Paris, Dentu (1883) in-18.

58. **Lacaussade** (Aug.) — Poèmes et Paysages — Paris, A. Lemerre (1892) in-18.

59.   d^o   Poésies — Paris, A. Lemerre (1896) in-32.

60. **Lafère** (Mme A. de) — Ombre et Lumière, poésies — Paris, L. Vanier (1888) in-18.

61. **Lafond** (comte) — Le poème de Rome, poésies — Paris, V. Palmé (1874) in 8°.

62. **Lamartine** (A. de) — Jocelyn, la chute d'un ange, recueillements poétiques — Paris, Ch. Gosselin (1838-39) in-32, 4 vol.

63.   d^o   Recueillements poétiques — Paris, Hachette et Cie (1863) in-18.

64.   d^o   Méditations poétiques — Paris, Furne, Jouvet et Cie (1869) in-18.

65.   d^o   Poésies — Paris, Furne, Jouvet et Cie (1870-1871) in-18, 3 vol.

66.   d^o   Méditations poétiques — Paris, Firmin Didot frères (1849) in-8°, 2 vol.

67.   d^o   Harmonies poétiques et religieuses — Paris, F. Didot frères (1850) in-8°, 2 vol.

68. **Laprade** (Victor de) — Les symphonies — Paris, Michel Lévy frères (1853) in-18.

69. **Laprade** (Victor de)—Poèmes évangéliques — Paris, Charpentier (1853) in-18.

70. **Larivière** (Emile) — L'Arc et la Lyre — Paris (1867) in-18.

71.   dᵒ   Eglantines et chrysanthèmes, poésies — Paris (1866) in-18.

72. **Larnac** (M.-G.) — Rêves et souvenirs, poésies morales et philosophiques — Paris, J.-J. Dubochet (1844) in-8ᵒ.

73. **Latour** (A. de) — Poésies complètes — Paris, Charpentier (1841) in-18.

74. **Laverpillière** — Etudes poétiques — Paris, Firmin Didot (1845) in-18.

75. **Lefèvre** (Jules) — Le Clocher de Saint-Marc, poème — Paris, Canel (1825) in-8ᵒ.

76. **Leroux** (Pierre) — La grève de Samarez, poème philosophique — Paris, Dentu (1863) in-4ᵒ, 2 vol

77. **Lesné** — La reliure, poème didactique en six chants Paris, Gillé (1820) in-8ᵒ.

78. **Liégeard** (Stephen) — Les grands cœurs — Paris, Hachette et Cⁱᵉ (1882) in-18.

79.   dᵒ   Le verger d'Isaure — Paris, Hachette et Cⁱᵉ (1870) in-18.

80. **Mareschal** — La charité, poème — Paris, Hachette et Cⁱᵉ (1865) in-8ᵒ.

81. **Mary-Lafon** — Fleurs du midi, mes primevères — Paris (1869) in-18.

82. **Nicolas** (Adolphe) — Chants du siècle — Paris, Ponthieu et Cⁱᵉ (1828) in-18, 2 vol.

83. **Olivier de Selnar** — Stival et Paula, roman poème — Paris, H. Plon (1868) in-18.

84. **Ortolan** (Elzéar) — Enfantines moralités, poésies — Paris, H. Plon (1860) in-18.

85. **Ottenfels** (baronne d') — Bouquet de pensées — Paris, Lemerre (1888) in-18.

86. **Panago-Soutzo** — Odes d'un jeune grec, traduits en prose française — Paris, Emler frères (1828) in-32.

87. **Perrin** (le colonel) — Epître à Pauline — Nancy, Lepage (1855) in-8°.

88. **Pessonneaux** (Marc) — La vie à ciel ouvert, poésies — Paris, E. Dentu (1884) in-18.

89. **Pilatte** (Frank) — Les Maritimes, poésies — Nice, E. Gauthier et Cie (1888) in-8°.

90. **Poèmes** antiques et modernes — Paris, Dellaye (1838) in-8°.

91. **Poésies** lyriques sur la guerre et l'affranchissement de la Grèce — Paris, Ambr. Dupont (1828) in-8°.

92. **Poncy** (Charles) — Poésies — Paris, H Vrayet de Surcy (1846) in-8°.

93. **Pontavice** (Heussey du) — Sillons et débris — Paris, Castel (1860) in-18.

94.   do   Poèmes virils — Paris, Castel (1862) in-18.

95. **Potron** (Charles) — Promenades et rêveries — Paris, Lemerre (1875) in-18.

96. **Ratisbonne** (Louis) — La comédie enfantine — Paris, Hetzel, in-18.

97.   do   Les figures jeunes, poésies — Paris, Hetzel (1865) in-8.

98. **Rattazzi** (Mme) — Caro Patria, échos italiens — Paris (1873) in-8º.

99. **Raynouard** — Socrate dans le temple d'Epidaure, poème — Paris, Didot jeune (1803) in-4º.

100. **Reboul** (Jean) — Le dernier jour, poème — Paris, Delloye (1841) in-8º.

101. dº Poésies, avec notice biographique et littéraire — Paris, Dellaye (1840) in-18.

102. **Ricard** (Edmond) — Poésies de jeunesse — Paris, Sardou (1888) in-18.

103. dº Amour antique, amour moderne, poèmes — Paris (1894) in-32.

104. **Richepin** — Les blasphèmes, poésies — Paris, Dreyfous (1884) in-18.

105. **Saint-Dizier** (Adolphe) — Upliane, poésies — Paris, Lacroix Comon (1856) in-18.

106. dº Lobau au pont de Landshutt, poème — Paris, H. Plon (1859) in-8º.

107. **Silvestre** (Armand) — Les renaissances, poésies — Paris, A. Lemerre (1869) in-18.

108. **Sully Prudhomme** — Les destins, poème — Paris, Lemerre (1827) in-18.

109. **Thezan** (Gaussan de) — Pro aris et focis, poésies — Toulon, Isnard et Cie (1890) in-18.

110. **Thouron** — Poésies diverses — Toulon, Mihière et Cie (1874) in-18.

111. **Tissot** — Poésies érotiques — Paris, Delaunay, in-32, 2 vol.

112. **Trois contes en vers** — La Folle de l'auberge, le Serin, la Pépie — Paris, in-8.

113. **Turquety** (Edourd) — Primavera, poésies — Paris, Chamerot (1841) in-18.

114. **Vebé** (Louis) — Vibrations, poésies — Paris (1878) in-18.

CCVII. — Pièces de Théâtre

1. **Ancelot** — La Laide, comédie - vaudeville en 3 actes — Paris, Marchant (1836) in-8º.

2.   do   Fiesque, tragédie en 5 actes et en vers — Paris, Urbain Canel (1824) in-8º.

3.   do   Le Maire du Palais, tragédie en 5 actes — Paris, Ponthieu (1823) in-8º.

4. **Andrieux** — Les Etourdis ou le mort supposé, comédie en trois actes et en vers — Paris, Barbe (1836) in-8º.

5.   do   Lucius Junius Brutus, tragédie en 5 actes — Paris, M. de Bréville (1830) in-8º.

6. **Arnault** (A.-V.) — Le Proscrit ou les Guelfes et les Gibelins, tragédie en 5 actes et en vers — Paris, Ladvocat (1828) in 8º.

7.   do   Marius à Minturnes, tragédie en 3 actes et en vers — Paris, Barbe (1834) in-8º.

8. **Arnault** (Lucien) Le dernier jour de Tibère, tragédie en 5 actes et en vers — Paris, Ladvocat (1828) in-8º.

9.   do   Gustave Adolphe, ou la bataille de Lutzen, tragédie en 5 actes — Paris, Barba (1830) in-8º.

10.   do   Catherine de Médicis aux Etats de Blois, drame historique en 5 actes et en vers — Paris, Barba (1829) in-8º.

11. **Augier** (Emile) — Les Fourchambault, comédie en 5 actes — Paris, Calmann Lévy (1878) in-8°.

12. **Avrigny** (d') — Jeanne d'Arc à Rouen, tragédie en 5 actes et en vers — (Paris, Barba (1835) in-8°.

13. **Bayard** — La Lectrice, comédie-vaudeville en 2 actes — Paris, Dondey-Dupré (1834) in-8°.

14. d° Le Mari de la dame de chœurs, vaudeville en 2 actes — Paris (1836) in 8°.

15. **Bayard** et Paul **Duport** — La Fille de l'avare, comédie-vaudeville en deux actes — Paris, Marchant — (1836) in-8°.

16. **Bayard** et **Mercier** — Un nuage au ciel, comédie-vaudeville — Paris, Beck (1846) in-8°.

17. **Bayard** et **Vanderburch** — Le Gamin de Paris, comédie-vaudeville en 2 actes — Paris, Marchant (1836) in-8°.

18. **Borrelli** (vicomte de) — Alain Chartier, en vers héroïques, préface d'Alexandre Dumas — Paris (1889) in-18.

19. **Bouilly** (J.-N.) — L'Abbé de l'Epée, comédie historique en 5 actes et en prose — Paris, Barba (1835) in-8°.

20. **Boyer** (Henri) — Tous décorés, comédie en 1 acte Paris, A Pichat (1888) in-18.

21. **Carré** (Michel) et **Barbier** (Jules) — Hamlet, opéra en 5 actes — Paris, Michel Lévy (1868) in-18.

22. **Castil-Blaze** — Oberon, mélodrame en 3 actes Paris (1861) in-4°.

23. **Cogniard** Frères — Le pauvre Jacques, comédie-vaudeville — Paris, Marchant (1836) in-8°.

24. **Dallière** (Julien) — André Chénier, drame en 3 actes et en vers, avec préface d'Eugène Pelletan Paris (1849) in-8°.

25. **Delavigne** (Casimir) — L'école des Vieillards, les Comédiens, comédies — Paris, Barba (1834) in-8°, 2 vol.

26.   d°   Les Vêpres Siciliennes, tragédie en 5 actes — Paris, Barba (1834) in-8°.

27.   d°   Le Paria, tragédie en 5 actes et en vers — Paris, Barba (1835) in-8°.

28.   d°   Don Juan d'Autriche ou la Vocation, comédie en 5 actes et en prose — Paris, Barba (1836) in-8°.

29. **Desmarets** (Jean) — Les Visionnaires, comédie — Trévoux (1854) in-18.

30. **Desnoyers** (Ch.) et **Gerau** (H.) — La Folle, drame en 3 actes — Paris, Marchant (1836) in-8°.

31. **Du Cange** (V^{or}) et **Dinaux** — Trente ans ou la Vie d'un Joueur, mélodrame en 3 journées — Paris, Barba (1835) in-8°.

32.   d°   Calas, drame en 3 actes et en prose — Paris, Barba (1834) in 8°.

33. **Dumas** (Alexandre) — Henri III et sa Cour, drame historique en 5 actes et en prose — Paris, Barba (1834) in-8°.

34.   d°   Caligula, tragédie en 5 actes et en vers avec prologue — Paris, Marchant (1830) in-8°.

35.   d°   Mademoiselle de Belle Isle, drame en 5 actes, en prose—Paris, Marchant (1839) in-8°.

36.   d°   Don Juan de Marana, mystère en 5 actes et 7 tableaux — Paris, Marchant (1836) in 8°.

37. **Dumas** (Alexandre) — Charles VII chez ses grands vassaux, tragédie en 5 actes — Paris, Marchant (1836) in-8º.

38. dº Kean, comédie en 5 actes — Paris (1836) in-8º.

39. dº Le Mari de la veuve, comédie en prose — Paris, Marchant (1836) in-8º.

40. dº Angèle, drame en 5 actes — Paris, Marchant (1836) in-8º.

41. dº Antony, drame en 5 actes — Paris, Marchant (1836) in 8º.

42. dº Catherine Howard, drame en 5 actes — Paris, Marchant (1836) in-8º.

43. dº Teresa, drame en cinq actes — Paris, Marchant (1836) in-8º.

44. dº Napoléon Bonaparte, drame en 5 actes et 23 tableaux — Paris. Marchant (1835) in-8º.

45. **Duval** (Alexandre) — Les Héritiers, ou le Naufrage, comédie en prose — Paris, Barba (1835) in-8º.

46. **Ennery** (Ad. d') et **Brésil** (Jules) — Le tribut, opéra en 4 actes — Paris, Tresse (1881) in-18.

47. **Epagny** (d') — L'Usurpation, pièce en 5 actes, en vers — Paris, Peytieux (1829) in-8º.

48. dº Luxe et Indigence ou le ménage parisien, comédie en 5 actes et en vers — Paris, Barba (1834) in-8º.

49. **Etienne** — Bruis et Palaprat, comédie en vers — Paris, Barba (1834) in-8º.

50. dº Les Deux Gendres, comédie en 5 actes et en vers — Paris, Barba (1835) in-8º.

51. dº La Jeune Femme Colère, comédie — Paris, Barba (1834) in-8º.

52. **Gosse** (Etienne) — Le Médisant, comédie en 3 actes
     et en vers — Paris, Barba (1835) in-8º.

53. **Grangé** (E.) et **Lambert Thiboust** — Les Voleurs
     d'enfants, drame en 5 actes et 8 tableaux — Paris,
     Michel Lévy frères (1865) in-4º.

54. **Hugo** (Vᵒʳ) — Ruy-Blas, drame en 5 actes — Paris,
     Plon frères (1838) in-8º.

55. **Jaime** et **Noriac** — La Timbale d'argent, opéra
     bouffe en trois actes — Paris, Calmann Lévy (1876)
     in-18.

56. **Jouy** et **Hippolyte Bis** — Guillaume Tell, opéra en
     4 actes — Paris (1829) in-4º.

57. **Lafond** (comte) — Dorothée vierge et martyre, tra-
     gédie, suivie du Magicien, drame de Calderon —
     Paris, Bray et Retaux (1873) in-8º.

58. **Lafont** (Charles) — François Jaffier, drame en 5 actes
     — Paris (1836) in-8.

59.   dº   Yvan de Russie, tragédie en 3 actes —
     Paris, Marchant (1841) in-8º.

60.   dº   La Famille Moronval, drame en 5 actes —
     Paris, Marchant (1834) in-8º.

61. **Laville de Mirmont** — Le Roman, comédie en
     5 actes et en vers — Paris, Barba (1836) in-8º.

62. **Lebrun** (Pierre) — Marie Stuart, tragédie en 5 actes
     Paris, Barba (1835) in-8º.

63. **Lemercier** (M.-N.-L.) — Frédégonde et Brunehaut,
     tragédie en 5 actes — Paris, Barba (1835)
     in-8º.

64.   dº   Pinto ou la journée d'une conspiration,
     comédie historique en 5 actes et en prose—
     Paris, Barba (1834) in-8º.

65. **Martin** (Henri) — Vercingétorix, drame héroïque en 5 actes et en vers — Paris, Furne et Cie (1865) in-8°.

66. **Mazères** — Le jeune Mari, comédie en 3 actes et en prose — Paris, Barba (1835) in-8°.

67. **Mazillier et Auber** — Marco Spada ou la fille du bandit, ballet pantomime en 3 actes — Paris, Michel Lévy frères (1857) in-4°.

68. **Meilhac et Halévy** — La Périchole, opéra bouffe en 2 actes — Paris, Michel Lévy frères (1872) in-18.

69. **Monnier** (Etienne) — Norma, Grand opéra en 3 actes — Paris (1839) in 4°.

70. **Monréal et Blondeau** — La nuit de noces de la fille Angot, vaudeville — Paris, Tresse (1873) in-18.

71. **Mouzin** (Alexis) — L'Empereur d'Arles, drame en trois actes, en vers — Avignon, Roumanille (1889) in-4°.

72. **Ottenfels** (baronne d') — Un décret d'exil, comédie en 1 acte — Paris, L. Michaud (1883) in-18.

73. **Pacini** (Emilien) — Le Freyschutz, opéra romantique en 3 actes — Paris, V. Jonas (1873) in-4°.

74. **Pichat** — Léonidas, tragédie en 5 actes — Paris, Ponthieu (1825) in-8°.

75. **Pigault Lebrun** — Les Rivaux d'eux-mêmes, comédie en prose — Paris, Barba (1835) in-8°.

76. **Planard** — Le Pré aux Clercs, opéra-comique en 3 actes — Paris (1832) in-4°.

77. **Rabastens et Grout** — Les deux Chemins, comédie en vers — Paris (1848) in-8°.

78. **Rabastens et Marc-Constantin** — Le Héros imaginaire, comédie en vers — Paris (1849) in-8°.

79. **Remusat** (Ch. de) — La Saint-Barthélemy, drame — Paris, Calmann-Lévy (1878) in-8°.

80. **Renard** (Athanase) — Jeanne d'Arc ou la fille du peuple au XVe siècle, drame historique et critique — Paris, Furne et Cie (1851) in-18.

81. **Royer** (Alfred) et **Vaez** (Aug) — Don Pasquale, opéra bouffe en 3 actes — Paris, (1864) in-4°.

82.   d° Lucie de Lammermoor, grand opéra en 2 actes et en 4 parties — Paris (1846) in-4°.

83. **Saint Georges** — Pierre de Médicis, opéra en 4 actes et 7 tableaux — Paris, Michel Lévy frères (1860) in-4°.

84.   d° Le Corsaire, ballet pantomime en 3 actes — Paris, V. Jonas (1856) in-4°.

85.   d° La Reine de Chypre, opéra en 5 actes — Paris, Tresse (1846) in-4°.

86. **Scribe** (Eug.) — Fra Diavolo ou l'auberge de Terracine, opéra — Paris (1830) in-4°.

87.   d° Le Philtre, opéra.
Les Huguenots, opéra — Paris (1831-36) in-4°, 2 vol.

88.   d° Opéras comiques — Paris, Michel Lévy frères (1856) in 18.

89.   d° Grands opéras — Paris, Michel Lévy frères (1859) in-18.

90.   d° Le Prophète, opéra en 5 actes — Paris, Brandus et Cie, in-4°,

91.   d° Don Sébastien, roi de Portugal, opéra en 5 actes — Paris (1843) in-4°.

92.   d° Opéras comiques — Paris (1837-1851) in-4°, 3 vol.

93. **Scribe** (Eug.) — Une Faute, drame en 2 actes,
L'Ours et le Pacha, folie-vaudeville,
Les malheurs d'un amant heureux, vaude-
ville en 2 actes.
Bertrand et Raton, comédie en 5 actes, en
prose — Paris, Barba (1834) in-4º, 4 vol.

94.   dº   Le Père et la Fille, comédie,
Fra-Diavolo, opéra comique en 3 actes —
Paris, Barba (1835) in-4º, 2 vol.

95.   dº   La Dame blanche — Paris (1825) in-4º.

96. **Scribe** et **G. Delavigne** — Robert le Diable, opéra
en 5 actes — Paris (1832) in-4º.

97. **Scribe** et **Dumanoir** — Etre aimé ou mourir, comédie — Paris, Marchant (1835) in-8º.

98. **Scribe** et **Dupuis** — Michel et Christine, comédie
vaudeville — Paris, Barba (1834) in-8º.

99. **Scribe** et **Melesville** — La Demoiselle à marier,
comédie-vaudeville — Paris, Barba (1834)
in-8º.

100.   dº   Le Chalet, opéra comique — Paris, Tresse
(1873) in-18.

101. **Scribe** et **Varner** — Le Mariage de raison, comédie
en deux actes — Paris, Barba (1834) in-8º.

102. **Soumet** et **Belmontet** — Une Fête de Néron, tragédie en 5 actes — Paris, Barba (1834) in-8º.

103 **Vernes** (Jules) — Un Neveu d'Amérique ou les
deux Frontignan, comédie en 3 actes — Paris,
Hetzel et Cie, in-18.

104. **Vial** (J.-C.) — Le Mari et l'Amant, comédie —
Paris, Barba (1834) in-8º.

105. **Viennet** — Les Serments, comédie en 3 actes et en vers — Paris, Barba (1839) in-8°.

106. **Wafflard** et **Fulgence** — Le Célibataire et l'homme marié, comédie en 3 actes et en prose — Paris, Barba (1836) in-8°.

P.² — Romanciers Français du XIXᵉ Siècle

CCVIII. — Iʳᵉ Epoque : 1800 à 1840

1. **Ancelot** (Mᵐᵉ) — Gabrielle — Paris (1857) in-4°.

2. **Arnould** et **Fournier** — Alexis Petrowitch, histoire russe — Paris, Dupont (1835) in-8°, 2 vol.

3. **Balzac** — César Birotteau — Paris, Maresq et Cⁱᵉ in-4°.

4.   d°   Les Célibataires — Paris, Michel Lévy (1871) in-18, 2 vol.

5.   d°   Les contes drolatiques : Colligez es abbayes de Touraine pour l'esbattement des pantagruelistes et non aultres, dessins par Gustave Doré — Paris, Garnier frères, in-18.

6.   d°   Le cousin Pons — Paris, Michel Lévy frères (1856) in-18.

7.   d°   La cousine Bette — Paris, Michel Lévy frères (1871) in-18.

8.   d°   Le député d'Arcis — Paris, Michel Lévy frères (1870) in-8°.

9.   d°   La dernière incarnation de Vautrin — Paris, Michel Lévy frères (1871) in-18.

10. **Balzac** — Eugénie Grandet — Paris, Michel Lévy frères, in-18.

11.   d⁰   Grandeur et décadence de César Birotteau — Paris, Michel Lévy frères (1869) in-18.

12.   d⁰   Illusions perdues — Paris, Michel Lévy (1871) in-18.

13.   d⁰   Les Parisiens en Province — Paris, Michel Lévy frères (1873) in-18.

14.   d⁰   Le père Goriot — Paris, Michel Lévy frères (1873) in-18.

15.   d⁰   Les Rivalités — Paris, Michel Lévy frères (1870) in-18.

16.   d⁰   Ursule Mirouet — Paris, Michel Lévy frères (1873) in 18.

17. **Barrault** (Emile) — Eugène — Paris, Desessart (1843) in-8⁰.

18. **Constant** (Benjamin) — Adolphe — Paris, J. Bry, in-4⁰.

19.   d⁰   Adolphe, anecdote trouvée dans les papiers d'un inconnu, suivi des ouvrages du même écrivain, de réflexions sur le théâtre allemand et sur la tragédie de Walstein — Paris, Charpentier (1839) in-18.

20.   d⁰   Adolphe et œuvres diverses — Paris, Garnier frères (1849) in-18.

21. **Contes** du presbytère (les) dédiés à la jeunesse — Paris, Masson et Yonnet (1828) in-32.

22. **Denis** (Ferdinand) — André le voyageur — Paris (1840) in-8⁰.

23. **Docteur** (J.-C.) — Le château de pierrepercée, roman historique du XIIᵉ siècle — Saint-Dié, Trexon (1840) in-8⁰.

24. **Duras** (Mme de) — Ourika, Edouard — Paris, J. Bry, in-4º.

25. **Falaize** (Mme) — Confidences d'une jeune fille ou la faiblesse d'une mère — Paris, Ch. Douniol (1853) in-8º, 2 vol.

26. **Fournier** (Ortaire) — Histoire de Pierre Durand — Paris (1839) in-18, 2 vol.

27. **Fournier** (Marc) — Les aventures d'un comédien — Paris, Lachaud et Burdin, in-18.

28. **Français** (les) peints par eux-mêmes — Curmer, (1840) in-8º.

29. **Guy d'Agde** — Julia ou l'amour à Naples — Paris, Charpentier (1835) in-8º, 2 vol.

30. **Jacob** (Bibliophile) — La danse macabre, histoire fantastique du xvᵉ siècle — Paris, E. Renduel (1832) in-18.

31. **Krudner** (Mme de) — Valérie — Paris, Ollivier (1837) in-18, 2 vol.

32. **Lhéritier** (L.) — La République, histoire de la famille Clairvent — Paris, Paulin (1833) in-8º, 2 vol.

33. **Lœve-Veimars** — Le nepenthés, contes, nouvelles et critiques — Paris, Ladvocat (1833) in-8º, 2 vol.

34. **Salm** (princesse de) — Vingt-quatre heures d'une femme sensible — Paris, Firmin Didot (1842) in-8º.

35. **Senancour** (de) — Isabelle — Paris, Abel Ledoux (1833) in-8º.

36. **Senart** (Mme) — Mos de Lavène, scènes et souvenirs du bas Languedoc — Paris, Claye (1858) in-8º.

37. **Stael** (Mme de) — Corinne ou l'Italie, précédée d'observations par Mme Necker de Saussure — Paris, Garnier frères, in-18.

38. **Stael** (Mme de) — Corinne ou l'Italie — Paris, Victor
Lecou (1853) in-4°.

39. **Toppfer** (Rodolphe) — Le presbytère — Paris, Hachette et Cie (1855) in-18.

40.   d°   Nouvelles génevoises — Paris, in-4°.

41. **Toubin** (Charles) — Les contrebandiers de Noirmont
— Paris, Claye (1858) in-8°.

42. **Valéry** — Sainte Périne — Paris, Ponthieu et Cie
(1826).

43. **Valrey** (Max) — Marthe de Montbrun — Paris,
Claye (1857) in-8°.

44.   d°   Hermine, étude de la vie bretonne — Paris,
Claye (1860) in-8°.

CCIX. — 2me Epoque : 1830 à 1860

1. **Carrey** (Emile) — Les Metis de la Savane — Paris,
Michel Lévy (1857) in-18.

2. **Desnoyers** (Louis) — Aventures de Robert-Robert
et de son fidèle compagnon Toussaint-Lavenette —
— Paris, Garnier frères (1857) in-8°.

3. **Dumas** (Alexandre) — Blanche de Beaulieu — Paris,
Marescq et Cie, in-4°.

4.   d°   Le Collier de la Reine — Paris, Calmann-
Lévy (1888) in-18, 3 vol.

5.   d°   Le comte de Monte-Cristo — Paris, Calmann-
Lévy (1889) in-18, 6 vol.

6.   d°   Le Corricolo — Paris, Calmann-Lévy (1889)
in-18, 2 vol.

7. **Dumas** (Alexandre) — Jehanne la Pucelle — Paris, Michel Lévy frères (1862) in-18.

8.   do   Mémoires d'un Policeman — Paris, A. Cadot, in-18.

9.   do   Le Meneur de Loups — Paris, Michel Lévy frères (1876) in-18.

10.   do   Les Mille et Un Fantômes — Paris, Michel Lévy frères (1876) in-18.

11.   do   Les Mille et Un Fantômes — Paris (1857) in-4°.

12.   do   Le Père la Ruine — Paris, Michel Lévy frères (1860) in-18.

13.   do   La reine Margot — Paris, Calmann Lévy (1889) in-18, 2 vol.

14.   do   Le Testament de M. de Charvelin, Un dîner chez Rossini, Les Gentilshommes de la Sierra-Morena — Paris (1857) in-4°.

15.   do   Les Trois Mousquetaires — Paris, Calmann Lévy (1888) in-18, 2 vol.

16.   do   La Tulipe Noire — Paris, Michel Lévy frères (1874) in-18.

17.   do   Le vicomte de Bragelonne — Paris, Calmann Lévy (1890) in-18, 6 vol.

18.   do   Vingt ans après — Paris, Calmann Lévy (1888) in-18, 3 vol.

19. **Ferry** (Gabriel) — Les Squatters — Paris, L. Hachette et Cie (1858) in-18.

20.   do   Aventures d'un Français au pays des Caciques — Paris, Maurice Dreyfous, in-18.

21. **Féval** (Paul) — La Belle Etoile — Limoges, Marc Barbou et Cie, in-4°.

22. **Féval** (Paul) — Alizia Pauli — Paris, in-4° (1860).

23.   do   Le Mal d'Enfer — Paris, Lecrivain et Tou-
              bou (1860) in-4°.

24.   do   Les Parvenus —Paris, Toubou (1860) in-4°.

25.   do   Une Pécheresse — Paris, Bry, in-4°.

26.   do   La Quittance de Minuit— Paris (1862) in-4°.

27. **Fiévée** (J.)—La dot de Suzette — Paris, J. Bry, in-4°.

28. **Figuier** (Mᵐᵉ Louise) — Mos de Lavène — Paris,
              Hachette et Cⁱᵉ (1859) in-18.

29.   do   Le Gardian de la Camargue — Paris, Claye
              (1861) in-8°.

30. **Fridolin** (major) — Une histoire de chasse — Paris,
              Claye (1858) in-8°.

31. **Gautier (Th.)** — Les Jeunes France, Contes humo-
              ristiques — Paris, Charpentier (1880) in-18.

32.   do   Le capitaine Fracasse — Paris, Charpentier
              et Cⁱᵉ (1874) in-18, 2 vol.

33. **Hugo** (Victor) Les Misérables — Paris, Pagnerre
              (1862) in-18, 10 vol.

34.   do   Quatre-vingt-treize — Paris (1880) in 8°.

35.   do   Bug-Jargal, le dernier Jour d'un condamné ;
              Claude Gueux — Paris, Houssiaux (1860)
              in-8°.

36.   do   L'Homme qui rit — Paris, Lacroix, Verbœc-
              koven et Cⁱᵉ (1869) in-8°, 4 vol.

37.   do   Han d'Islande — Paris, Houssiaux (1860)
              in-8°.

38.   do   Notre-Dame-de-Paris — Paris, Hetzel, quan-
              tin (1860) in-8°, 2 vol.

39. **Janin** (J.) — L'âne mort et la femme guillotinée — Paris, J. Bry aîné (1849) in-4°.

40.   do   Les Catacombes ; Romans ; Contes nouvelles — Paris Werdet (1839) in-32, 5 vol.

41. **Kock** (Paul de) — Le sentier aux prunes — Paris, V. Benoist et Cie, in-4°.

42.   do   Mon voisin Raymond — Paris, G. Barbier. in-4°.

43. **Lafond** (Edouard) — Un médecin sous la terreur Paris, Dillet (1864) in-18.

44. **Lamartine** (de) — Le tailleur de pierre de St-Point, récit villageois — Paris. Hachette et Cie — (1873) in-18.

45.   do   Le manuscrit de ma mère — Paris, Hachette et Cie (1873) in-18.

46.   do   Raphaël, pages de la 20e année — Paris, Hachette et Cie — 1874) in-18.

47. **Mérimée** (Prosper) — Colomba — Paris, Michel Lévy (1875) in-18.

48.   do   Les Cosaques d'autrefois — Paris, Michel Lévy frères (1865) in-18

49.   do   Les deux Héritages — Paris, Michel Lévy frères (1865) in-18.

50.   do   Episode de l'Histoire de Russie ; les faux Demetrius — Paris, Michel Lévy (1875)

51.   do   Lettres à une inconnue, précédées d'une étude sur Mérimée, par H. Taine — Paris, Michel Lévy frères (1874) in-8°, 2 vol.

52.   do   Lokis, le manuscrit du docteur Wittenbach — Paris, Claye (1866) in-8°.

53. **Mery** (J.) — La comtesse Adrienne — Paris, Calmann Lévy (1876) in-18.

54.   d⁰   La Floride — Paris, Hachette et Cⁱᵉ (1859) in-18.

55.   d⁰   Une Histoire de Famille — Paris, Michel Lévy frères — (1856) in-18.

56.   d⁰   Trafalgar — Paris, Michel Lévy frères (1869) in-18.

57.   d⁰   La Guerre du Nizam — Paris, G. Roux (1854) in-18.

58. **Molènes** (Paul de) — La princesse Prométhée — Paris, Claye (1857) in-8⁰.

59.   d⁰   L'écueil de Lovelace — Paris, Claye (1857) in-8⁰.

60.   d⁰   Un essai de bonheur Conjugal — Paris, Claye (1858) in-8ᶜ.

61.   d⁰   L'asile, caractères et récits du temps — Paris, Claye (1858) in 8⁰.

62.   d⁰   La devise des Cruentaz — Paris, Claye (1859) in-8⁰.

63.   d⁰   Les Caprices d'un Régulier, scènes de la vie militaire — Paris, Claye (1862) in-8⁰.

63. **Montégut** (Emile) — Les petits secrets du cœur — Paris, Claye (1859) in-8⁰.

64. **Muller** (Eugène) — La Mionette — Paris (1858) in-32.

65. **Murger** (Henri) — Les vacances de Camille — Paris, J. Claye (1857) in 8⁰,

66. **Musset** (Paul de) — Histoire d'un diamant, récit de mœurs contemporaines — Paris, Claye (1877) in-8⁰.

67. **Musset** (Paul de) — Don Fa-Tutto, récit de la vie vénitienne — Paris, Claye (1866) in-8°.

68. **Nodier** (Charles) — Romans — Paris, Charpentier (1840) in-18.

69.   do   Nouvelles, suivies des fantaisies du dériseur sensé — Paris, Charpentier et Cⁱᵉ (1871) in-18.

70.   do   Contes fantastiques — Paris, Charpentier (1869) in-18.

71. **Pavie** (Théodore) — Valentin, récit du Bas-Mame — Paris, Claye (1862) in-8°.

72.   do   Manoela — Paris, Claye (1858) in-8°.

73.   do   Marie la frileuse, récit du bocage — Paris, Claye (1859) in-8°.

74.   do   La panthère noire — Paris, Claye (1865) in-8°.

75.   do   Gretchen, récit de la haute mer — Paris, Claye (1857) in-8°.

76. **Reybaud** (Louis) — Jérôme Paturot à la recherche d'une position sociale — Paris, Calmann-Lévy, in-18.

77.   do   César Falempin — Paris, Michel Lévy (1860) in-18.

78.   do   Le coq du clocher — Paris, Michel Lévy (1856) in-18.

79. **Reybaud** (Mᵐᵉ Charles) — Comment ma tante Isabelle resta fille — Paris, Claye (1868) in-8°.

80.   do   Le cabaret de Gaubert — Paris, Claye (1857) in-8°.

81.   do   L'oncle César — Paris, Claye (1859) in-8°.

82. **Saintine** (Xavier) — Antoine, l'ami de Robespierre
Paris, L. Hachette et Cie (1858) in-18.

83. **Sand** (George) — Romans divers (édition Hetzel)
— Paris, Marescq et Cie, in-4°, 7 vol.

» Edition Calmann Lévy (1893) in-18.

84. d° Contes d'une grand'mère, 1 vol.

85. d° La coupe, 1 vol.

86. d° Les dames vertes, 1 vol.

87. d° La Daniella, 2 vol.

88. d° La dernière Aldini, 1 vol.

89. d° Le dernier amour, 1 vol.

90. d° Dernières pages, 1 vol.

91. d° Les deux frères, 1 vol.

92. d° Le diable aux champs, 1 vol.

93. d° Elle et lui, 1 vol.

94. d° La famille de Germandre, 1 vol.

95. d° La filleule, 1 vol.

96. d° Flamarande, 1 vol.

97. d° Flavie, 1 vol.

98. d° Francia, 1 vol.

99. d° François le Champi, 1 vol.

100. d° Un hiver à Majorque, Spiridion, 1 vol.

101. d° L'homme de neige, 3 vol.

102. d° Horace, 1 vol.

103. **Sand** (George) — Indiana, 1 vol.

104. d° Isidora, 1 vol.

105. d° Jacques, 1 vol.

106. d° Jean de la Roche. 1 vol.

107. d° Jean Riska Gabriel 1 vol.

108. d° Jeanne, 1 vol.

109. d° Laura, 1 vol.

110. d° Légendes rustiques, 1 vol.

111. d° Lelia, Metella, Cora, 2 vol.

112. d° Lucrezia Floriani, Lavinia, 1 vol.

113. d° Mademoiselle L. Quintinie, 1 vol.

114. d° Mademoiselle Merquem, 1 vol.

115. d° Les maîtres sonneurs, 1 vol.

116. d° Les maîtres mosaïstes, 1 vol.

117. d° Malgré tout, 1 vol.

118. d° Les amours de l'âge d'or, 1 vol.

119. d° Adriani, 1 vol.

120. d° André, 1 vol.

121. d° Antonia. 1 vol.

122. d° Autour de la table, 1 vol.

123. d° Le beau Laurence, 1 vol.

124. d° Beau messieurs de Bois doré, 2 vol.

125. d° Cadio, 1 vol.

126. **Sand** (George) — Césarine Dietrich, 1 vol.

127.   do   Le château des Désertes, 1 vol.

128.   do   Le château de Pic Tordu, 1 vol.

129.   do   Le chêne parlant, 1 vol.

130.   do   Le compagnon du tour de France, 2 vol.

131.   do   La comtesse de Rudolstadt, 2 vol,

132.   do   La confession d'une jeune fille, 2 vol.

133.   do   Constance Verrier, 1 vol.

134.   do   Consuelo, 3 vol.

135.   do   La mare au diable, 1 vol.

136   do   Le marquis de Villemer, 1 vol.

137.   do   Ma sœur Jeanne, 1 vol.

138.   do   Mauprat, 1 vol.

139.   do   Le meunier d'Angibault, 1 vol.

140.   do   Monsieur Sylvestre, 1 vol.

141.   do   Mont-Revêche, 1 vol.

142.   do   Nanon, 1 vol.

143.   do   Narcisse, 1 vol.

144.   do   Nouvelles, 1 vol.

145.   do   Pauline, 1 vol,

146.   do   La petite Fadette, 1 vol.

147.   do   Le péché de M. Antoine, 2 vol.

148.   do   Le Piccinino, 2 vol.

149. **Sand** (Georges) — Pierre qui roule, 1 vol.

150.　　dº　　Le secrétaire intime, 1 vol.

151.　　dº　　Les 7 cordes de la lyre, 1 vol.

152.　　dº　　Simon 1 vol

153.　　dº　　Tamaris, 1 vol.

154.　　dº　　Teverino, Leone-Leoni, 1 vol.

155.　　dº　　La tour de Percemont, Marianne, 1 vol.

156.　　dº　　L'Uscoque, 1 vol.

157.　　dº　　Valentine, 1 vol.

158.　　dº　　Valvèdre, 1 vol.

159.　　dº　　La ville noire, 1 vol.

160. **Sandeau** (Jules) — Le colonel Evrard — Paris, Claye (1865) in-8º.

161.　　dº　　Jean de Thommery, le colonel Evrard — Paris, Michel Lévy frères (1873) in-18.

162.　　dº　　Un héritage — Paris, Michel Lévy frères (1852) in-18.

163.　　dº　　Madeleine — Paris, Charpentier (1861) in-18.

164.　　dº　　Mademoiselle de Kerouare suivi de la Fanfarlo par Baudelaire — Paris, Jean Bry, in-4º.

165.　　dº　　Mademoiselle de la Seiglière — Paris, Charpentier et Cie (1869) in-18.

166.　　dº　　La maison de Penarvan — Paris, Michel Lévy frères (1860) in 18.

167.　　dº　　La roche aux mouettes — Paris, in-18.

168.　　dº　　Sacs et parchemins — Paris, Michel Lévy frères (1851) in-18, 2 vol.

169. **Sainte-Beuve** — Le clou d'or — Paris, Chamerot (1880) in-8°.

170. **Scribe** (Eug.) — Nouvelles et proverbes — Paris, (1856) in-4°.

171. **Soulié** (Frédéric) — Huit jours au château — Paris, Lecrivain et Toubou (1859) in-4°.

172. d° Le lion amoureux — Paris, Michel Levy (1863) in-4°.

173. **Souvestre** (Emile) — Un philosophe sous les toits, Journal d'un homme heureux — Paris, Michel Lévy frères (1863) in-18.

174. d° Sous la Tonnelle — Paris, Giraud (1853) in-18.

175. **Stahl** (P.-J.) — Les patins d'argent, histoire d'une famille hollandaise et d'une bande d'écoliers — Paris, Hetzel et Cie, in-18.

176. d° Histoire d'un âne et de deux jeunes filles — Paris, Hetzel et Cie, in-8°.

177. **Stahl et Grandville** — Vie privée et publique des animaux — Paris, J. Hetzel (1867) in-4°.

178. **Sue** (Eugène) — Paula Monti ou l'hôtel Lambert Paris, Lecrivain et Toubon (1860) in-4°.

179. d° Le Juif errant — Paris, Rouff et Cie, in-4°, 2 vol.

180. d° Les mystères du peuple ou histoire d'une famille de prolétaires à travers les âges — Paris, Lacroix et Cie (1865) in-8, 12 vol.

181. d° Le marquis de Letorières — Paris, Paulin (1846) in-32.

182. d° Thérèse Dunoyer — Paris, Paulin (1846) in-32, 2 vol.

CCX. — 3ᵐᵉ Epoque : 1850 à 1870

1. **About** (Edmond) — La Grèce contemporaine — Paris, Hachette et Cⁱᵉ (1855) in-18.

2.   d°   De Pontoise à Stamboul, le grain de plomb, etc. — Paris, Hachette et Cⁱᵉ (1884) in-18.

3.   d°   Le roman d'un brave homme — Paris, Hachette et Cⁱᵉ (1883) in-18.

4.   d°   Le turco — Paris, Claye (1866) in-8°.

5.   d°   Théâtre impossible — Paris, L. Hachette et Cⁱᵉ (1862) in-18.

6.   d°   Ahmed le Fellah — Paris, Claye (1869) in-8°.

7.   d°   Etienne, histoire d'un coq en pâte — Paris, Claye (1868) in-8°,

8.   d°   La fille du chanoine — Paris, Claye (1867) in-8°.

9.   d°   Germaine — Paris, Hachette et Cⁱᵉ (1872) in-18.

10.   d°   L'homme à l'oreille cassée — Paris, Hachette et Cⁱᵉ (1876) in-18.

11.   d°   Lettres d'un bon jeune homme à sa cousine Madeleine — Paris, Michel Lévy frères (1872) in-18,

12.   d°   Dernières lettres d'un bon jeune homme à sa cousine Madeleine — Paris, Michel Lévy frères, in-18.

13.   d°   L'infâme — Paris, Claye (1866) in-8°.

14.   d°   Madelon — Paris, Hachettte et Cⁱᵉ (1872) in-18.

15. **About** (Edmond) — Maître Pierre — Paris, Hachette et Cie (1874) in-18.

16. .   d^o Les mariages de Paris — Paris, Hachette et Cie (1874) in 18.

17.   d^o Les mariages de province — Paris, Claye (1867) in-8".

18.   d^o Le nez d'un notaire — Paris, Hachette et Cie, in-18.

19.   d^o Le roi des montagnes — Paris, Hachette et Cie (1877) in-18.

20. **Achard** (Amédée) —   Brunes et blondes — Paris, Calmann Lévy (1877) in-18.

21.   d^o L'eau qui dort — Paris, Claye (1859) in-8°.

22.   d^o Le livre à Serrure — Paris, Claye (1875) in-8°.

23.   d^o Madame Rose — Paris, Claye (1857) in-8°.

24.   d^o Madame de Sarens — Paris, Claye (1864), in-8°.

25.   d^o Le mari de Delphine — Paris, Claye (1869) in-8°.

26.   d^o Maxence Humbert — Paris, Hachette (1867) in-18.

27.   d^o Miss Tempête — Paris, Claye (1860) in-8°

28.   d^o L'ombre de Ludovic — Paris, Hachette et Cie (1859) in 18.

29.   d^o La recherche de l'inconnu — Paris, Claye (1871) in 8°.

30.   d^o Les récits d'un soldat — Paris, Claye (1871) in-8°.

31. **Achard** (Amédée) — Salomé, scènes de la forêt noire — Paris, Claye (1860) in 8°.

32.   d°   Le serment d'Edwige — Paris, Claye (1869) in-8°.

33.   d°   Les rêves de Gilberte — Paris, Claye (1871) in-8°.

34.   d°   La vocation d'Urbain Lefort — Paris, Claye (1858) in-8°.

35.   d°   Les vocations — Paris, Hachette et Cie (1859).

36. **Aimard** (Gustave) — Le chercheur de pistes — Paris, Amyot (1865) in-18.

37. **Arvède-Barine** — La légende de Faust — Paris, Claye (1879) in-8°.

38. **Assolant** (Alfred) — Acacia, scènes de la vie américaine — Paris, Claye (1858) in-8°.

39.   d°   Aventures merveilleuses mais authentiques du capitaine Corcoran — Paris, Hachette et Cie (1885) in-18, 2 vol.

40.   d°   Grâce Sharp — Paris, Chamerot (1880) in-8°

41.   d°   Récits de la vieille France — Paris, Ch. Delagrave (1874) in-18.

42. **Albane** (P.) — Flaneur — Paris, Claye (1865) in 8°.

43.   d°   Les propos d'un franc-tireur — Paris, Claye (1870) in-8°.

44.   d°   Souci — Paris, Claye (1867) in-8°.

45. **Banville** (Théodore de) — Les parisiennes de Paris — Paris, Michel Lévy frères (1867) in-18.

46. **Beaumont-Vassy** (vicomte de) — Le fils de la Polonaise — Paris, Sartorius (1873) in-18.

47. **Beausire-Seyssel** (Paul de) — Codicille — Paris, in-18.

48. **Bergounioux** (Edouard) — Le roman d'un chrétien au XIXe siècle — Paris, Douniol (1862) in-18.

49. **Bernard** (Charles) — La peau du lion, la chasse aux amants — Paris, Michel Lévy frères (1871) in 18.

50.   d° Les ailes d'Icare — Paris, Michel Lévy (1857) in-18.

51.   d° Gerfaut — Paris, Michel Lévy frères, in-4°.

52.   d° La femme de quarante ans — Paris, Michel Lévy frères, in-4°.

53.   d° La cinquantaine — Paris, Michel Lévy frères (1875) in-4°.

54.   d° Un homme sérieux — Paris, Michel Lévy frères (1865) in-18.

55.   d° Le paravent — Paris, Michel Lévy frères (1870) in-18.

56.   d° Le gentilhomme campagnard — Paris, Michel Lévy frères (1864) in-18, 2 vol.

57.   d° Le paratonnerre, la peine du talion — Paris, Michel Lévy frères (1864) in-18.

58.   d° Gerfaut — Paris, Michel Lévy frères (1856) in-18.

59. **Berthet** (Elie) — Le sauvage — Paris, Dentu (1877) in-18.

60.   d° La belle drapière — Paris (1858) in-4°.

61.   d° Le val d'Andorre — Paris, Degorce cadet, in-4°.

62. **Beulé** — Le drame du Vésuve — Paris, Michel Lévy
frères (1872) in-18.

63. **Blaze de Bury** (Henri) — La veillée d'un prince —
Paris, Claye (1870) in-8º.

64. **Boisgobey** (Fortuné de) — La main froide — Paris,
Kolb, in-18.

65.   dº   Un mariage d'inclination — Paris, in-18.

66. **Cantel** (J.) — La belle aux yeux de lotus — Paris,
E. Plon, Nourrit et Cie (1873) in-18.

67. **Capmal** (Paulin) — Les folles nuits de Pierre d'Aragon
— Paris, Madre (1870) in-4º.

68. **Caraguel** (Clément) — L'aventure du lieutenant
Lumley — Paris, Chamerot (1880) in-8º.

69. **Champfleury** — Les sentiments de Josquin — Paris,
Claye (1857) in-8º.

70.   dº   Mon ami Roblin — Paris, Chamerot (1893)
in-8º.

71.   dº   La succession de Camus — Paris, Michel
Lévy frères in-18.

72.   dº   La Pasquette — Paris, Dentu (1881) in-18.

73.   dº   Le jardin du Roy — Paris, Chamerot (1882)
in 8º.

74. **Chardall** — Le capitaine Dix. Trois amours d'Anne
d'Autriche — Paris, Degorge-Cadot, in-18.

75. **Chasles** (Philarète) — Le médecin des pauvres —
Paris, Calmann Lévy (1877) in-18.

76. **Chavette** (Eug.) — L'héritage d'un pique-assiette —
Paris, Dentu (1874) in-18, 3 vol.

77.   dº   Les bêtises vraies — Paris, C. Marpon et E.
Flammarion, in-18.

78. **Chavette** (Eug.) — Le guillotiné par persuasion — Paris, in-8°.

79. **Chazel** (Prosper) — Histoire d'un forestier — Paris, Hennuyer, in-18.

80. **Chenevière** (Adolphe) — Honneur de femme — Paris, May et Motteroz (1873) in-8°.

81.   d°   Perle fausse — Paris, Chameroz et Renouard (1894) in-8°.

82.   d°   Histoire de Juliette — Paris, in-18.

83. **Cherbuliez** (V.) — Paule Méré — Paris, Hachette et Cie (1875) in-18.

84.   d°   Le prince Vitale — Paris, Claye (1863) in-8°.

85.   d°   Prosper Randoce — Paris, Hachette et Cie (1874) in-18.

86.   d°   La revanche de Joseph Noirel — Paris, Claye (1871) in 8°.

87.   d°   Le roi Apepi — Paris, Claye (1879) in-8°.

88.   d°   Le roman d'une honnête femme — Paris, Hachette et Cie (1873) in-18.

89.   d°   Samuel Brohl et Cie — Paris, Hachette et Cie (1877) in-18.

90.   d°   Le secret du précepteur — Paris, May et Motteroz (1862) in-8°.

91.   d°   La vocation du comte Ghislain — Paris, Quantin (1888) in-8°.

92.   d°   Jacquine Vanesse — Chamerot et Renouard (1897) in 8°.

93.   d°   Le grand œuvre, entretiens sur un châtaignier — Paris, Claye (1866) in-8°.

94. **Cherbuliez (V.)** — L'idée de Jean Teterol — Paris, Hachette et Cie (1878) in-18.

95.   d°   Le comte Kostia — Paris, Hachette et Cie (1870) in-18.

96.   d°   Meta Holdenis — Paris. Hachette et C^is (1873) in-18.

97.   d°   Miss Rovel — Paris, Claye (1874) in-8°.

98.   d°   Noirs et rouges — Paris, Claye (1880) in-8°.

99.   d°   Olivier Maugant — Paris, Claye (1884) in-8°.

100.   d°   Après fortune faite — Paris, Chamerot et Renouard (1895) in-8°.

101.   d°   L'aventure de Ladislas Bolski — Paris, Claye (1869) in-8°.

102.   d.   La bête — Paris, Quantin (1886) in-8°.

103.   d°   La ferme de Choquard — Paris, Claye (1882) in-8°.

104.   d°   Le fiancé de Mademoiselle Saint-Maur — Paris, Hachette et Cie (1876) in-8°.

105.   d°   Une gageure — Paris, Quantin (1890) in-8°.

106.   d°   Gotthold, Ephraïm Lessing — Paris, Claye (1868) in-8°.

107. **Cherville (de)** — Histoire d'un trop bon chien — Paris, J. Hetzel et Cie, in-18.

108. **Chevalier (Emile)** — La capitaine — Paris, Calmann Lévy (1878) in-18.

109. **Conti (Henri)** — Haines de femme — Paris, in-18.

110. **Coolus (Romain)** — Monsieur Léopardin — Paris, in-18.

111. **Coomans (F.)** — Une académie de fous — Bruxelles, Victor Devaux et Cie (1871) in-8°, 2 vol.

112.   do   La bourse et le chapeau de Fortunatus — Bruxelles, Paris, Londres (1872) in 18.

113.   do   Baudouin-bras-de-fer ou les Normands en France — Bruxelles, Coomans fils (1874) in-18.

114.   do   Richilde, épisode de l'histoire de la Flandre au xie siècle — Bruxelles, Bauvais et Cie (1865) in-18.

115.   do   Episode de ta révolution Brabançonne de 1789-90 — Bruxelles, Bauvais et Cie (1867) in-18.

116.   do   Les communes belges — Bruxelles, Coomans (1875) in-18.

117. **Conscience (Henri)** — Le conscrit, Paris, Calmann Lévy (1884) in 18.

118.   do   Histoire de deux enfants d'ouvriers — Paris, Calmann Lévy (1885) in-18.

119.   do   La maison bleue — Paris, Michel Lévy frères (1875) in-18.

120.   do   Le démon du jeu — Paris, Michel Lévy frères (1868) in-18.

121.   do   Scènes de la vie flamande — Paris, Michel Lévy frères (1844) in-18, 2 vol.

122. **Constans-Milleret** — Pierrot pendu — Paris, in-18.

123. **Craven (Mme Augustin)** — Fleurange — Paris, Didier et Cie (1874, in-18. 2 vol.

124.   do   Récit d'une sœur, souvenir de famille — Paris, Didier et Cie (1867) in-18, 2 vol.

125. **Dhormoys** (Paul) — La vertu de M Bourget —
Paris, Michel Lévy (1869) in-18.

126.   **Droz** (Gustave) — Un duel absurde — Paris, in-8º.

127.   dº   Le cahier bleu de Mademoiselle Cibot —
Paris, Paul Ollendorff (1892) in-18.

128.   dº   Monsieur, Madame et Bébé — Paris, Hetzel
in-18.

129.   dº   Un paquet de lettres — Paris, Claye (1868)
in-8º.

130.   dº   Autour d'une source — Paris, Claye (1869)
in 8º.

131. **Drumont** (Ed.) — Le dernier des Tremolin —
Paris, Marpon et Flammarion, in 32.

132. **Du Camp** (Maxime) — Le crépuscule, propos du
soir — Paris, Hachette et Cie (1893) in-18.

133.   dº   Les buveurs de cendres — Paris, Claye
(1893) in-8º.

134.   dº   Richard Piednoel — Paris, Claye (1861)
in-8º.

135.   dº   Le chevalier du cœur saignant — Paris,
Claye (1859) in-8º.

136.   dº   L'homme au bracelet d'or — Paris, Calmann
Lévy (1882) in-18.

137. **Ducom** (E.) — La reine du Sabbat, scènes de la vie
des Landes — Paris, Claye (1860) in-8º.

138. **Duffour** (Nicolle) — Un duel, nouvelle — Paris.
A. Lemerre (1874) in-18.

139. **Enault** (Louis) — Christine — Paris, L. Hachette
et Cie (1859) in-18.

140. **Enault** (Louis) — La veuve — Paris, Hachette et Cie (1877) in-18.

141.   d^o La destinée — Paris, Hachette et Cie (1870) in-18.

142. **Ennery** (Ad. d') — Paillasse — Paris, J. Rouff et Cie, in-4°.

143. **Epailly** — Les aventures d'Albérie — Nice, J. Ventre et Cie in-18.

144. **Erckmann-Chatrian** — Le joueur de clarinette — Paris, Hetzel (1863) in-18.

145.   d^o Histoire d'un sous-maître, etc. — Paris, Hetzel et Cie (1871) in-18.

146.   d^o L'illustre docteur Mathéus — Paris, Hetzel et Cie, in-18.

147.   d^o Le blocus — Paris, Hetzel et Cie, in-18.

148.   d^o Histoire d'un conscrit de 1813 — Paris, Hetzel et Cie, in-18.

149.   d^o La maison forestière — Paris, Hetzel et Cie, in-18.

150.   d^o L'ami Fritz — Paris, Hachette et Cie (1864) in-18.

151.   d^o Le fou Yegof ou l'invasion — Paris, Hetzel, in-18.

152.   d^o Histoire d'un paysan. La patrie en danger, 1792 — Paris, J. Hetzel (1869) in-18.

153.   d^o Le grand-père Lebigre — Paris, Chamerot (1879) in 8°.

154.   d^o Les vieux de la vieille — Paris, Claye (1880) in-8°.

155. **Erckmann-Chatrian** – L'Education d'un féodal —
Paris, Claye (1875) in-8º.

156.   dº   Maître Daniel Bock — Paris, Hetzel et Cie
(1874) in-18.

157.   dº   Waterloo — Paris, Hetzel et A. Lacroix,
in-18.

159.   dº   Contes de la montagne — Paris, Michel
Lévy frères (1860) in-18.

159.   dº   Le brigadier Frédérick — Histoire d'un
français chassé par les Allemands — Paris,
Hetzel et Cie in-18

160. **Eynaud** (Albert) — La maison du bey — Paris,
Claye (1873) in-8º.

161. **Feuillet** (O.) — Honneur d'artiste — Paris, Quantin (1890) in 8º.

162.   dº   Le roman d'un jeune homme pauvre —
Paris, Claye (1858) in-8º.

163.   dº   Histoire de Sibylle — Paris, Claye (1862)
in-8º.

164.   dº   Monsieur de Camors — Paris, Claye (1867)
in-8º.

165.   dº   Le journal d'une femme — Paris, Calmann
Lévy (1878) in-18.

166.   dº   Un mariage dans le monde — Paris, Michel
Lévy frères (1875) in-18.

167.   dº   Bellah — Paris, Michel Lévy frères (1872)
in-18.

168.   dº   Les amours de Philippe — Paris, Claye (1877)
in-8º.

169.   dº   Histoire d'une parisienne — Paris, Claye
(1881) in-8º.

170. **Feuillet** (O) — La morte — Paris, Quantin (1885) in-8°.

171.   d°   La veuve, le voyageur — Paris, Calmann Lévy (1884) in-18.

172.   d°   Julia de Trécœur — Paris, Michel Lévy frères (1872), in-18.

173. **Flaubert** (Gustave) — Mme Bovary, mœurs de province — Paris, Quantin (1885) in-8°.

174.   d°   Salambo — Paris, Quantin (1885) in-8°.

175.   d°   L'éducation sentimentale — Paris, Quantin (1885) in-8°, 2 vol.

176.   d°   La tentation de Saint Antoine — Paris, Quantin (1885) in-8°.

177.   d°   Trois contes, mélanges inédits — Paris, Quantin (1885) in 8.

178.   d°   Bouvard et Pecuchet — Paris, Quantin (1885) in-8°.

179.   d°   L'éducation sentimentale, histoire d'un jeune homme — Paris, Michel Lévy frères (1874) in-18, 2 vol.

180. **Fleuriot** (Zénaïde) — Aigle et colombe — Paris, Didot frères, fils et Cie (1874) in-18.

181.   d°   Une chaine invisible — Paris, Lecoffre fils et Cie (1873) in-8°.

182.   d°   Alix — Paris, Lecoffre fils et Cie (1873) in-18, 2 vol.

183.   d°   Reseda — Paris, Bray et Retaux (1874) in-18.

184.   d°   Monsillon — Paris, Lecoffre fils et Cie (1875) in-8°.

185. **Forgues** (Eugène) — Bamba — Paris, Chamerot
     (1885) in-8°.

186.   d°   Dorlcott-Mill, scènes de la vie anglaise —
     Paris, Claye (1860) in-8°.

187.   d°   La famille du docteur — Paris, Claye (1863)
     in-8°.

188.   d°   Fausses routes, récit de la vie anglaise —
     Paris, Claye (1867) in-8°.

189.   d°   Mouna — Paris, Chamerot (1883) in-8°.

190.   d°   Le violon muet — Paris, Chamerot (1883)
     in-8°.

191.   d°   Une Parque, scène de la vie anglaise —
     Paris, Claye (1860) in 8°.

192.   d°   Le rose et le gris — Paris, L. Hachette et Cie
     (1860) in-18.

193. **Foucher** (Paul) — « Fin papa » — Paris, Paul
     Ollendorff (1893) in-18.

194. **Gaboriau** (Emile) — L'affaire Lerouge — Paris, E.
     Dentu, in 18.

195.   d°   Le capitaine Coutanceau — Paris, E. Dentu
     (1878) in-18.

196. **Gauthier** (Eug.) — Les bandits justiciers des Alpes-
     Maritimes, Dutertre (1870) in-18.

197. **Georges** et sa famille — Souvenirs — Paris, Sandoz
     et Fischbacher (1872) in-8°.

198. **Gonzalès** (Emmanuel) — Les frères de la côte —
     Paris, in-4°.

199. **Gonzalès et Moleri** — Les sept baisers de Buckin-
     gham — Paris, Dentu (1877) in-18.

200. **Houssaye** (Arsène) — Mademoiselle Cléopâtre — Paris, Michel Lévy frères (1874) in-18.

201. **Hubert** (Adrien) — Le jeudi saint à la sacristie — Paris, in-18.

202. **Hovelaque** (Emile) — Jean Carriès — Paris, in-18.

203. **James** (Henri) — La madone de l'avenir — Paris, Claye (1876) in 8°.

204.   d° Quatre rencontres — Paris, Claye (1878) in-8°.

205. **Laboulaye** (Edouard) — Abdallah ou le trèfle à quatre feuilles, conte arabe, suivi de Aziz et Aziza — Paris, Charpentier (1868) in-18.

206. **Lagrange** (Elysée) — Exil et patrie — Paris, Berger-Levrault et Cie (1874) in-8°.

207. **Madelène** (H. de la) — Jean de Baumes — Paris, (1872) in 8°.

208. **Maquet** (Auguste) — La maison du baigneur — Paris, E. Dentu (1879) in-18.

209 **Marc Monnier.** — Gian et Hans — Paris, Claye (1881) in-8°.

210.   d° Miss Ouragan — Paris, Claye (1879) in-8°.

211.   d° Donna-Grazia — Paris, Claye (1876) in-8°.

212.   d° Les Contes de Nourrice de la Sicile — Paris, Claye (1875) in-8°.

213.   d° Entre Aveugles — Paris, Chamerot (1880) in-8°.

214.   d° Mémoires d'Athanase Muscardin — Paris, Chamerot (1884) in-8°.

215.   d° Le Charmeur — Paris, Chamerot (1880) in-8°

216. **Marmier** (X.) — Histoire d'un pauvre Musicien —
Paris, L. Hachette et Cie (1866) in-18.

217.   do   Histoires Allemandes et Scandinaves —
Paris, Michel Lévy frères (1860) in-18.

218.   do   Les Fiancés du Spitzberg — Paris, Hachette
et Cie (1859) in-18.

219.   do   L'Arbre de Noël, contes et légendes —
Paris, Hachette et Cie (1873) in-18.

220. **Mirabeau** (comtesse de) — Jane et Germaine —
Paris, Didier et Cie (1875) in-18.

221. **Monselet** (Charles) — Le duc s'amuse — Paris,
Michel Lévy frères (1866) in-18.

222.   do   Chamvallon, histoire d'un souffleur de
l'Académie Française — Paris, Sartorius
(1872) in-18.

223.   do   François Soleil — Paris, Michel Lévy frères
(1866) in-18.

224.   do   La première Bonne — Paris, in-18.

225.   do   La montre de Tuteremu — Paris, in-8º.

226. **Perret** (Paul) — Le Prieuré — Paris, Claye (1865)
in-8º.

227.   do   La Bague d'Argent — Paris, Claye, (1864)
in-8º.

228.   do   Les derniers Rêveurs — Paris, de Tage et
fils (1889) in-8º.

229.   do   Un Parasite — Paris, Claye (1865) in-8º.

230.   do   Les sept Croix de Vie — Paris, Claye (1866)
in-8º.

231.   do   L'Amour éternel — Paris, Claye (1867)
in-8º.

232. **Perret** (Paul) — Le Diable Galant — Paris (1895) in-18.

233.   d° Madame Victoire — Paris (1895) in-18.

234.   d° Les Enervés — Paris, Chamerot (1883) in-8.

235.   d° Mademoiselle du Plessé — Paris, Claye (1860) in-8°.

236.   d° Les Demoiselles de Liré — Paris, in-18.

237. **Rivière** (Henri) — La Marquise — Paris, Claye (1880) in-8°.

238.   d° Mademoiselle d'Avremont — Paris, Claye (1867) in-8.

239.   d° La Faute du Mari — Paris, Claye (1872)

240. **Réal** (Antony) — Le Roman d'une Religieuse — Paris, Dentu (1876) in-18.

241. **Renaud** (Louis) — Clarisse — Paris, Claye (1877) in-8°.

242. **Robert** (Auguste) — La Parole et l'Épée, épisode dramatique de la Réforme en Allemagne — Paris, Didier et Cie (1868) in-18.

243. **Sand** (Maurice) — Mis Mary — Paris, Claye (1867) in-8°.

244.   d° Callirhoé — Paris, Claye (1863) in-8°.

245.   d° Six mille lieues à toute vapeur — Paris, Claye (1861) in-8°.

246. **Saunders** (Richard) — La science du bonhomme Richard — Paris, J. Bry aîné, in 4°.

247. **Troubat** (Jules) — La migraine de madame Bartoul — Paris, Chamerot (1882) in-8°.

248. **Uchard** (Mario) — Jean de Chazol — Paris, Claye (1865) in-8°.

249. **Uchard** (Mario) — La comtesse Diane — Paris. Claye (1863) in-8°.

250.   d°   Mademoiselle Blaisot — Paris, Claye (1884) in-8°.

251.   d°   Mon oncle Barbassou — Paris, Ollendorf (1887) in-18.

252.   d°   Antoinette ma cousine — Paris, Ollendorf (1887) in-18.

253.   d°   Joconde Berthier — Paris, Ollendorf (1887) in-18.

254.   d°   Inès Parker — Paris, Ollendorff (1887) in-18.

255.   d°   La buveuse de perles — Paris, Ollendorff (1887) in-18.

256.   d°   L'Etoile de Jean — Paris, Ollendorf (1887) in-18.

257. **Vautier** (Georges) — Le mari de Suzanne — Paris, Claye (1877) in-8°.

258.   d°   Le remords du docteur — Paris, Claye (1880) in-8°.

259. **Verne** (Jules) — Le pays des fourrures — Paris, Hetzel et Cie, in-18, 2 vol.

260.   d°   Vingt mille lieues sous les mers — Paris, Hetzel et Cie in-18, 2 vol.

261.   d°   Les enfants du capitaine Grant, voyage autour du monde — Paris, Hetzel et Cie, in-18, 3 vol.

262.   d°   Aventures de trois russes et de trois anglais — Paris, Hetzel et Cie, in-18.

263.   d°   Le Chancellor — Paris, Hetzel et Cie, in-18.

264. **Verne** (Jules) – Le tour du monde en 80 jours — Paris, Hetzel et Cie, in-18.

265.   d^o   Hector Servadac, voyages et aventures à travers le monde solaire — Paris, Hetzel et Cie, in-18, 2 vol.

266.   d^o   Un capitaine de quinze ans — Paris, Hetzel et Cie, in-18, 2 vol.

267.   d^o   Le docteur Ox, maître Zacharius, etc. — Paris, Hetzel et Cie, in-18.

268.   d^o   Voyage au centre de la terre — Paris, Hetzel et Cie. in-18.

269.   d^o   Découverte de la terre, histoire des grands voyages et des grands voyageurs — Paris, Hetzel et Cie, in-18.

270.   d^o   Le désert de glace, aventures du capitaine Hatteras — Paris, Hetzel et Cie, in-18.

271.   d^o   Les Indes noires — Paris, Hetzel et Cie, in-18.

272.   d^o   Une ville flottante, les forceurs de blocus — Paris, Hetzel et Cie, in-18.

273.   d^o   La maison à vapeur, voyage à travers l'Inde septentrionale — Paris, Hetzel et Cie, in-18, 2 vol.

274.   d^o   Les Anglais au pôle nord ; aventures du capitaine Hatteras — Paris, Hetzel et Cie, in-18.

275. **Vernes** (Mme Th.) née de Witt — Aventures d'enfants — Paris, Quantin, in-18.

276. **Vic** (Renée de) — Histoire de mon élève — Paris, Dentu, in-18.

277. **Vicaire** (Gabriel) — On va fermer — Paris, in-18.

278. **Vilbort** (J.) — Jasmina, récit de mœurs kabyles — Paris, Claye (1879) in-8°.

279. **Vincent** (Jacques) — Le cousin Noel — Paris, Claye (1881) in-8°.

280.   d° Le retour de la princesse — Paris, Claye (1879) in-8°.

281.   d° Misé Feréol — Paris, Claye (1880) in 8°.

CCXI. — *4me Epoque : de 1860 à nos jours*

---

1. **Abaur** (Paul) — Madame Mazurel, contes physiologiques — Paris (1895) in-18.

2. **Adam** (Paul) — La force du mal — Paris, Armand Colin et Cie (1896) in-18.

3.   d° Les cœurs nouveaux — Paris, May et Motteroz (1895) in-8°.

4. **Adhémar** (comte V. d') — Les fibres secrètes — Paris, De Soye et fils (1894) in-8°.

5. **Aicard** (Jean) — Diamant noir — Paris (1895) in-18.

6.   d° La noel du petit Saint-Jean — Paris, Chamerot (1890) in-8°.

7. **Albalat** (Antoine) — Le casseur de pierres — Paris, Chamerot (1890) in-8°.

8.   d° Une fleur de tombes — Paris, May et Motteroz (1896) in-8°.

9.   d° Marie — May et Motteroz (1896) in-8°.

10.   d° Marie, amour de village — Paris, May et Motteroz (1897) in-8°.

11. **Amiel** (Henri) — Le bonhomme Noel — Paris, Chamerot (1892) in-8°.

12. **Ardel** (Henri) — Au retour — Paris, De Soye et fils (1893) in 8°.

13.   d° — Un cœur de sceptique — Paris de Soye et fils (1892) in 8°.

14.   d° — Rêve blanc — Paris, De Soye et fils (1894) in-8°.

15. **Badin** (Adolphe) — Blancheville — Paris, Chamerot (1885) in-8°.

16.   d° — Un blessé — Paris, Chamerot (1880) in-8°.

17.   d° — Le docteur Marchand — Paris, Chamerot (1884) in-8°.

18.   d° — Ellen Wilson — Paris, Chamerot (1881) in-8°.

19.   d° — In extremis — Paris, Chamerot (1890) in-8°.

20. **Balech-Lagarde** — Récits historiques et légendaires : M. Castillon — Paris et Tournai, Costerman (1878) in-18.

21.   d° — Un coin de la vieille Picardie — Paris et Tournai, Costerman (1882) in-18.

22.   d° — Le roi de Pique — Paris et Tournai, Costerman (1882) in-18.

23. **Baulny** (née Rouher) — Scrupule — Paris, De Soye et fils (1895) in-8°.

24.   d° — Trop vengée — Paris, De Soye et fils (1894) in-8°.

25.   d° — Sans lendemain — Paris, De Soye et fils (1892) in-8°.

26. **Baussan** (Charles) — Désertion — Paris, De Soye
et fils (1897) in-8°.

27. **Barrès** — Un homme libre — Paris, Perrin et Cie
(1889) in-18.

28. **Bazire** — Charbons ardents — Paris, Calmann Lévy
(1889) in-18.

29. **Bazin** (René) — La sarcelle bleue — Paris, May et
Motteroz (1891) in-8°,

30.   d° Les Noellet — Paris, De Soye et fils (1889)
in-8°.

31.   d° Madame Corentine — Paris, De Soye et fils
(1892) in-8°.

32.   d° De toute son âme — Paris, Chamerot et
Renouard (1897) in-8°.

33. **Beaume** (Georges) — Les amoureux — Paris (1814)
in-18.

34.   d° La rue Saint-Jean et le moulin — Paris,
May et Motteroy (1896) in-8°.

35. **Beaumont** (André de) — Les 28 jours d'une cha-
noinesse — Paris, De Soye et fils (1892) in-8°.

36. **Belot** (Adolphe) — Mlle Vitel et Mlle Lelièvre — Paris,
Dentu (1875) in-18.

37.   d° Les mystères mondains — Paris, Dentu
(1875) in-18.

38.   d° Deux femmes — Paris, Dentu (1875) in-18.

39.   d° Les baigneuses de Trouville — Paris, Dentu
(1875) in-18.

40.   d° La fièvre de l'inconnu — Paris, Dentu, in-18.

41.   d° Mélinite — Paris, Dentu (1888) in-8.

19.

42. **Belot** (Adolphe) — La Vénus noire — Paris, Dentu (1878) in-18.

43. d° La femme de glace — Paris, Dentu (1878) in-18.

44. d° La sultane parisienne — Paris, Dentu (1878) in-18.

45. **Bentzon** (Mme Thérèse) — Constance — Paris, May et Motteroz (1891) in-8°.

46. d° Désiré Turpin — Paris, Claye (1877) in-8°.

47. d° Georgette — Paris, Claye (1879) in-8°.

48. d° La grande Saulière — Paris, Claye (1876) in-8°.

49. d° Le mariage de Jacques — Paris, Quantin (1888) in-8°.

50. d° Maxime. récit de mœurs créoles — Paris, Claye (1874) in 8°.

51. d° L'obstacle — Paris, Claye (1878) in-8°.

52. d° Le parrain d'Annette — Paris, May et Motteroz (1892) in-8°.

53. d° Un remords — Paris, Claye (1877) in-8°.

54. d° Le roman d'un muet — Paris, Michel Lévy frères (1868) in-8°.

55. d° Tony — Paris, Claye (1884) in-8°.

56. d° Très folle — Paris, Claye (1883) in-8°.

57. d° Le veuvage d'Aline — Paris, Claye (1881) in-8°.

58. d° La vocation de Louise — Paris, Michel Lévy frères (1873) in-18.

59. **Bertheroy** (Jean) — Cléopâtre — Paris, Armand Colin et Cie, in-18.

60.   d°   Le roman d'une âme — Paris, (1897) in-18.

61.   d°   Le double joug — Paris, Chamerot et Renouard (1897) in-8°.

62. **Biart** (Lucien) — Cayetano Victoria — Paris, Chamerot (1883) in-8.

63.   d°   Ce que femme peut — Paris, Claye (1873) in-8°.

64.   d°   Le colonel Von Bultz — Paris, Chamerot (1879) in-8°.

65.   d°   Dona Evormia — Paris, Claye (1872) in-8°.

66.   d°   Jeanne de Maurice — Paris, Chamerot (1882) in-8°.

67.   d°   Lola Lopez — Paris, Chamerot (1886) in-8°.

68.   d°   Pourquoi je suis resté garçon — Paris, Chamerot (1880) in-8°.

69.   d°   Premier amour — Paris, Chamerot (1880) in-8°.

70. **Billaudel** (Ernest) — Le reliquaire de Haute cloche — Paris, Charpentier et Cie (1875) in-8°.

71. **Blache** (Noel) — Au pays du mistral — Paris, Ollendorff (1884) in-18.

72.   d°   Melcy — Paris, Chamerot (1885) in 8°.

73.   d°   Césarin Audoly — Paris, Chamerot (1885) in-8°.

74.   d°   La besogne de Peymarlier — Paris, Chamerot (1887) in-8°.

75.   d°   Clairine — Paris, Chamerot (1892) in-8°.

76. **Blaise** (J.) — La monégasque — Paris (1894) in-18.

77. **Blemont** (Emile) — L'impur, conte russe — Paris, in-8°.

78. **Block** (Maurice) — Les suites d'une grève — Paris, Hachette et Cie (1891) in-18.

79. **Blondel** (Antony) — Le partage — Paris, May et Motteroz (1895) in-8°.

80.   do   Louis et Louise — Paris (1894) in-18.

81. **Bonamour** (George) — Les roses de septembre — Paris (1894) in-18.

82. **Bonnières** (Robert de) — Jeanne Avril — Paris, Quantin (1886) in-8°.

83.   do   Les Monach — Paris, Quantin (1884) in-8°.

84.   do   Le petit Margemont — Paris, Quantin (1890) in-8°.

85. **Bonsergent** (Alfred) — Le mari de la Reine — Paris, Chamerot (1880) in-8°.

86.   do   Le mariage de Jacques — Paris, Chamerot (1882) in-8°.

87. **Bordeu** — Jean Pec — Paris, E. Plon, Nourrit et Cie (1893) in-18.

88.   do   Maïa — Paris, Chamerot (1893).

89. **Bourde** (Paul) — Une belle vendetta — Paris, in-8°.

90. **Bourget** (Paul) — André Cornélis — Paris, Lemerre (1887) in-18.

91.   do   Céline Lacoste, un souvenir de la vie réelle — Paris, Claye (1874) in-8°.

92.   do   Cosmopolis — Paris (1894) in-18.

93. **Bourget (Paul)** — Cruelle énigme — Paris, Chamerot (1884) in-8°.

94.   d°   Crime d'amour — Paris, Chamerot (1885) in-8°.

95.   d°   Deuxième amour — Paris Chamerot (1883) in 8°.

96.   d°   Le disciple — Paris, Chamerot (1889) in-8°.

97.   d°   L'irréparable — Paris, Chamerot (1883) in-8°.

98.   d°   Madame Bressuire — Paris (1887) in-8°.

99.   d°   Une idylle tragique — Paris (1896) in-18.

100.   d°   L'irréparable — Paris, Lemerre (1886) in-18.

101.   d°   Mensonges — Paris, Chamerot (1887) in-8°.

102.   d°   Pastels, dix portraits de femmes — Paris, A. Lemerre (1889) in-18.

103.   d°   Une idylle tragique, mœurs cosmopolites — Paris, E. Plon, Nourrit et Cie (1897) in-18.

104.   d°   Recommencements, le vrai père — Paris, (1897) in-18.

105. **Bouvier (Alexis)** — La petite Cayenne — Paris, Marpon et Flammarion, in-18.

106. **Bovet (Mme Marie-Anne de)** — Un veuf — Paris, Chamerot (1893) in 8°.

107. **Boylesve (René)** — L'Aretin en conquête, mœurs vénitiennes du XVIe siècle — Paris (1897) in-18.

108. **Branda (Paul)** — Contre vent et marée, contes — Paris, Dentu (1883) in-18.

109. **Brau de Saint-Paul Lias** — Ayora — Paris, Chamerot (1890) in-8°.

110. **Brête** (Jean de la) — L'Esprit souffle où il veut — Paris, De Soye et fils (1896) in-8°.

111. **Brethous-Lafargue** — Ils sont là — Paris, Chamerot (1883) in-8°.

112. **Bretonnière** (Jean de la) — Le journal de mademoiselle de Vernoux — Paris, De Soye et fils, in-8°.

113. **Brunton** (Madame Marie) — Emmeline — Paris, Lancelin (1878) in-18.

114. **Buet** (Charles) — Le beau Loré — Paris, Chamerot (1889) in-8°.

115. **Burty** (Philippe) — Grave imprudence — Paris, (1880) in-8°.

116. **Cadol** (Edouard) — Un enfant d'Israel — Paris, Dentu (1881) in-18.

117. **Cantacuzène-Altieri** (princesse O.) — Poverina — Paris, Claye (1880) in-8°.

118.   d°   Le mensonge de Sabine — Paris, Claye (1880) in-8°.

119. **Carmen** (Frédéric) — Madeleine Morgan — Paris, May et Motteroz (1897) in-8°.

120. **Caro** (Mme P.) — Amour de jeune fille — Paris, Quantin (1891) in-18.

121.   d°   L'idole — Paris, May et Motteroz (1894) in-8°.

122.   d°   Idylle nuptiale — Paris, De Soye et fils (1896) in-8°.

123.   d°   Pas à pas — Paris, Chamerot et Renouard (1897) in-8°.

124. **Case** (Jules) — Les promesses — Paris, Chamerot (1892) in 8º.

125.   dº   L'Etranger — Paris, May et Motteroz (1894) in-8º.

126. **Castellane** (marquis de) — Les mémoires d'un mort — Paris, Chamerot (1886) in-8º.

127.   dº   Larmes d'amante — Paris, Chamerot (1892) in-8º

128. **Chabot** (Adrien) — L'institutrice — Paris, May et Motteroz (1890) in 8º.

129.   dº   Les fiancés de Radegonde — Paris, Quantin (1889) in-8º.

130. **Challemel-Lacour** — La princesse Tarakanow, histoire d'une aventurière russe au XVIIIe siècle — Paris, Claye (1870) in-8º.

131. **Champol** — La conquête du bonheur — Paris, De Soye (1897) in-8º.

132.   dº   Le mari de Simone — Paris, De Soye et fils (1895) in-8º.

133. **Chastel** (Olivier du) — L'œuvre de Gamma — Paris, Perrin et Cie (1893) in-18.

134. **Cladel** — Fileuse — Paris — (1894) in-18.

135. **Claretie** (Jules) — Un mariage marqué — Paris, in-8º.

136.   dº   Candidat, roman contemporain — Paris, Dentu et Cie (1887) in-18.

137.   dº   Le million, roman parisien — Paris, Dentu (1882) in-18.

138.   dº   Monsieur le Ministre, roman parisien — Paris, Dentu (1881) in-18.

139. **Claretie** (Jules) — Boudha — Paris (1887) in-8°.

140. d° La frontière, May et Motteroz (1894) in-8'.

141. **Colombier** (Marie) — La plus jolie femme de Paris — Paris, Marpon et Flammarion, in-18.

142. **Coppée** (François) — Les vrais riches — Paris, Lemerre (1892) in-18.

143. d° Toute une jeunesse — Paris, Lemerre (1883) in-18.

144. d° Vingt contes nouveaux — Paris, Lemerre (1883) in-18.

145. d° Rivales — Paris, E. Plon, Nourrit et Cie (1893) in-8°.

146. d^e Une faute de jeunesse — Paris, E. Plon, Nourrit et Cie (1893) in-18.

147. d° Contes en prose — Paris, Lemerre (1886) in-18.

148. d° Le coupable — Paris (1897) in-18.

149. **Corbin** (Ch.) — La comtesse de Sartènes — Paris, De Soye et fils (1890) in-8°.

150. d° Les défaillances — Paris, De Soye et fils (1891) in-8°.

151. **Costa de Beauregard** (M.) — Le roman d'un royaliste sous la Révolution — Paris, in-18.

152. **Damad** (M.) — Deux petites crises — Paris, De Soye et fils (1896) in-8°.

153. **Dargène** (Jean) — Arc en ciel — Paris, Chamerot (1893) in-8°.

154. d° Sous la croix du sud — Paris, Chamerot (1890) in-8°.

155. **Dargène** (Jean) — Le feu à Formose — Paris, Chamerot (1889) in-8°.

156. **Daubige** (Ch.) — L'école buissonnière — Paris, Chamerot (1884) in-8°·

157. **Daudet** (Alphonse) — L'enterrement d'une étoile — Paris, May et Motteroz (1896) in-8°.

158. d° Froment jeune et Risler aîné — Paris, G. Charpentier (1880) in-18.

159. d° L'immortel — Paris, Lemerre (1888) in-18.

160. d° Numa Roumestan — Paris, G. Charpentier (1881) in-18.

161. d° La petite paroisse — Paris, in-18.

162. d° Les rois en exil – Paris, E. Dentu (1879) in-18.

163. d° Le trésor d'Arlatan — Paris, in-18.

164. **Daudet** (Ernest) — La Carmélite — Paris (1883) in-8°.

165. d° Madame Robernier — Paris, Claye (1879) in-8°.

166. d° Pervertis — Paris, Chamerot (1882) in-8.

167. **Daudet** (Léon) — Hœrès — Paris, Chamerot (1892) in-8°.

168. d° Les Kamtchatka — Paris, May et Motteroz (1895) in-8°.

169. d° Le voyage de Shakspeare — Paris, May et Motteroz (1895) in-8°.

170. **Decrais** (Julien) — Edith, conte de noel — Paris, Chamerot et Renouard (1896) in-8°.

171. **Delard** (E.) — Les Dupourquet — Paris, May et Motteroz (1891) in 8º.

172.   dº   Diplômée — Paris, May et Motteroz (1894) in-8º.

173.   dº   Le joug — Paris, Quantin (1888) in-8º.

174. **Delpit** (Albert) — Belle madame — Paris, May et Motteroz (1892) in-8º.

175.   dº   Le duel du commandant — Paris, in 8º.

176.   dº   Le fils de Coralie — Paris, Claye (1879) in-8º.

177.   dº   Le mariage d'Odette — Paris, Claye (1879) in-8º.

178.   dº   La marquise — Paris, Claye (1882) in-8º.

179.   dº   Paule de Brussange — Paris, Calmann Lévy (1887) in 18.

180.   dº   Roberte de Bramafam — Paris, Claye (1877) in-8º.

181.   dº   Solange de Croix-Saint-Luc — Paris, Claye (1885) in-8º.

182.   dº   Thérésine — Paris, Paul Ollendorff (1888) in-18.

183.   dº   Toutes les deux — Paris, Chamerot (1890) in-8.

184. **Depret** (Louis) — Rosine Passmore — Paris, Hachette et Cie, in-18.

185. **Deslys** (Ch.) — La belle de Mai — Paris, Chamerot (1884) in-8º.

186. **Desmoulins** (Henriette) — Le retour aux champs — Paris, Georges Maurice (1889) in-18.

187. **Destin** — Mieux que l'amour — Paris, May et Motteroz (1894) in 8º.

188. **Destrem** (Jean) — Les 500 000 francs de Rosalie — Paris, Dentu (1884) in·18.

189. **Dieulafoy** (Mme Jane) — Déchéance — Paris, De Soye et fils (1896) in-8º.

190.   dº   Frère Pélage — Paris, Chamerot (1893) in-8º.

191.   dº   Volontaire — Paris, Chamerot (1891) in-8º.

192 **Dombre** (Roger) — Dames seules – Paris, E. Dentu (1885) in·18.

193. **Double** (baronne) — Josette — Paris, May et Motteroz (1892) in-8º.

194. **Dronsart** — Louisiane — Paris, De Soye et fils (1890) in-8º.

195.   dº   Voyageuses — Paris, De Soye et fils (1892) in 8º.

196. **Durantin** (Armand) — Le carnaval de Nice — Paris, Marnier et Cie (1886) in-18.

197. **Duruy** (Ceorges) — Andrée — Paris, Claye (1884) in-8º.

198.   dº   L'unisson — Paris, Hachette et Cie (1888) in-18.

199.   dº   Le garde du corps — Paris, Hachette et Cie (1885) in-18.

200. **Dys** (Paul) — Yseult — Paris, Chamerot (1887) in·8º.

201. **Ernst** (Alfred) — L'heure — Paris, Chamerot (1890) in·8º.

202. **Fabre** (Ferdinand) — Le roman d'un peintre — Paris, Claye (1878) in-8º.

203.   dº Le roi Ramire — Paris, Claye (1883) in-8º.

204.   dº Mon ami Gaffarot — Paris, Armand Colin et Cie (1895) in-18.

205.   dº La paroisse du jugement dernier (la petite mère) — Paris, Dentu (1877) in-18.

206.   dº Le calvaire de la baronne Fuster (la petite mère) — Paris, Dentu (1877) in-18.

207.   dº Le combat de la fabrique Bergonnier (la petite mère) — Paris, Dentu (1877) in-18.

208.   dº L'hospice des enfants assistés (la petite mère) — Paris, E. Dentu (1877) in-18.

209. **Ferry** (A. de) — Les épines ont des roses — Paris, De Soye et fils (1895) in-8º.

210. **Filon** (Augustin) — Peine d'amour perdue — Paris, Quantin (1889) in-8º.

211. **Forceville** (comte Jean de) — Manuela — Paris, De Soye et fils (1892) in-8º.

212. **France** (Anatole) — Le crime de Salvator Bonnard — Paris, Chamerot (1880) in-8º.

213.   dº Le petit bonhomme — Paris, Chamerot (1883) in-8º.

214.   dº Thaïs, le Papyrus. l'Euphorbe — Paris, Quantin (1889) in-8º.

215.   dº L'opinion du docteur — Paris (1893) in-18.

216.   dº La rôtisserie de la reine Pedauque — Paris, (1893) in-18.

217.   dº L'exorcisme — Paris (1893) in-28.

218. **Froment** (Pierre) — La rançon — Paris, De Soye et fils (1893) in-8º.

219. **Fromentin** (Eug.) — Dominique — Paris, Hachette et Cⁱᵉ (1863) in-18.

220. **Fusco** (Jean) — Marianne Dalonde — Paris, Chamerot (1890) in-8º.

221. **Gallet** (Louis) — Ping-Sin — Paris, Chamerot (1883) in-8º.

222. **Gamond** (Pierre de) — L'épave — Paris, De Soye et fils (1891) in-8º.

223. **Ganderax** (Louis) — L'œuf de Pâques — Paris, in-8º.

224. **Gennevraye** (A.) — Le roman d'un sous-lieutenant — Paris, De Soye et fils (1892) in-8º.

225. dº Cœurs vierges — Paris, De Soye et fils (1893) in-8º.

226. dº Andrée de Lozé — Paris, Calmann Lévy (1889) in-18.

227. dº Après — Paris, Calmann Lévy (1889) in-18.

228. dº L'ombra — Paris, Claye (1881) in-8º.

229. **Gilbert** (Augustin Thierry) — Le stygmate — Paris, Chamerot et Renouard (1896) in-8º.

230. dº La Savelli — Paris, Armand Colin (1890) in-18.

231. dº Récits de l'occulte — Paris, Armand Colin et Cⁱᵉ, in-18.

232. dº Le masque, conte milésien — Paris, May et Motteroz (1894) in-8º.

233. dº La tresse blonde — Paris, Quantin (1888) in-8º.

234. **Girardin** (J) — Les braves gens — Paris, Hachette et Cⁱᵉ (1874) in-8º.

235. dº Récits et menus propos — Paris, Hachette et Cⁱᵉ (1882) in-18.

236. dº Bonnes bêtes et bonnes gens — Paris, Hachette et Cⁱᵉ (1884) in-8º.

237. **Girodon-Pralon** — Péché original — Paris, Calmann Lévy (1888) in-18.

238. **Gladès** (A.-M.) — Au gré des choses — Paris, De Soye et fils (1894) in-8º.

239. **Glatron** (Georges) — L'oubli — Paris, Chamerot (1887) in-8º.

240. dº Le tayon — Paris, Chamerot (1884) in-8º.

241. **Glouvet** (Jules de) — L'idéal — Paris, Chamerot (1883) in-8º.

242. dº Le père — Paris, Chamerot (1885) in-8º.

243. dº L'étude Chandoux — Paris, Chamerot (1884) in-8º.

244. dº Le forestier — Paris, Chamerot (1880) in-8º.

245. dº La famille Bourgeois — Paris, Chamerot (1882) in 8ᵉ.

246. dº Le berger — Paris, Chamerot (1881) in-8º.

247. dº Le marinier — Paris, Chamerot (1880) in-8º.

248. **Godard** (André) — Chantegrolle — Paris, De Soye et fils (1894) in-8º.

249. dº Les huttiers — Paris, De Soye et fils (1893) in-8º.

250. **Greville** (Henry) — Le potier de Tanagra — Paris, Chamerot (1880) in-8º.

259. **Greville** (Henry) — Fidelka — Paris (1894) in-18.

252.   d°   Madame de Dreux — Paris, Chamerot (1880) in-8°.

253.   d°   Le fiancé de Sylvie — Paris, Chamerot (1881) in 8°.

254.   d°   Folle avoine — Paris, E. Plon, Nourrit et Cie (1884) in-18.

255.   d°   Perdue — Paris, Plon et Cie (1882) in-18.

256.   d°   Lucie Rodey — Paris, Chamerot (1879) in-8°.

257.   d°   L'expiation de Saveli — Paris, Claye (1876) in-8°.

258.   d°   Le fiancé de Sylvie — Paris, Chamerot (1881) in-8°.

259. **Gyp** — Autour du divorce — Paris, Calmann Lévy (1887) in-18.

260.   d°   Du haut en bas — Paris, Charpentier et Farquelle (1894) in-18.

261.   d°   Pauvres petites femmes — Paris, Calmann Lévy (1888) in-18.

262.   d°   Bob au salon — Paris, in-8°.

263.   d°   Mademoiselle Eve — Paris, Quantin (1889) in-8°.

264. **Halévy** (Ludovic) — Karikari — Paris, Calmann Lévy (1892) in-18.

265.   d°   L'abbé Constantin, la Pénélope — Paris, librairie illustrée (1887) in-8°.

266.   d°   L'abbé Constantin, texte français avec notes en anglais — New-York, William R. Jenkins (1888) in-8°.

267. **Halt** (Robert) — Une cure du docteur Pontalais — Paris, Dentu (1882) in-18.

268. **Harris** (Frank) — Une idylle moderne — Paris, May et Motteroz (1892) in-8°.

269. **Harry** (Alis) — Petite ville — Paris, Chamerot (1885) in-8°.

270.   d° Quelques fous — Paris, Lemerre (1889) in 18.

271. **Harel** (Paul) — Gorgeansac — Paris, De Soye (1897) in-8°.

272. **Hamelle** (Paul) — Un anglais d'aujourd'hui — Paris, May et Motteroz (1897) in-8°.

273. **Héricault** (Ch. d') — La comédie des champs — Paris, De Soye et fils (1891) in-8°.

274.   d° Le roman d'un propriétaire — Paris, De Soye et fils (1889) in 8°.

275. **Hervieu** (Paul) - L'armature — Paris, Chamerot et Renouard (1894) in-8°.

276.   d° Une scène de collége — Paris. in-8°.

277.   d° L'inconnu — Paris, Quantin (1887) in-8°.

278. **Hess** (Jean) — L'âme nègre — Paris, May et Motteroz (1894) in-8°.

279. **Houdetot** (comtesse de) — L'ange — Paris, Charot (1892) in-8°.

280. **Juan** et **Rolland** — Après — Paris, Chamerot (1888) in-8°.

281. **Korigan** (Paria) — Le chat enragé — Paris, Chamerot (1885) in 8°.

282.   d° Les récits de la Lucotte, paysanneries — Paris, Chamerot (1881) in-8°.

283. **Korigan** (Paria) — Le lac de Thun — Paris, Chamerot (1882) in-8°.

284. **Laillet** (E.) — L'ami Grandfricas — Paris, Dentu (1887) in-18.

285.   d° Le mariage de Robinson — Paris, Dentu (1888) in-18

286. **Lamber** (Juliette) — Le mandarin — Paris, Michel Lévy frères (1860) in-18.

287.   d° Voyage autour du Grand Pin — Paris, J. Hetzel (1863) in-18.

288.   d° Saine et sauve — Paris, Michel Lévy (1870) in-18.

289.   d° Jean et Pascal — Paris, Marpon et Flammarion (1876) in-18.

290.   d° Païenne — Paris, Paul Ollendorff (1883) in-18.

291.   d° Récits du Golfe-Juan — Paris, Michel Lévy (1875) in-18.

292.   d° L'éducation de Laure — Paris, Michel Lévy (1869) in-18.

293. **Laurie** (A.) — La vie de collège dans tous les pays, mémoires d'un collégien russe — Paris, Hetzel et Cie, in-18.

294. **Lavergne** (Alexandre de) — La pension bourgeoise — Paris, Al. Cadot, in-18.

295. **Laverrière** (de) — Deux enfants — Paris, Chamerot (1885) in-8°.

296. **Lebraz** (A.) — La Troménie de Saint-Ronan — Paris (1894) in-18.

297. **Le Goffic** — La payse — Paris, May et Motteroz (1897) in-8°.

20.

298. **Leleux** (Mme H.) — L'amour d'une ennemie — Paris, Chamerot (1883) in 8°.

299. **Lemaire** (H.) — Un candidat à l'institut — Paris. Chamerot (1883) in-8°.

300. **Lepelletier** (Louis) — Au bord de la route — Paris, (1883) in-8°.

301. **Leroux** (Hugues) — Gladys — Paris, Chamerot (1893) in-8.

302.   d°   Amour infirme — Paris, Chamerot (1888) in 8°.

303. **Leroy** (Albert) — Après le divorce — Paris, Chamerot (1882) in-8°.

304.   d°   Confidences interrompues — Paris Chamerot (1880) in-8°.

305. **Lescarret** (J.-B.) — Simples récits — Bordeaux, Gounouilhou (1890) in-18.

306. **Lichtenberger** (A.) — Le dernier des troubadours — Paris, De Soye et fils (1888) in-8°.

307. **Lionnet** (Ernest) — Le dernier des troubadours — Paris, De Soye et fils (1888) in-8°.

308. **Lomon** (Charles) — L'Amirale — Paris, Chamerot (1884) in-8°.

309.   d°   La Regina — Paris, Chamerot (1882) in-8°.

310.   d°   Amour sans nom — Paris, Chamerot (1889) in-8°.

311. **Loti** (Pierre) — Un vieux — Paris, Claye (1884) in-8°.

312.   d°   L'impératrice Printemps — Paris, Quantin (1888) in-8°.

313. **Loti** (Pierre) — Corvée matinale — Paris, Claye (1884) in-8°.

314. d° Le livre de la pitié et de la mort — Paris, Calmann Lévy (1891) in-18.

315. d° Le roman d'un spahi — Paris, Calmann Lévy (1890) in-18.

316. d° Pêcheur d'Islande – Paris, Calmann-Lévy (1891) in 18.

317. d° Mon frère Ives — Paris, Claye (1883) in 8°.

318. d° Le mariage de Loti — Paris, Calmann Lévy (1891) in-18.

319. d° Le roman d'un enfant — Paris, Calmann Lévy (1891) in-18.

320. d° Propos d'exil — Paris, Calmann Lévy (1887) in-18.

321. d° Matelot — Paris (1893) in-18.

322. d° Fleurs d'ennui — Paris, Chamerot (1882) in-8°.

323. d° Une exilée — Paris, Chamerot (1893) in-8°.

324. d° Fantôme d'Orient — Paris, Chamerot (1892) in-8°.

325. d° Viande de boucherie — Paris, Chamerot (1890) in-8°.

326. d° Roger Coüec — Paris, May et Motteroz (1895) in-8°.

327. **Lys** (G. de) — Penthesilée. reine des Amazones — Paris, May et Motteroz (1896) in-8°.

328. **Madeline** (J.) — Armelle — Paris, E. Plon, Nourrit et Cie (1897) in-18.

329. **Madeline** (J.) — Le mensonge — Paris. E Plon, Nourrit et Cie (1897) in-18.

330. **Mairet** (Mme Jeanne) — Le million de Madeleine — Paris, Chamerot (1881) in-8°.

331.   d°   Mademoiselle Printemps — Paris, Chamerot (1880) in-8°.

332.   d°   Des pas dans la neige — Paris, Chamerot (1888) in-8°.

333.   d°   Aveugle — Paris, Chamerot (1891) in-8°.

334.   d°   L'Anglaise — Paris, Chamerot (1894) in-8°.

335.   d°   La petite madame Duboys — Paris, Chamerot (1882) in-8°.

336. **Maizeroy** (René) — Les Parisiennes. L'Adorée — Paris, Havard (1887) in-18.

337. **Malot** (Hector) — Les millions honteux — Paris, Chamerot (1881) in-8°.

338.   d°   Le sang bleu — Paris, G. Charpentier et Cie (1885) in-18.

339.   d°   L'ombre — Paris, in-8°.

340.   d°   Une belle-mère — Paris, Michel Lévy frères (1874) in-18.

341.   d°   La Bohême tapageuse, Raphaèle — Paris, Dentu (1881) in-18.

342.   d°   La duchesse d'Arvernes — Paris, Dentu (1880) in-18.

343.   d°   Corysandre — Paris, Dentu (1880) in-18.

344. **Malot** (Mme Hector) — Amours — Paris, May et Motteroz (1896) in-8°.

345. **Mandat Grancey** (de) — Saint-Barnabé — Paris,
De Soye et fils (1891) in-8°.

346. **Margueritte** (Paul) — La tourmente — Paris,
May et Motteroz (1893) in-8°.

347. do Pascal Gefosse — Paris (1887) in-8°.

348. do La force des choses — Paris, Kolb Ernest
(1890) in-18.

349. do Jours d'épreuves — Paris, Chamerot (1888)
in-8°.

350. do L'essor — Paris, Chamerot et Renouard
(1896) in-8°.

351. do Amants — Paris, Chamerot (1889) in-8°.

352. **Marguerite** (Paul et Victor) — Le carnaval de Nice
—Paris, E. Plon, Nourrit et Cie (1897) in-18.

353. do Le désastre — Paris, E. Plon, Nourrit et
Cie (1897) in-18.

354. **Masson-Forestier** — La jambe coupée — May et
Motteroz (1893) in-8°.

355. do Remords d'avocat — Paris, Chaix et Renouard (1896) in-8°.

356. **Matthey** (Arthur-Arnould) — Calvaire d'amour —
Paris. Dentu (1889) in-18.

357. **Maupassant** (Guy de) — Notre cœur — Paris,
Quantin (1890) in-8°.

358. do Le vagabond — Paris, Chamerot (1887)
in-8°.

359. do Pierre et Jean — Paris (1888) in-8.

360. do En famille — Paris, Chamerot (1881) in-8°.

361. **Maupassant** (Guy de) — La mère Sauvage — Paris, (1888) in-8º.

362.   dº   Le rosier de madame Husson — Paris, Chamerot (1887) in-8º.

363.   dº   Le retour — Paris (1888) in-8º.

364.   dº   Sur l'eau — Paris, Marpon et Flammarion in-18.

365. **Maurras** (Charles) — La consolation de Trophime — Paris (1894) in-8º.

366. **Mazade** — Esclarmonde — Paris, Chamerot (1892) in 8º.

367. **Maystre** (H.) — L'adversaire — Paris, Chamerot (1885) in-8º.

368. **Méreu** (H.) — Giacinta — Paris, Chamerot (1881) in-8º.

369.   dº   La vengeance d'Orruvo — Paris, Chamerot (1883) in-8º.

370. **Mérouvel** (Ch.) — Fleur de Corse — Paris, E. Dentu, in-18.

371. **Meunier** (Mme Stanislas) — Le roman du mont Saint-Michel — Paris, Chamerot (1891) in-8º.

372.   dº   L'impossible amitié — Paris, May et Motteroz (1894) in-8º.

373. **Michaud** (Léon) — La cité du bonheur — Paris, Chamerot (1891) in-8º.

374. **Mirbeau** (Octave) — Le calvaire — Paris, Chamerot (1886) in-8º.

375. **Misène** (Jean) — Journal de Mademoiselle J. Laurent-Deschênes — Paris, Chamerot (1893) in-8º.

376. **Mœller** (Otto) — L'or et l'honneur — Paris, E.
Plon, Nourrit et Cie (1897) in-18.

377. **Monteil** (Edgar) — Un fou — Paris, Chamerot
(1885) in-8º.

278.   dº   L'assassin — Paris, Chamerot (1882) in-8º.

379.   dº   L'amour sublime — Paris, Chamerot (1891)
in 8º.

380. **Montépin** (Xavier de) — Deux amours. Odille —
Paris, Dentu (1885) in-18.

381. **Moreau** (J.-J.) — Munsa Tamika — Paris, Chamerot
(1881) in-8º.

382. **Mori** (Prosper de) — La Bohême diplomatique —
Paris, Chamerot (1891) in-8º.

383. **Moussoir** (Georges) — Marcelle Damblain — Paris,
De Soye et fils (1888) in-8º.

384. **Mouy** (comte de) — Mademoiselle de Valgenseuse
— Paris, May et Motteroz (1897) in-8º.

385. **Narrey** (Charles) — Le lendemain d'un succès —
Paris, in-8º.

386. **Nasica** (Sc.) — Ma boutonnière — Paris, Chamerot
(1883) in-8º.

387. **Nerval** (G. de) — Le prince des sots — Paris,
Chamerot (1887) in-8º.

388. **Nion** (François de) — L'obex — Paris (1894) in-18.

389. **Ohnet** (Georges) — Le Maître de forges — Paris,
Ollendorff (1886) in-18.

390.   dº   Serge Panine — Paris, Ollendorff (1885)
in-18.

391.   dº   La grande Marnière — Paris, Ollendorff
(1885) in-18.

392. **Ohnet** (Georges) — Dernier amour — Paris, Ollendorf (1889) in-18.

393. d° Les dames de Croix-Mort — Paris, Ollendorff (1886) in-18.

394. **Ollivier** (Emile) — Marie-Magdeleine — Paris, De
Soye et fils (1896) in-8°.

395. **Ouvré** (H.) — Epiphanie, nouvelle — Paris, E. Plon,
Nourrit et Cie (1897) in-18.

396. **Parfait** (Paul) et **Deslys** (Ch.) — Petit Pierre —
Paris, Chamerot (1883) in-8°.

397. **Paria-Korigan** — La grande Janic — Paris, Chamerot (1888) in-8°.

398. **Peyrebrune** (G. de) — Marco — Paris, Claye
(1881) in-8°.

399. d° Jean Bernard — Paris, Claye (1882) in-8°.

400. **Plessac** (du) — En silence — Paris, De Soye (1897)
in-8°.

401. **Plessis** (Frédéric) — Angèles de Blindes — Paris,
Chaix et Renouard (1896) in-8°.

402. **Pouvillon** (Emile) — Le causse d'Anglar — Paris,
(1895) in-18.

403. d° Chante pleure — Paris, Quantin (1889)
in-8°.

404. d° Jean de Jeanne — Paris, Quantin (1886)
in-8°.

405. d° L'image — Paris, Chamerot et Renouard
(1896) in-8°.

406. d° Mademoiselle Clémence — Paris, May et
Motteroz (1894) in-8°.

407. **Pouvillon** (Emile) — L'innocent — Paris, Claye (1884) in-8°.

408. d° Bernadette de Lourdes (mystère) — Paris, (1894) in-18.

409. d° Les Antibel — Paris, May et Motteroz (1892) in-8°.

410. **Pouvourville** (Albert de) — L'amour sanglant — Paris, May et Motteroz (1897) in-8°.

411. **Pradeix** (A. du) — Femme d'absent — Paris, De Soye er fils (1894) in-8°.

412. d° La forêt d'argent — Paris, De Soye et fils (1897) in-8°.

413. **Prévost** (Marcel) — L'automne d'une femme — Paris (1893) in-18.

414. **Price** (Georges) — Le théâtre de Riquiqui — Paris, Chamerot (1884) in-8°.

415. **Quesnoy** (Pierre de) — Nadia — Paris, De Soye et fils (1888) in-8°.

416. **Rabusson** (Henry) — Dans le monde — Paris, Claye (1882) in-8°.

417. d° Le stage d'Adhémar — Paris, Quantin (1886) in-8°.

418. d° Un homme d'aujourd'hui — Paris, Quantin (1887) in-8°.

419. d° Le roman d'un fataliste — Paris, Claye (1885) in-8°.

420. d° L'amie — Paris, Quantin (1885) in-8°.

421. d° Madame de Givré — Paris, Claye (1883) in-8°.

422. **Rabusson** (Henry) — Mon capitaine — Paris, Quantin (1888) in-8.

423.   d⁰   L'épousée — Paris, Quantin (1888) in-8°.

424.   d⁰   L'illusion de Florestan — Paris, Quantin (1889) in-8°.

425.   d⁰   Idylle et drame de salon — Paris, Quantin (1889) in-8°.

426.   d⁰   Moderne — Paris, May et Motteroz (1891) in-8°.

427.   d⁰   Hallali — Paris, Quantin (1890) in-8°

428. **Reibrach** (Jean) — Aller et retour — Paris, May et Motteroz (1892) in-8°.

429. **Remy de Saint-Maurice** — Temple d'amour — Paris, Chamerot et Renouard (1897) in-8°.

430. **Revon** (Michel) — Les hommes de Koksaï — Paris, May et Motteroz (1897) in-8°.

431. **Reyac** (B.) — Claudie — Paris, De Soye et fils (1890) in-8°.

432. **Reynold** (Maurice) — Une nuit terrible — Paris, Chamerot (1886) in-8°.

433. **Richard** (O'Monroy) — Le péché capital — Paris, Calmann Lévy (1889) in-18.

434.   d°   Monsieur Mars et Madame Vénus — Paris, Calmann Lévy (1879) in-18.

435. **Richepin** (Jean) — Césarine — Paris, Chamerot (1888) in-8°.

436.   d°   Wœlund le forgeron — Paris, May et Motteroz (1896) in-8°.

437.   d°   Un amour de l'Aretin — Paris, May et Motteroz (1895) in-8°.

438. **Richepin** (Jean) — Le flibustier — Paris, É. Plon, Nourrit et Cie (1893) in-18.

439.   do   Ran tan plan tire lire — Paris, in-8º.

440. **Rochère** (Madame de la) — Les châtelaines de Roussillon ou le Quercy au XVIᵉ siècle — Tours, Mame et fils (1886) in-18.

441.   do   L'Orpheline d'Evenos — Paris, Allard (1876) in-18.

442. **Rod** (Edouard) — L'innocente — Paris, De Soye et fils (1896) in-8º.

443.   do   Les lilas sont en fleurs — Paris, De Soye et fils (1895) in-8º.

444.   do   Le colonel — Paris, De Soye et fils (1894) in-8º.

445.   do   Un nid de vieilles filles — Paris, De Soye et fils (1894) in-8º.

446.   do   La vie privée de Michel Teissier — Paris, May et Motteroz (1892) in-8º.

447.   do   La seconde vie de Michel Teissier — Paris, May et Motteroz (1893) in-8º.

448.   do   Là-haut — Paris, Chamerot et Renouard (1896) in 8º.

449. **Rolland** (Jean) — La fille aux oies — Paris, Chamerot (1882) in-8º.

450. **Ronchaud** (L. de) — Un roman dans la montagne — Paris, Chamerot (1884) in-8º.

451. **Rosny** (J.-H.) — Le combat — Paris, May et Motteroz (1895) in-8º.

452.   do   Le termite — Paris, Chamerot (1889) in-8º.

453. **Rosny** (J.-H.) — L'impérieuse bonté — Paris (1893) in-18.

454. **Rouslane** — Le juif de Sobieska — Paris, Claye (1883) in-8º.

455. **Roujon** (H. J.) — Miremonde — Paris, Paul Ollendorff (1897) in-32.

456. **Saint-Prix** — Vertu païenne — Paris de Soye et fils (1893) in-8º.

457. **Samson** (Mme Jules) — Un secret d'Amour — Paris, Chamerot (1882) in-8º.

458. **Sarcey** (Francisque) — Le piano de Jeanne — Paris, Calmann Lévy (1877) in-18.

459. **Sarrazin** (Gabriel) — Mémoires d'un Centaure — Paris, Chamerot (1893) in-8º.

460. **Schuré** (Edouard) — L'élève du Tintoret — Paris, Chamerot (1882) in-8º.

461.   dº   La Légende du Boudha — Paris, Quentin (1885) in-8º.

462. **Schlumberger** née de **Witt** (Mme)— Le triomphe de Jean Breval—Paris, de Soye et fils (1891) in-8º.

463. **Serrurier** (Csse) — Le roman de Jehanne — Paris, de Soye et fils (1891) in-8).

464. **Sirven** (Alf.)— Le bigame, roman contemporain— Paris, Jules Rouff et Cie (1883) in-8º.

465. **Som** (Ch. de) — Au gré du Gave — Paris, Chamerot (1883) in-8º.

466. **Sorrel** (Mme Meta) — Maria — Paris, Chamerot (1883) in-8º.

467. **Stop** — Bêtes et Gens, fables et contes humoristiques à la plume et au crayon — Paris, E. Plon et Cie (1880) in-8º.

468. **Stapleaux** (Léopold) — Une victime du Krach —
Paris, E. Dentu (1880) in-18.

469. **Talmeyr** (Maurice) — La Cormière — Paris (1893)
in-18.

470.　　　 dᵒ　　 Le vicaire d'Entraunes — Paris (1894) in-18.

471. **Tarbé** (Edmond) — Barbe grise — Paris, Paul Ollendorff (1884) in-18.

472. **Tastevin** (Félix) — Scènes de la vie russe — Paris,
Chamerot (1883) in-8ᵒ.

473. **Theuriet** (André) — La maison des deux Barbeaux
— Paris, Claye (1878) in 8ᵒ.

474.　　　 dᵒ　　 Le Mariage de Gérard — Paris, Claye
(1874) in-8ᵒ.

475.　　　 dᵒ　　 Michel Verneuil — Paris, Claye (1883) in-8ᵒ.

476.　　　 dᵒ　　 L'Ondine, scènes de la vie provinciale —
Paris, Claye (1873) in 8ᵒ.

477.　　　 dᵒ　　 La Pamplina — Paris, Claye (1884) in-8ᵒ.

478.　　　 dᵒ　　 Paternité — Paris, Chamero et Renouard
(1894) in-8ᵒ.

479.　　　 dᵒ　　 Péché Mortel — Paris, Quantin (1885) in-8ᵒ.

480.　　　 dᵒ　　 L'Ecureuil — Paris, Claye (1880) in-8ᵒ.

481.　　　 dᵒ　　 Eusèbe Lombard — Paris, Claye (1884) in-8ᵒ.

482.　　　 dᵒ　　 Le filleul d'un marquis — Paris, Claye
(1877) in-8ᵒ.

483.　　　 dᵒ　　 Le fils Maugars — Paris, Claye (1879) in-8ᵒ.

484.　　　 dᵒ　　 Flavie — Paris, Chamerot et Renouard
(1895) in-8ᵒ.

485.　　　 dᵒ　　 L'abbé Daniel — Paris, Claye (1869) in-8ᵒ.

486. **Theuriet** (André) — Amour d'Automne — Paris, Quantin (1887) in 8º.

487.   dº   L'Amoureux de la Préfète — Paris, Charpatin et Cie (1889) in-18.

488.   dº   Au Paradis des Enfants — Paris, Quantin (1887) in 8º.

489.   dº   Bigarreau — Paris, Claye (1883) in-8º.

490.   dº   La Princesse verte — Paris, Claye (1880) in-8º.

491.   dº   Raymonde — Paris, Clay (1876) in-8º.

492.   dº   Rose Lise — Paris, Claye (1881) in-8º.

493.   dº   Sauvageonne — Paris, Claye (1881) in-8º.

494.   dº   La fortune d'Angèle — Paris, Claye (1875) in-8º.

495.   dº   Hélène — Paris, Quantin (1886) in-8º.

496.   dº   Lucile Desenclos —Paris, Claye (1866) in-8º.

497.   dº   Mademoiselle Guignon — Paris, Claye (1893) in 8º.

498.   dº   Cœurs meurtris — Paris, Chamerot et Renouard (1896) in-8º.

499.   dº   Deux Sœurs — Paris, Lemerre (1889) in-18.

500. **Tillet** (du) — De nos jours — Paris, Chamerot (1891) in-8º.

501. **Tinayre** (Mme Marcelle) — Avant l'amour — Paris, May et Motteroz (1896) in-8º.

502. **Tinseau** (Léon de) — De mal en pis — Paris, Chamerot (1886) in-8º

503.   dº   Ma cousine « Pot au feu » — Paris, de Soye et fils (1888) in-8º.

504. **Tinseau** (Léon de) — Vers l'idéal — Paris, de Soye et fils (1895) in-8°.

505. d° Sur le seuil - Paris, de Soye et fils (1889) in-8°.

506. **Toudouze** (Gustave) — L'orgueil du nom — Paris, de Soye et fils (1895) in-8°.

507. **Vallé** (Jules) — L'Insurgé — Paris, Chamerot (1882) in-8°.

508. **Valroff et Marty** — De Pontarlier, nouvelle — Paris (1894) in-18.

509. **Vast-Ricouard** — La jeune garde — Roman parisien — Paris, Ollendorff (1882) in-18.

510. **Vilars** (Fr.) — Fin d'amour — Paris, Chamerot (1887) in-8°.

511. **Vingt et un** (Le livre des) — Récits, contes, nouvelles — Paris, Calmann Levy (1889) in 18.

512. **Vogué** (Melchior de) — L'Oncle Fédia — Histoire d'hiver — Paris in-8°.

513. d° Jean d'Agrève — Paris, Chamerot et Renouard (1896) in 8°.

514. **Witt** (Mme de) née Guizot — Regain de vie — Paris, de Soye et fils (1890) in-8°.

515. **Zola** (Emile) — La débacle — Paris, Charpentier (1892) in-18°.

516. d° Rome — Paris (1896) in-18.

517. d° Lourdes — Paris (1896) in-18.

518. d° L'attaque du moulin — Paris (1887) in-8°.

Q.² — Littératures Étrangères

CCXII. — Histoire et critique littéraires

1. **Baret** (Eugène) — Histoire de la littérature espagnole depuis ses origines les plus reculées jusqu'à nos jours — Paris, Delagrave et Cⁱᵉ (1866) in-8º, 2 vol.

2. **Bossert** (A.) — Gœthe et Schiller, la littérature allemande à Weimar — Paris, Hachette et Cⁱᵉ (1873) in-8º.

3.   do   Gœthe, ses précurseurs et ses contemporains, précédé d'un discours sur les caractères de la littérature classique en Allemagne — Paris, Hachette et Cⁱᵉ (1872) in-8º.

4. **Brocardi** (H.) — La prose et la poésie italiennes aux XVIIIᵉ et XIXᵉ siècles — Nice, Ventre et Cⁱᵉ (1888) in-18.

5. **Brown** (Jane) — Répertoire de Shakspeare avec préface de Ferdinand Brunetière — Paris, E. Perrin (1885) in-18.

6. **Chasles** (Philarète) — Etudes sur la littérature et les mœurs de l'Angleterre au XIXᵉ siècle — Paris, Amyot, in-18.

7.   do   Etudes sur l'Espagne et sur les influences de la littérature espagnole en France et en Italie — Paris, Amyot (1847) in-18.

8. **Chateaubriand** — Essai sur la littérature anglaise — Paris, E. et V. Penaud frères, in-4º.

9. **Chaucer** (G.) — Etude sur ses œuvres et sa vie — Clermont-Ferrand, in-8°.

10. **Darmestetter** — Nouvelles études anglaises — Paris, Calmann Lévy (1896) in-18.

11. **Delerot** (Emile) — Fragments critiques sur Gœthe — Paris, in-8°.

12. **Dietz** (H.) — Les littératures étrangères : Angleterre, Allemagne. Histoire littéraire, notices biographiques et critiques, morceaux choisis — Paris, Armand Colin et Cie, in-18.

13. **Duport** (Paul) — Essais littéraires sur Shakspeare ou analyse raisonnée scène par scène de toutes les pièces de cet auteur — Paris, Constant Letellier fils (1828) in-8°, 2 vol.

14. **Dupuy** (E.) — Les grands maîtres de la littéreture russe au XIXe siècle. Les prosateurs — Paris, Lecène et Oudin (1885) in-18.

15. **Gheré** (C.) — Le déceptionisme dans la littérature roumaine, traduit par G. Diamandy — Paris (1893) in-8°.

16. **Ginguené** (P.-L.) — Histoire littéraire d'Italie — Paris, Michaud frères (1811) in-8° 9 vol.

17. **Guizot** — Shakspeare et son temps, étude littéraire — Paris, Didier (1852) in-8°.

18. **Leger** (Louis) — Le monde slave, Voyages et littérature — Paris, Didier et Cie (1873).

19. **Marmier** (Xavier) — Littérature scandinave — Paris, Arthus Bertrand, in-4°.

20. d° Littérature Islandaise — Paris, Arthus Bertrand, in-4° 2 vol.

21. **Mézières** — Shakspeare, ses œuvres et ses critiques — Paris, Hachette et Cie (1886) — in-18°.

22. **Mézières** — W. Gœthe : Les œuvres expliquées par la vie (1749-1795) — Paris, Didier et Cie (1874) in-18° 2 vol.

23.   do   Petrarque : Etude d'après de nouveaux documents — Paris, Didier et Cie (1860) in-18°.

24.   do   Prédécesseurs et Contemporains de Shakspeare— Paris, Hachette et Cie (1801) in-18.

25. **Montégut** — Ecrivain moderne de l'Angleterre, Un roman de la vie moderne — Paris, Hachette et Cie (1885) in-18°.

26. **Ortolan** (J.) — Les pénalités de l'enfer de Dante, suivies d'une étude sur Brunetto Latini apprécié comme le maître de Dante — Paris, Henri Plon (1873) in-18°.

27. **Pypine** et **Spasovic**—Histoire des littératures slaves, bulgares, serbo-croates, yougo-russes — Traduit du russe par Ernest Denis — Paris, Leroux (1881) in-4°.

28. **Regnault** (A.) — Esquisse de la littérature du Nord — Paris, T. Voreaux (1880) in-18o

29. **Rendu** (Victor) — Leçons espagnoles de littérature et de morale, précédées d'une notice sur la littérature castillane — Paris, Baudry (1840) in-8°.

30. **Saint-Marc Girardin** — Notices politiques et littéraires sur l'Allemagne —Paris, Joubert (1835) in-8°.

31. **Sarrazin** (Gabriel) — La renaissance de la poésie anglaise (1798-1889) — Paris, Perrin et Cie (1889) in-18°.

32.   do   Poètes modernes de l'Angleterre — Paris, Paul Ollendorff (1885) in-18°.

CCXIII. — *Œuvres Étrangères depuis les origines jusqu'au XVIIIᵉ siècle*

1. **Addison** — L'esprit d'Addison ou les beautés du spectateur, du babillard et du gardien, collection des feuilles d'Addison, avec précis de sa vie — Yverdon (1777) in-8°, 3 vol.

2. **Aignan** — Bibliothèque étrangère d'histoire et de littérature ancienne et moderne ou choix d'ouvrages remarquables et curieux, traduits ou extraits de diverses langues avec des notices et des remarques — Paris, Ladvocat (1823) in-8°, 3 vol.

3. **Arioste** — Roland furieux — Traduction de De Tressan — Paris, Pelafol (1818) in-32, 6 vol.

4. do   Roland furieux, avec la vie de l'Ariost2 et des notes sur les romans chevaleresques, les traditions orientales, les chroniques, les chants des Trouvères et des Troubadours, comparés au poëme de l'Arioste, par A. Mazuy — Paris, Knab (1839) in-8°, 3 vol.

5. **Beaumont et Fletcher** — Œuvres, avec notice, par Lafond (Ernest) — Paris, Hetzel (1865) in-8°.

6. **Ben Jonson** — Œuvres, traduites de l'Anglais, par Lafond (Ernest) — Paris, Hetzel (1863) in-8°, 2 vol.

7. **Beverlei**, tragédie bourgeoise imitée de l'Anglais, en cinq actes et en vers libres — Paris, Delalain (1784) in-8°.

8. **Boccace** — Contes — le Décaméron — traduit de l'Italien, par Sabatier de Castres—Paris, G. Havard (1849) in-4°.

9. **Calderón** (Dom Pedro de la Barca) — L'Alcade de Zalama, drame en cinq actes et en prose, du théâtre espagnol — Paris, Didot l'aîné (1778) in-8°.

10. d° Théâtre, traduit par Damas-Hinard — Paris, Charpentier (1869) in-18, 3 vol.

11. **Camoens** — Les Lusiades ou les Portugais, poème en dix chants, traduction de Millié, avec notice par Charles Magnin — Paris, Charpentier (1841) in-18.

12. **Cervantes** Saavedra (Miguel de) — Œuvres choisies — Don Quichotte —Traduction de Bouchon de Bournial — Paris (1807) in-18, 8 vol.

13. d° L'ingénieux Hidalgo Don Quichotte de la Manche, traduit et annoté par Louis Viardot, vignettes de Tony Johannot avec notice biographique et littéraire — Paris, J. J. Dubochet et Cie (1836) in-4°, 2 vol.

14. d° Don Quichotte, traduction de Florian — Paris (1873) in-32, 4 vol.

15. d° Nouvelles — Paris (1873) in-32.

16. d° Don Quichotte de la Manche, édition abrégée et illustrée par Gustave Doré — Paris, Hachette et Cie (1884) in-10.

17. **Choix** de petites pièces du théâtre Anglais, traduites des originaux — Paris, Prault fils (1756) in-18, 2 vol.

18. **Curiosités** de la littérature, traduction de l'Anglais par Bertin — Paris, J. Charles (1809) in-8°, 2 vol.

19. **Daniel de Foë** — Moll Flanders, histoire d'une voleuse. Avec préface de Marcel Schwob — Paris (1894) in-32.

20. **Dante** (Alighieri) — La divine épopée, traduction et mise en vers par Soumet (A.) — Paris, Delloye (1841) in-18.

21.   do   La divine comédie, traduction par A. Brizeux avec notices et notes — Paris, Charpentier (1841) in-18.

22.   do   La divine comédie, traduction d'Artaud de Montor — Paris, Firmin Didot frères (1846) in-18.

23. **Durante** — Il fiore, poème italien du XIIIe siècle, en 232 sonnets, imité du roman de la Rose. Texte inédit publié avec fac-simile, introduction et notes par Ferdinand Castets — Paris, Maisonneuve et Cie (1881) in-8°.

24. **Fielding** — Tom Jones ou l'enfant trouvé — Paris, Dauthereau (1828) in-32, 6 vol.

25. **Ford** (J.) — Œuvres, traduction d'Ernest Lafond, avec notices — Paris, J. Hetzel (1865) in-8°,

26. **Galland** — Les mille et une nuits, contes arabes — Paris, Lavigne (1842) in-18, 2 vol.

27.   do   Les mille et une nuits, édition corrigée par l'abbé Lejeune — Paris, Ducrocq, in-8°.

28. **Gessner** — Œuvres, traduites de l'allemand — Lyon, Amable Leroy (1792) in-32, 2 vol.

29.   no   La mort d'Abel, poème en cinq chants traduit de l'allemand par M. Huber — Paris et Lyon, Blache et Boget (1810) in-32.

30.   do   La mort d'Abel, traduction littérale en français — Paris, in-32.

31. **Gœthe** — Werther, traduction de Louis Enault — Paris, Hachette et Cie (1859) in-18.

32. **Gœthe** — Les affinités électives, traduction Camille Selden — Paris, Charpentier et Cie (1872) in-18.

33.   d[o]   Faust, traduction Henri Blaze, avec essai sur Gœthe, notes. commentaires et étude sur la mystique du poème — Paris, Charpentier (1840) in 18.

34.   d[o]   Faust, tragédie — Paris (1868) in-32.

35.   d[o]   Werther — Paris, Dauthereau (1827) in-32, 2 vol.

36.   d[o]   Werther — Paris, J. Bry, in-4°.

37.   d[o]   Werther, traduction précédée de considérations sur la poésie de notre époque par M. P. Leroux — Paris, Charpentier (1845) in-18.

38.   d[o]   Hermann et Dorothée, traduction par X. Marmier — Paris, Charpentier (1845) in-18.

39.   d[o]   Wilhelm Meister, traduction par Th. Gautier et fils — Paris, Charpentier (1868) in-18, 2 vol.

40.   d[o]   Théâtre, traduction par Marmier — Paris, Charpentier (1839) in 18.

41.   d[o]   Théâtre, traduction de Stapfer — Paris, Charpentier (1863) in-18, 2 vol.

42.   d[o]   Poésies — Paris, Charpentier, in-18.

43. **Goldsmith** — Le ministre de Wakefield — Paris, Dauthereau (1826) in-32, 2 vol.

44.   d[o]   Le vicaire de Wakefield, traduction par Mme Louise Bellac avec notice par Walter Scott — Paris, G. Charpentier et Cie, in-18.

45. **Hamilton** — Contes — Paris, Dauthereau (1828) in-32, 2 vol.

46. **Holcroft** (Thomas) — Les aventures de Hugues
Trevor ou le Gil-Blas anglais, traduit par le cit :
Cantwell — Paris, Maradan (1798) in-18, 2 vol.

47. **Inchbald** (Mistress) — Simple histoire — Paris, G.
Havard, in-4°.

48. **Klopstock** — La Messiade, poème en 20 chants,
traduction par la baronne de Carlowitz — Paris,
Charpentier (1840) in-18.

49. **Lewis** — Le moine — Paris, G. Havard (1849) in-4°.

50. **Lope de Vega** — Théâtre, traduction de Damas-
Hinard avec introduction et notes — Paris, Charpentier (1869) in-18, 2 vol.

51. **Massinger** — Œuvres. Avec notice par Ernest Lafond
— Paris, Hetzel (1864) in-8°.

52. **Milton** — Le paradis perdu, poème héroïque traduit
de l'anglais avec les remarques de M. Addi-
son, augmenté du paradis reconquis et de
quelques autres pièces de poésie du même
auteur — La Haye, Fr. Van Durer (1762)
in-18.

53.   d°   Le paradis perdu, traduit de l'anglais — Lyon,
Barret (1781) in-18.

54.   d°   Le paradis perdu, traduction en vers français par Delatour de Pernes — Paris, Egron
(1813) in 8°.

55.   d°   Le paradis perdu, traduction en vers par
Delille — Paris, Lefévre (1836) in-4°.

56.   d°   Le paradis, perdu, traduction de Chateaubriand — Paris, in-4°.

57.   d°   Le paradis perdu, traduction avec notice
par de Pongerville — Paris, Charpentier
(1841) in-18.

58. **Ossian** — Barde du IIIe siècle. Poésies galliques, traduction en vers par Baour-Lormian — Paris, Capelle, an XII (1804) in-32.

59.   d°   Poèmes gaéliques recueillis par James Mac-Pherson, traduits de l'anglais et précédés de recherches critiques sur Ossian et les Calédoniens par P. Christian — Paris, Lavigne (1842) in-18.

60. **Pétrarque** — Poésies, traduction complète par de Grammont. Sonnets, canzones, triomphes — Paris, Paul Masgana (1842) in-18.

61. **Puymaigre** (le comte de) — Petit romancero, choix de vieux chants espagnols, traduits et annotés — Paris (1878) in 32.

62. **Pope** (Alexandre) — Œuvres complètes, traduites en français avec le texte anglais à côté des meilleures pièces — Paris, Devaux Chaigneau (1796) in-8°.

63. **Schiller** — Théâtre, traduction par Marmier — Paris, Charpentier et Cie, in-18, 3 vol.

64.   d°   Théâtre, avec notice sur la vie et les ouvrages de Schiller — Paris, Charpentier (1840) in-18. 2 vol.

65.   d°   Jessica la juive — Paris, G. Havard, in-4°.

66. **Schmid** — Contes, traduction de l'abbé Macker — Paris, Garnier frères, in 8°, 2 vol.

67. **Shakspeare** — Œuvres complètes, avec notices, traduction de Guizot — Paris, Didier et Cie (1868) in-18, 8 vol.

68. **Sonnets** de Dante, Pétrarque, Michel-Ange, Tasse, choisis et traduits en vers, précédés d'une étude sur chaque poète par Ernest et Edmond Lafond — Paris, Comon et Cie (1848) in-4°.

69. **Sterne** — Voyage sentimental, suivi des lettres d'Yorick et d'Elisa — Paris, Dauthereau (1828) in-32.

70.   do   Vie et opinions de Tristram Shandy suivies du voyage sentimental et des lettres d'Yorick, traduction de Léon de Wailly — Paris, Charpentier (1866) in-18, 2 vol.

71.   do   Le voyage sentimental — Paris, G. Havard in-4°.

72.   do   Tristram Shandy, précédé des mémoires de l'auteur — Paris, Dauthereau (1828) in-32, 6 vol.

73. **Swift** (J.) — Voyages de Gulliver, avec notice par l'auteur — Paris, Dauthereau (1828) in-32, 2 vol.

74.   do   Voyages de Gulliver, traduits par l'abbé Desfontaine, précédés d'une étude sur Swift par Prévost-Paradol — Paris (1868) in-32, 2 vol.

75. **Tasse** (le) — La Jérusalem délivrée, traduction du prince Lebrun — Paris, G. Havard (1849) in-4°.

76.   do   La Jérusalem délivrée, poème — Paris, Hilaire (1782) in-32, 2 vol.

77. **Théâtre** des variétés étrangères ou choix des meilleures pièces des théâtres allemand, espagnol, italien et anglais — Paris, Renouard (1807) in-8°, 4 vol.

78. **Thomson** (Jacques) — Les saisons, avec un essai sur la vie et les ouvrages de J. Thomson — Paris, F. Louis (1800) in-32.

79. **Webster** (J.) — Œuvres, traduction de Ernest Lafond — Paris, Hetzel (1865) in-8°.

80. **Young** — La Vengeance, Busiris, tragédies, traduction de Letourneur — Notice sur Young — Paris (1729) in-32.

81.   dº   Les nuits, augmentées du triomphe de la religion sur l'amour, traduction de Letourneur — Paris, Lejay (1769) in-18, 2 vol.

82.   dº   Œuvres diverses, traduites de l'anglais — Paris, Lejay (1770) in-18, 2 vol.

83.   dº   Les nuits, traduction par Letourneur — Amsterdam (1773) in-18, 2 vol.

84.   dº   Œuvres complètes, traduites de l'anglais — Paris, Lejay (1794) in-18, 4 vol.

85.   dº   Les nuits, traduction par Letourneur — Paris, Cailleau (1783) in-18, 2 vol.

CCXIV. — Œuvres étrangères de la Iʳᵉ époque du XIXᵉ siècle (1800-1860)

1. **Anglais** (les) peints par eux-mêmes — Paris, Curmer (1840) in-4º.

2. **Au bord de la Néva**, contes russes traduits par Marmier — Paris, Michel Lévy (1875) in-18.

3. **Ballades** et chants populaires de l'Allemagne anciens et modernes, traduits par Albin — Paris, Ch. Gosselin (1841) in-18.

4. **Beecher Stowe** (Mistress) — Ma femme et moi — Paris, Claye (1872) in-8º.

5.   dº   La case de l'oncle Tom ou vie des nègres en Amérique — Paris, Hachette et Cⁱᵉ (1878) in-18.

6. **Belgiojoso** (comtesse Trivulce de) — Récits turco-asiatiques — Paris, Claye (1859) in-8º.

7.   dº   Rachel, histoire lombarde de 1849 — Paris, Claye (1859) in-8º.

8. **Bremer** (Frederika) — Les voisins — Paris, Waille (1845) in-18, 2 vol.

9.   dº   Les filles du président — Paris, in-18.

10.   dº   Guerre et paix, scènes en Norwège — Paris, Sagnier et Bray (1849) in-18.

11. **Byron** (lord) — Œuvres complètes, traduction d'Amédée Pichot avec notes historiques et littéraires — Paris, Ledentu (1838) in-4º.

12.   dº   Œuvres complètes, traduction de Paulin Paris, avec notes et commentaires comprenant ses mémoires publiés par Thomas Moore — Paris, Armand Aubrée (1831) in-8º, 13 vol.

13.   dº   Œuvres complètes, traduction de Benjamin Laroche — Paris, Charpentier (1840) in-18, 4 vol.

14.   dº   Manfred, poème dramatique. Lara, conte, traduction en vers par H. du Pontavice de Heussey — Paris, Vanier (1856) in-18.

15. **Caballero** (F.) — Nouvelles andalouses, scènes de mœurs contemporaines — Paris, Hachette et Cⁱᵉ (1859) in-18.

16. **Cooper** (J.-F.) — Le dernier des Mohicans — Paris, Bry aîné (1849) (traduction de Barré) in-4º.

17.   dº   Les deux amiraux — Paris, Furne et Cⁱᵉ (1843) in-8º.

18.   dº   Les deux amiraux — Paris (1813) in-4º.

19. **Cooper** (J.-F.) — L'espion — Paris, Furne, Jouvet et Cie, in-8º.

20.   dº   Le feu follet — Paris, Ch. Gosselin (1844) in-8º.

21.   dº   Le feu follet — Paris (1844) in-4º.

22.   dº   Le lac Ontario — Paris, Garnier frères, in-8º.

23.   dº   Lionel Lincoln — Paris, Garnier frères, in-8º.

24.   dº   Les lions de mer — Paris, Garnier frères, in-8º.

25.   dº   Mercedès de Castille — Paris, Furne et Cie (1841) in-8º.

26.   dº   Les mœurs du jour — Paris, Furne, Perrotin, Pagnerre (1866) in-8º.

27.   dº   Le bourreau de Berne — Paris, Garnier frères, in-8º.

28.   dº   Le corsaire rouge — Paris, Garnier frères, in-8º.

29.   dº   Le dernier des Mohicans — Paris, Garnier frères, in 8º.

30.   dº   Les Monikins — Paris, Garnier frères, in-8º.

31.   dº   Le paquebot — Paris, Garnier frères, in-8º.

32.   dº   Le pilote — Paris, Garnier frères, in-8º.

33.   dº   Les pionniers — Paris, Furne, Perrotin, Pagnerre (1859) in-8º.

34.   dº   La prairie — Paris, Garnier frères, in-8º.

35.   dº   La prairie — Paris, J. Bry (1849) in-4º (traduction Louis Barré).

36. **Cooper** (J.-F.) — Les puritains — Paris, Garnier frères, in-8°.

37.   d°   Le tueur de daims — Paris, Garnier frères, in-8°.

38.   d°   Le tueur de daims — Paris (1843) in-4°.

39. **Gazul** (Clara) — Théâtre, avec notice par Joseph Lestrange — Paris, Sautelet et Cie (1825) in-8°.

40. **Hoffmann** — Contes fantastiques, traduction de P. Christian — Paris, Lavigne (1843) in-8°.

41. **James** — Les frères d'armes — Paris, E. Renduel (1833) in-8°, 2 vol.

42. **Hollonde** — La vie de village en Angleterre — Paris, Didier et Cie (1863) in-18.

43. **Kingsley** (Rose) — Au pays de Shakspeare — Paris, in-18

44.   d°   Il y a deux ans (1854-56) — Paris, Hachette et Cie (1866) in-18.

45. **Kinkell** (Johanna et Gottfried) — Aventures d'un ver luisant, traduction d'Alfred Delvau — Paris, (1859) in-4°.

46. **Kompert** (Léopold) — Scènes du Ghetto — Paris, Michel Lévy frères (1859) in-18.

47. **Lawrence** — Frontière et prison — Paris, Dentu, in-18.

48.   d°   Mémoires d'un Gladiateur anglais — Paris, E. Plon, Nourrit et Cie (1867) in-32.

49. **Leroux** (Pierre) — Job, drame en 5 actes par le prophète Isaïe, retrouvé, rétabli et traduit de l'Hébreu — Paris, Dentu (1866) in-4°.

50. **Manzoni** (Alexandre) — Les fiancés — Paris, Hachette et Cie (1877) in-18, 2 vol.

51. **Marryat** (le capitaine) — Le pacha — Paris, G. Barba, in 4º.

52.   dº   Le pauvre Jack — Paris, G. Barba, in-4º.

53.   dº   Jacob fidèle — Paris, G. Barba, in-4º.

54.   dº   Battlin le marin — Paris, G. Barba, in-4º.

55. **Melville** (G.-J. Whyte) — Les gladiateurs. Rome et Judée, roman antique, avec préface par Théophile Gautier — Paris, Didier et Cie (1864) in-8º, 2 vol.

56. **Meredith** (Georges) — L'épreuve de Richard Feverel, roman de la vie anglaise — Paris, Claye (1865) in-8º.

57.   dº   Sandra Belloni, roman de la vie anglaise — Paris, Claye (1864) in-8º.

58: **Power** — Le secret du roi, roman historique anglais — Paris, E. Renduel (1832) in 8º, 2 vol.

59. **Poe** (Edgar) — Histoires grotesques et sérieuses, traduction de Ch. Baudelaire — Paris, Michel Lévy frères (1875) in-18.

60.   dº   Histoires extraordinaires — Paris, Michel Lévy frères (1864) in-18.

61.   dº   Nouvelles histoires extraordinaires — Paris, Michel Lévy frères (1857) in-18.

62.   dº   Aventures d'Arthur Gordon Pym — Paris, Michel Lévy frères (1858) in-18.

63. **Reynolds** — Le jeune imposteur, traduction de Defaucompret — Paris, E. Renduel (1836) in-8º, 2 vol.

64. **Ruffini** (J.) — Le docteur Antonio — Paris, in-18.

65. **Sarrasin** (Adrien) — Le caravansérail ou recueil de contes orientaux, ouvrage traduit sur manuscrit persan — Paris, Urbain Canel (1825) in-32, 6 vol.

66. **Sarrasin** (Adrien) — Contes nouveaux et Nouvelles nouvelles — Paris, Urbain Canel (1825) in-32, 3 vol.

67.. dᵒ. Bardouc ou le pâtre du mont Taurus — Paris, U. Canel (1825) in-32.

68. **Schmid** (le chanoine) — Contes — Paris, in-8º.

69. **Trollope** (A.) — Fleurettes et réalités — Paris, Claye (1868) in-8º.

70. **Veimars** (Loève) — Le népenthès. Contes, nouvelles — Paris, Ladvocat (1833) in-8º, 2 vol.

71. **Walter-Scott** — Quentin Durward — Paris, Jouvet et Cⁱᵉ (1868) in-8º.

72. dᵒ Ivanhoë — Paris, Jouvet et Cⁱᵉ, in-8º.

73. dᵒ Waverley — Paris, Jouvet et Cⁱᵉ (1868)

74. dᵒ L'abbé — Paris, Furne, Pagnerre, Perrotin (1868) in-8º.

75. dᵒ Le monastère — Paris, Furne, Pagnerre, Perrotin (1868) in-8º.

76. dᵒ L'antiquaire — Paris, Jouvet et Cⁱᵉ (1869) in-8º.

77. dᵒ Guy-Mannering — Paris, Jouvet et Cⁱᵉ, in-8º.

78. dᵒ La jolie fille de Perth — Paris, Jouvet et Cⁱᵉ in-8º.

79. dᵒ La fiancée de Lammermoor. L'officier de fortune — Paris, Furne, Pagnerre, Perrotin (1866).

80. dᵒ Rob-Roy — Paris, Jouvet et Cⁱᵉ, in-8º.

81. dᵒ Woodstock — Paris, Jouvet et Cⁱᵉ, in-8º.

82. **Wiseman** — Fabiola ou l'église des catacombes — Paris, (1856) in-18.

————————

CCXV. — Œuvres étrangères de la 2me époque du XIXe siècle (de 1850 à nos jours)

1. **Annenkoff** (Madame) — Souvenirs — Paris, Chamerot (1890) in 8°.

2. **Annunzio** (G. d') — Triomphe de la mort — Paris, Chamerot et Renouard (1895) in-8°.

3. d° Les vierges aux rochers — Paris, Chamerot et Renouard (1896) in-8°.

4. **Anstey** (F.) — Le caniche noir, traduction de Hephell — Paris, Claye (1882) in-8°.

5. **Bailey** (Aldrich) — Prudence Palfrey — Paris, Claye (1874) in-8°.

6. **Bikelas** — Nouvelles grecques — Paris, Firmin Didot et Cie (1889) in-8°.

7. d° Philippe Marthas — Paris, Chamerot (1886) in-8°.

8. **Bizyenos** — Le péché de ma mère — Paris, Chamerot (1883) in-8°.

9. **Braddon** (Marie Elis.) — Henry Dunbar, histoire d'un réprouvé — Paris, Hachette et Cie (1872) in-18, 2 vol.

10. d° Les oiseaux de proie — Paris, Hachette et Cie (1874) in-18.

11. d° L'héritage de Charlotte — Paris, Hachette et Cie (1874) in-18.

12. d° (Marie Elis) — Lady Lisle — Paris, Hachette et Cie (1870) in-18.

13 . **Braddon** (Marie-Elis) — Le brosseur du lieutenant — Paris, Hachette et Cie (1874) in-18, 2 vol.

14 .   d° L'intendant Ralph — Paris, Hachette et Cie (1869) in-18.

15 .   d° Rupert Godwin — Paris, Hachette et Cie (1872) in-18, 2 vol.

16 .   d° La femme du docteur — Paris, Hachette et Cie (1872) in-18, 2 vol.

17 .   d° La trace du serpent — Paris, Hachette et Cie (1875) in-18, 2 vol.

18 .   d° Aurora Floyd — Paris, Hachette et Cie (1875) in-18. 2 vol.

19 .   d° Le locataire de sir Gaspard—Paris, Hachette et Cie (1873) in-18, 2 vol.

20 . **Bret Harte** — Récits californiens, traduction de Bentzon — Paris, Michel Lévy frères (1873) in-18.

21 .   d° Le blocus des neiges — Paris, Chamerot (1888) in-8°.

22 .   d° Flip — Paris, Chamerot (1882) in-8°.

23 . **Bulwer Lytton** — Devereux — Paris, Hachette et Cie (1867) in-18, 2 vol.

24 .   d° Les derniers jours de Pompéï — Paris, Lahure, in-18.

25 .   d° Ernest Maltravers — Paris, Hachette et Cie (1874) in-18.

26 .   d° Jour et nuit ou heur et malheur — Paris, Hachette et Cie (1876) in-18, 2 vol.

27. **Claudius Hastings Cumbermere (lord)** — Les aventures de Karl Brunner, docteur en théologie, traduction d'Alfred Ossolant — Paris, Dentu (1861) in-18.

28. **Collins (Wilkie)** — Le secret — Paris, Hachette et Cie (1874) in-18.

29.   do   La femme en blanc — Paris, Hetzel (1863) in-18, 2 vol.

30. **Contes** bouddhiques, traduits de l'anglais par Maurice Bouchor — Paris (1894) in-18.

31. **Cummins (Miss)** — L'allumeur de réverbères — Paris, Hachette et Cie, in-18.

32.   do   La rose du Liban — Paris, Hachette et Cie (1878) in-18.

33. **Currer Bell** — Jane Eyre ou les mémoires d'une institutrice — Paris, Hachette et Cie (1875) in-18, 2 vol.

34. **Daponte** — Don Juan, opéra en 5 actes, traduction de l'italien — Paris, Michel Lévy frères (1876) in 18.

35. **Dickens (Charles)** — L'ami commun — Paris, Hachette et Cie (1876) in-18, 2 vol.

36.   do   Aventures de Pickwick — Paris, Hachette et Cie, in-18, 2 vol.

37.   do   Barnabé Rudge — Paris, Hachette et Cie (1864) in-18, 2 vol.

38.   do   Bleack House — Paris, Hachette et Cie (1873) in-18, 2 vol.

39.   do   Contes de Noel — Paris, Hachette et Cie (1877) in-18.

40.   do   Contes de Noel — Paris (1857) in-4º.

41. **Dickens** (Charles) — Le grillon du foyer — Paris, (1857) in-4°.

42.   d°   Le possédé — Paris (1857) in 4°.

43.   d°   Le pacte de famine — Paris (1857) in-4°.

44.   d°   David Copperfield — Paris, Hachette et Cie (1876) in-18, 2 vol.

45.   d°   Les grandes espérances — Paris. Hachette et Cie (1873) in-18.

46.   d°   Historiettes et récits du foyer — Paris, Michel Lévy frères (1868) in-18.

47.   d°   Le magasin d'antiquités — Paris, Hachette et Cie (1877) in-18, 2 vol.

48.   d°   Le mystère d'Edwin Drood — Paris, Hachette et Cie (1874) in-18.

49.   d°   Olivier Twist — Paris, Hachette et Cie (1867) in-18.

50.   d°   Paris et Londres en 1773 — Paris, Hachette et Cie (1843) in-18.

51.   d°   La petite Dorrit — Paris, Hachette et Cie, in-18, 2 vol.

52.   d°   Les temps difficiles — Paris, Hachette et Cie (1872) in-18.

53.   d°   Vie et aventures de Nicolas Nickleby — Paris, Hachette et Cie (1869) in-18, 2 vol.

54. **Disraeli** (Benjamin) — Lothair — Paris, Hachette et Cie (1875) in-18, 2 vol.

55. **Fullerton** (Lady Georgina) — Rose Leblanc — Paris, Douniol (1861) in-18.

56.   d°   Ginevra ou le manoir de Grantley — Paris, Albanel (1867) in-18.

57. **Fullerton** (Lady Georgina) — L'oiseau du bon Dieu — Paris, Hachette et Cie (1871) in-18.

58.   d^o Hélène Middleton — Paris, Hachette et Cie (1878) in-18.

59. **Ebner Eschenbach** — Comtesse Marchi — Paris, Chamerot (1892) in-8°.

60. **Gaskell** (M^{rs}) — Cousine Phillis ; l'œuvre d'une nuit d'été ; le héros du fossoyeur — Paris, Hachette et Cie (1866) in-18.

61.   d^o Autour de Sofa — Paris, L. Hachette et Cie (1860) in-18.

62. **Gerhart Hauptmann** — L'assomption de Hannele Mattern, drame de rêve en deux parties — Paris (1894) in-18.

63. **Gogol** (Nicolas) — La nuit de Noel — Paris (1893) in-8°.

64.   d^o Tarass Boulba — Paris, Hachette et Cie (1853) in-18.

65.   d^o Les petits propriétaires d'autrefois — Paris, E. Plon, Nourrit et Cie (1893) in-18.

66.   d^o Les âmes mortes — Paris, Hachette et Cie in-18, 2 vol.

67. **Gorbounof** (R.) — Une Ophélie Tcheremisse — Paris, May et Motteroz (1891) in 8°.

68. **Grenville-Murray** — Une famille endettée — Paris, Hachette et Cie (1880) in-18.

69. **Habberton** (John) — La vengeance de Jim Hockson — Paris, Chamerot (1881) in-8°.

70. **Hamilton** (Aide) — Un poète du grand monde — Paris, Claye (1881) in-8°.

71. **Hacklander** (F.) — Boutique et comptoir — Paris, Hachette et Cie (1869) in-18.

72.   d°   La vie militaire en Prusse — Paris, Hachette et Cie (1873) in-18, 2 vol.

73. **Hawthorne** (Nathaniel) — La maison aux sept pignons — Paris, Hachette et Cie (1871) in-18.

74. **Herzberg-Frankel** — Baschinka, scènes de la vie des juifs polonais — Paris, Claye (1878) in-8°.

75. **Ibsen Henrik** — Peer Gynt — Paris, May et Motteroz (1896) in-8°.

76. **Jokai** (Maurice) — Les femmes sicules — Paris, May et Motteroz (1894) in-8°.

77. **Kittl** (Mme M. Gabrielle) — Le Scheik — Paris, Laroche (1871) in-18.

78. **Knorring** (de) — Les cousins — Paris, Simon Rancon et Cie, in-18.

79. **Konop Nicka** (Marya) — Krysta — Paris, Chaix et Renouard (1897) in-8°.

80. **Korolenko** (W.) — Le rêve de Makar — Paris (1894) in-18.

81. **Lermontov** — Poèmes, traduction de Duperret — Paris, Lahure (1897) in-18.

82. **Lieskoff** (Nicolas) — Le voyageur enchanté — Paris, Albert Savine (1892) in-18.

83. **Maclaren** — Cas de conscience, traduction par Coulin — Paris, Chamerot et Renouard (1897) in-8°.

84. **Mara-Lenger-Marlet** — Le landgrave de Turovopolze — Paris, Chamerot (1886) in-8°.

85. **Mayne Reid** — Bruin ou les chasseurs d'ours — Paris, Hachette et Cie (1876) in-18.

86.   d^o A fond de cale. Voyage d'un jeune marin à travers les ténèbres — Paris, Hachette et Cie (1877) in-18.

87.   d^o A la mer — Paris, Hachette et Cie (1876) in-18.

88.   d^o Le chasseur de plantes — Paris, Hachette et Cie (1878) in-18.

89.   d^o Les exilés dans la forêt — Paris, Hachette Cie (1877) in-18.

90.   d^o Le roi des Seminoles — Paris, Hachette et Cie (1883) in-18.

91. **Nossoff** (Serge) — La Russie comique — Paris, E. Dentu (1891) in-18.

92. **Nouvelles Danoises**, traduction de Xavier Marmier — Paris, Hachette et Cie (1871) in-18.

93. **Obolinsky** (princesse Marie) — Marthe Boretsky — Paris, Chamerot (1890) in-8°.

94. **Oliphant** (M^{rs}) — La villa des ormes — Paris, De Soye et fils (1890) in-8°.

95. **Oronzoff** (B. d') — Le cénacle de la rue Saint-Remezy — Paris, Chamerot (1889) in-8°.

96. **Palacio Valdès** (Armando) — El maestrante — Paris, Chamerot (1893) in-8°.

97. **Paris** (Mme) — Par reconnaissance, roman anglais — Paris, De Soye et fils (1890) in-8°.

98. **Peritor** (A.) — Les nuits du Bosphore — Paris, Chamerot (1893) in-8°.

99. **Poradowska** (Mme) — Marylka — Paris, Chamerot et Renouard (1895) in-8°.

100.   d°   Popes et popodias — Paris, May et Motteroz (1892) in-8°.

101.   d°   Yaga, esquisse de mœurs ruthènes — Paris, Quantin (1887) in-8°.

102. **Pouchklre** (Alex.) — Poèmes dramatiques — Paris, Hachette et Cie (1862) in-18.

103.   d°   La fille du capitaine — Paris, Hachette et Cie (1873) in-18.

104. **Psichari** (Jean) — Jalousie — Paris, Chamerot (1891) in-8°.

105. **Pudlitz** (de) — La maison de la demoiselle — Paris, Claye (1882) in-8°.

106. **Reine** du régiment (la), roman anglais — Paris, Claye (1872) in-18.

107. **Ricci** (Corrado) — L'Ermite blanc et autres récits, traduction d'Arlotta Franco — Paris, Ch. Delagrave, in-18.

108. **Roë** (Art.) — Racheté — Paris, Chamerot et Renouard (1895) in-8°.

109. **Rostoptchine** (comtesse Lydie) — Une poignée de mariages — Paris, Chamerot (1888) in-8°.

110.   d°   Irma — Paris, May et Motteroz (1895) in-8°.

111. **Sacher-Masoch** — Le mariage de Valérien Kochanski — Paris, Claye (1875) in-8°.

112.   d°   L'Ilau — Paris, Chamerot (1879) in-8°.

113.   d°   Le legs de Caïn — Contes galliciens — Paris, Hachette et Cie (1874) in-18.

114. **Sacher-Masoch** — La femme du cosaque — Paris, in-8º.

115.   dº   Les sœurs de Saïda — Paris, Chamerot (1888) in-8º.

116. **Samarow (Gregor)** — Pour le sceptre et la couronne — Paris, Claye (1873) in-8º.

117. **Sandon (Georgy)** — Histoire d'un amour perdu — Paris, Claye (1859) in-8º.

118. **Schandorph** — Une bonne veillée de Noel — Paris, Plon, Nourrit et Cie, in-18.

119. **Scheffer (Robert)** — Le chemin nuptial — Paris, May et Motteroz (1895) in-8.

120.   dº   L'idylle d'un prince — Paris, May et Motteroz (1894) in-8º.

121.   dº   Misère royale — Paris, Chamerot (1893) in-8º.

122. **Scudamore** — Nemesis, histoire de brigands — Paris, E. Plon, Nourrit et Cie (1896) in-18.

123. **Shahovskoy Strechneff** (princesse) — Le mariage de mademoiselle Ogareff — Paris, Chamerot (1891) in-8º.

124. **Sienkiewicz (H.)** — Quò vadis, roman polonais — Paris, De Soye et fils (1896) in-8º.

125.   dº   Bartek vainqueur — Paris, Chamerot (1884) in-8º.

126. **Slawski (Mme)** — Vichgorod, la ville haute — Paris, Chamerot (1886) in-8º.

127. **Thackeray (W.)** — L'ère des Georges — Paris, Claye (1862) in-8º.

128.   dº   Le livre des Snobs — Paris, Hachette (1871) in-18.

129. **Thackeray** (W.) — Mémoires de Barry Lyndon — Paris, Hachette et Cie (1869) in-18.

130.   do   La foire aux vanités — Paris, Hachette et Cie (1870) in-18, 2 vol.

131.   do   Histoire de Pendennis — Paris, Hachette et Cie (1869) in-18, 3 vol.

132.   do   Henry Esmond, mémoires d'un officier de Malborough — Paris, Hachette et Cie (1872) in-18, 2 vol.

133. **Tolstoï** (Léon) — Trois morts — Paris, Claye (1882) in-8.

134. **Tourgueneff** (Ivan) — Apparition, récit fantastique — Paris, Claye (1866) in-8º.

135.   do   Après la mort — Paris, Chamerot (1883) in-8º.

136.   do   L'aventure du lieutenant Yergounof — Paris, Claye (1868) in-8º.

137.   do   Le chant de l'amour triomphant — Paris, Chamerot (1881) in-8º.

138.   do   Devant la guillotine — Paris, in-8º.

139.   do   Le roi Léar de la Steppe, etc. — Paris, Hetzel et Cie, in-18.

140.   do   Etrange histoire — Paris, Claye (1870) in-8º.

141.   do   Le gentilhomme de la Steppe — Paris, Claye (1872) in-8º.

142.   do   Le journal d'un homme de trop — Paris, Claye (1861) in-8º.

143.   do   Mémoires d'un seigneur russe — Paris, Hachette et Cie (1873) in-18, 2 vol.

144. **Tourgueneff** (Ivan) — Le roi Lear de la Steppe — Paris, Claye (1872) in-o8.

145. d⁰ Trop menu le fil casse — Paris, Claye (1861) in-8⁰.

146. d⁰ Une fin — Paris, Chamerot (1886) in 8⁰.

147. d⁰ Œuvres dernières ; Tourgueneff, sa vie et son œuvre par le comte de Vogué — Paris, Hetzel et Cⁱᵉ (1885) in-18.

148. **Wodzinski** (comte A.) — Janko — Paris, Chamerot (1881) in-8⁰.

149. d⁰ Efrem — Paris, Chamerot (1894) in-8⁰.

150. d⁰ Par amour — Paris. Chamerot (1882) in-8⁰.

151. d⁰ Vainqueurs et vaincus — Paris, Chamerot (1885) in-8⁰.

152. **Yates** (Edmond) — Barberine au joug, traduction de Forgues — Paris, Claye (1866) in-8⁰.

153. **Yemeniz** (E.) — Le Mayne et les Mainottes, scènes de la vie de la Morée — Paris, Claye (1865) in-8⁰.

154. **Ysevolod** (Garchine) — Nadejda Nikola evna — Paris, E. Plon, Nourrit et Cⁱᵉ, in-18.

155. **Yustaffsson** — Autour du poèle, contes et récits pour les enfants, traduits et adaptés par Labesse — Paris, Firmin Didot et Cⁱᵉ (1887) in-4⁰.

—

SIXIÈME PARTIE

LA PROVENCE, LES LANGUES ÉTRANGÈRES
PREMIER SUPPLÉMENT GÉNÉRAL

—

R.² — Fonds local et de Provence

—

CCXVI. — Sciences

—

1. **Académie** des sciences etc... d'Aix — Travaux de la société, des années 1870 à 1878 — Aix, in-8°.

2. **Acland** — L'hiver dans le midi et particulièrement à Cannes, lettre à un médecin sur les soins à donner aux malades dans les pays chauds — Cannes, L. Macarry (1867) in-18.

3. **Ardoino** (Honoré) — Flore des Alpes-Maritimes — Menton (1867) in-18.

4. **Artigues** — Un mois de clinique thermale aux bains de Berthemont — Nice, V.-E. Gautier et Cie (1869) in-8°.

5. **Astier** (J.-M.) — Catalogue descriptif des ancylocéras à Escragnolles et dans les Basses-Alpes — Lyon, Barret (1851) in-8°.

6. **Association** française pour l'avancement des sciences. Congrès de Marseille 1891 — Paris (1891) in-8°.

7.   d°   Marseille, description et étude — Marseille (1891) in-8°.

8. **Audoynaud** — Excursions agricoles dans les Alpes-Maritimes — Nice, Cauvin et Cie (1874) in-18.

9. **Balestre** (A.) — Assainissement de Nice — Nice, A. Gilletta 1887, in-8°.

10.   d°   Travaux du bureau municipal d'hygiène et mesures d'assainissement prises à Nice — Nice, A. Gilletta (1889) in-8°.

11. **Barbier** (E.) — Les plages de la Provence au point de vue médical. Cannes et son climat. Le Golfe Jouan et ses villas — Lyon, Ve Chanoine (1866) in-32.

12. **Bargagli** (Pierre) — Insectes comestibles — Nice, Malvano-Mignon (1882) in-8°.

13. **Barla** (J.-B.) — Les champignons de la province de Nice et principalement les espèces comestibles, suspectes ou vénéneuses — Nice, Canis frères (1859) in-folio.

14. **Barrallon** — Les devoirs moraux de l'ambulancière et de la garde malade — Cannes, Vidal (1882) in-8°.

15. **Bernard** (docteur) — De la variole, notes recueillies à Cannes en 1879 et présentées au congrès d'hygiène tenu à Turin en 1880 — Paris, Parent (1880) in-18.

16.   d°   Constitution médicale de Cannes (1880-81) — Cannes, L. Vincent (1881) in-18.

17.   d°   Constitution médicale de Cannes (1882-83) — Paris, O. Doin (1883) in-18.

18. **Berthaud** (Max) — Canal et port Saint-Louis et jonction du Rhône à la Méditerranée — Paris, Baudry (1870) in 8º.

19. **Blanc** (Ed.) — Etude sur quelques fossiles de l'étage Turonien de Vence — Cannes, Vidal (1876) in-4º.

20. **Bompard** — Abrégé sur la culture de l'olivier — Draguignan, Bernard (1842) in-4º.

21. **Bourguignat** — Malacologie terrestre de l'île et du château d'If près de Marseille — Paris, Baillière (1860) in-4º.

22.   dº   Description d'un genre nouveau de la craie chloritée de Vence — Cannes, Vidal (1876) in-4º.

23.   dº   Diverses espèces de mollusques et de mammifères découvertes dans une caverne près de Vence — Paris, Ve Bouchard-Huzard (1868) in-8º.

24.   dº   Etude Synonymique sur les mollusques des Alpes-Maritimes — Paris, Baillière, J. Rothschild, in-4º.

25. **Boyé** — Les Alpes-Maritimes au point de vue forestier, pastoral et agricole — Lille, Danel (1888) in-4º.

26. **Brullé** (R.) — Influence des engrais sur l'olivier — Nice, Ventre et Cie (1890) in-32.

27. **Brun** (F.) — De l'utilité des arts du dessin et de leur rôle dans l'industrie — Nice, Berna et Barrel (1881) in-18.

28. **Burnat et Gremli** — Catalogue raisonné des hieracium des Alpes-Maritimes — Genève et Bâle, Georg (1883) in-4º.

29. **Buttura** — L'hygiène publique à Cannes — Cannes, H. Vidal (1871) in-32.

30. **Buttura** — L'hiver à Cannes ; les bains de mer et de sable — Cannes, Robaudy (1867) in-8º.

31. dº L'hiver à Cannes et au Cannet — Cannes, Robaudy (1883) in-8º.

32. **Cannes** — Société scientifique, littéraire et des beaux arts. Travaux de la Société — Cannes, Verne (1893) in-8º.

33. dº Société des sciences naturelles, des lettres et des beaux arts. Travaux de la Société — Cannes, L. Macarry (1868 à 1878) in-8º, 8 vol.

34. dº Société d'agriculture, d'horticulture et d'acclimatation de Cannes et de l'arrondissement. Travaux de la Société (années 1886 à...) — Cannes, Figère et Guiglion, Robaudy, in-8º, 21 b.

35. dº Société agricole et horticole (années 1866 à 1878) in 8º, 30 b.

36. dº Musée de Cannes, compte-rendu de l'ouvrage de M. le baron de Lycklama ; Voyage en Russie, au Canada, etc. — Paris, Martinet (1876) in-18.

37. **Chambrun de Rosemont** — Le delta du Var — Nice, Caisson et Mignon (1873) in-4º.

38. dº Etudes géologiques sur le Var et le Rhône — Nice, Caisson et Mignon (1873) in-4º.

39. **Cirodde** (Alfred) — Hygiène et salubrité, projet d'égouts de la ville de Cannes — Cannes, Figère et Guiglion (1890) in-4º.

40. **Coquand** (H.) — Géologie — les Alpines, le Var et les Alpes-Maritimes — Paris (1871) in-8º.

41. **Dague** — Etude d'un réseau d'égouts – Cannes, Figère et Guiglion (1891) in-8º.

42. **Dassy** (l'abbé) — L'académie de Marseille, ses ori-
     gines, ses publications, ses archives, avec planches
     de sceaux et médailles — Marseille, Barlatier,
     Feissat père et fils (1877) in-4°.

43. **Depraz** (Charles) — Le Hammam à Nice. Anciens
     Thermes romains. Gymnastique. Piscine d'eau de
     mer et Trinkhall — Nice, Gauthier (1868) in-32.

44. **Deval** — Situation forestière du département du Var.
     Reboisement — Toulon, Aurel (1852) in-8°.

45. **Doniol** — Concours régional de Draguignan —
     Montpellier, Gras (1864) in-8°.

46. **Douglas** (Galton) — Travaux de drainage de la ville
     de Cannes — Londres, Wymon et fils (1883) in-8°.

47. **Draguignan** — Société d'agriculture, de commerce
     et d'industrie du Var. Travaux de la Société
     (années 1820 à 1870) — Draguignan, Fabre,
     in-8°, 18 b.

48.   d°   Société d'études scientifiques et archéolo-
     giques de la ville de Draguignan (à partir de
     l'année 1856) — Draguignan, Gimbert,
     Latil, in-8°, 49 vol.

49. **Dumas** (A.) — La culture maraîchère dans le midi
     de la France — Paris, J. Rothschild (1880) in-18.

50. **Duval** (Jouve) — Belemnites des environs de Castel-
     lane (Basses-Alpes) — Paris, Masson et Cie (1841)
     in-4°.

51. **Enquête** agricole de Provence en 1867 — Paris, Imp.
     Impériale (1868) in-folio.

52. **Fœx et Wulf** (de) — Adaptation des cépages amé-
     ricains aux terrains — Cannes, in-18.

53. **Fouroux** — Avant-projet d'assainissement de Toulon
     — Toulon, Isnard et Cie (1890) in-4°.

54. **Gaudais** — L'agriculture et l'horticulture à Nice — Paris, Rothschild (1868) in 8°.

55. **Gay** (L.) — Les chasses de la Provence devant le Sénat — Toulon. Laurent (1862) in-18.

56. **Gazagnaire** (D^r) — L'hydrothermothérapie à Cannes — Cannes, L. Macarry (1868) in-8°·

57. **Genis** (L.) – L'assainissement de Marseille — Marseille (1891) in-8°.

58. **Giraud** — La crise oléicole dans l'arrondissement de Grasse — Cannes, Robaudy (1894) in-18

59. **Gruzu** (D^r) — L'assainissement de la ville de Cannes — Cannes, Issaurat (1888) in-8°.

60. **Guebhard** (A.) — Quelques dates de l'hydrologie locale — Grasse, E. Imbert et Cie (1896) in 8°.

61.   d^o   Tectonique d'un coin difficile des Alpes· Maritimes – Paris (1894) in-8°.

62.   d^o   Une grotte curieuse à Saint-Cézaire — Nice, Ventre et Cie (1896) in-8°.

63. **Hanry** (du Luc, Var) — Cryptogamie. Catalogue des mousses et des hépatiques de Provence — Aix, Remondet-Aubin (1867) in-8°.

64. **Jaubert** (J.) — Catalogue des insectes coléoptères du Var — Draguignan, Gimbert (1861) in-8°.

65. **Laure** — Les oliviers et le froid de 1709 — Toulon, Magdelain (1820) in 18.

66. **Leyssenne** (H.) — Rapport présenté à la commission météorologique des Alpes-Maritimes — Nice, Gauthier et Cie (1866) in-8°.

67. **Maffre** — Culture des jardins maraîchers du midi de la France — Paris, Ve Bouchard-Huzard (1844) in-8°.

68. **Malte-Brun** — Notice sur les deux premiers volumes de voyage de M. le chevalier Lycklama (musée de Cannes) — Bruxelles, P. Rossel (1875) in-4°.

69. **Marchais** (A.) — Les jardins dans la région de l'oranger — Paris, in-18.

70. **Marin** (J.-H.) — Considérations pratiques sur le typhus qui a régné au bagne de Toulon en 1829 et et 1830 — Montpellier, Jullien (1834) in-18.

71. **Marquès** (A.) — Concours agricole de Gardanne — Aix, Remondet Aubin (1867) in-8°.

72. **Marseille** médical (1869 à 1884) — Marseille, in-8°, 32 vol.

73. **Marseille** — Revue horticole (années 1878 à 1880) — Marseille Cayer, in-8°, 28 l.

74.   d°   Société de géographie. Travaux (1877 à 1883) — Marseille, in-8°, 27 b.

75.   d°   Revue agricole et forestière (années 1867 à 1875) in-8°.

76.   d°   Société de statistique, annales des sciences et de l'industrie du midi de la France — Marseille, Feyssat aîné et Demanchy (1832) in 8°.

77.   d°   Société de statistique (années 1858-59) — Marseille, in-8°, 29 b.

78.   d°   Académie des sciences, belles lettres et arts (années 1872 à 1878) — Marseille, Barlatier, Feissat, père et fils, in-8°, 3 vol.

79. **Michel** (Désiré) — La plage du Prado Marseille — Marseille, M. Olive (1874) in-8°.

80. **Michel et Arluc** — Mémoire explicatif sur les boulevards de la mer — Cannes, Robaudy (1887) in-8°.

81. **Millière** (P.) — Catalogue raisonné des lépidoptères des Alpes-Maritimes — Cannes, H. Vidal (1873) in 8º, 3 vol.

82. dº Description de six espèces de chenilles inédites des environs de Cannes avec leurs papillons à peine connus — Bruxelles, Weissenbruch (1877) in 8º.

83. **Nice** — Société niçoise des sciences naturelles, etc. Assainissement de Nice — Nice, S. Cauvin-Empereur (1887) in·8º.

84. dº Société des lettres, sciences et arts. Travaux de la Société — Nice, Malvano-Mignon, in-8º, 7 vol.

85. dº Société centrale d'agriculture et d'horticulture et d'acclimatation de Nice (années 1863 à 1877) — Nice, in-8º, 64 b.

86. dº Société des architectes des Alpes-Maritimes. Travaux et compte-rendus — Nice, Malvano·Mignon (1877-87) in-8º, 2 vol.

87. **Noyon** — Statistique du département du Var — Draguignan, Bernard (1846) in·8º.

88. **Opoix** — Manuel pratique de jardinage à l'usage de la France méridionale, culture maraîchère — Nice, Ch. Cauvin (1869) in-18.

89. **Orengo** — Assainissement des villes et habitations. Projet appliqué à la ville de Nice — Nice, Gauthier et Cie (1893) in-8º.

90. **Peragallo** (A.) — L'olivier, son histoire, sa culture, ses ennemis, ses maladies et ses amis — Nice, Cauvin-Empereur (1881) in 4º.

91. dº Insectes nuisibles des Alpes-Maritimes. Le frelon (vespra-cabro) et son nid — Nice, Cauvin-Empereur (1881) in·4º.

92. **Peragallo** (A.) — Etudes sur les insectes nuisibles à l'agriculture — Nice, Malvano-Mignon (1885) in-4°.

93. **Pietra-Santa** (Dr) — Les climats du midi de la France, étude comparative avec les climats d'Italie, d'Egypte et de Madère, avec conseils aux valétudinaires — Paris, Hachette et Cie (1874) in-18.

94. **Ribbe** (Charles de) — Des incendies de forêts dans la région des Maures et de l'Estérel (Provence); leurs causes. leur histoire, moyens d'y remédier — Aix, Remondet-Aubin (1865) in-8°.

95. do La Provence au point de vue des bois, des torrents et des inondations, avant et après 1789 — Paris, Guillaumin et Cie (1857) in-8°.

96. **Risso et Poiteau** — Histoire et culture des orangers dans le midi de l'Europe et en Algérie — Paris, Pion-Masson (1872) in-folio.

97. **Rivière** (Emile) — Découverte d'un squelette humain de l'école paléolithique dans les cavernes de Baoussé-Roussé, dites grottes de Menton — Paris, J.-B. Baillière et fils (1873) in-4°.

98. do Découverte d'un second squelette humain de l'école paléolithique — Nice, Caisson et Mignon (1873) in-4°.

99. do La grotte de Saint-Benoît — Paris (1878) in-4°

100. do Palecethnologie de l'antiquité de l'homme dans les Alpes-Maritimes — Paris, Baillière et fils (1878-80) in-folio.

101. **Robert** (E.) — Guérison du noir de l'olivier et de l'oranger par l'emploi du soufre sublimé — in-8°.

102. **Roustan** (L.) — Oïdium et Phylloxéra — Nice,
Berna (1894) in-8°.

103. **Roux** (Joseph) — Statistique des Alpes-Maritimes
— Nice, Cauvin (1862) in-8°, 2 vol.

104. **Saint-Simon** (A. de) — Mémoire sur les pomatias
du midi de la France — Toulouse, Pradel et Blanc
(1867) in 8°.

105. **Sauvaigo** (Emile) — Exposé historique sur l'horticulture méditerranéenne de Hyères à San-
Remo — Gênes, Sado Muti (1892) in-8°.

106.   d°   Les cultures sur le littoral de la Méditerranée
avec introduction par Naudin, membre de
l'Institut — Paris, Baillière et fils (1894)
in-18.

107.   d°   Les phœnix cultivés dans les jardins de
Nice — Orléans, Paul Pigelet (1896) in-4°.

108.   d°   Note sur les figuiers introduits et cultivés
dans les environs de Nice — Nice, J. Ven-
tre et Cie (1889) in-8°.

109. **Saurel** (Alph.) — Les bains de mer. La plage du
Prado et la plage de Trouville — Marseille, Marius
Olive (1871) in-8°.

110. **Sinety** (comte de) — L'agriculteur du midi —
Draguignan, Garcin (1859) in-8°.

111. **Situation** forestière du département du Var —
Reboisement — Toulon, E. Aurel (1852) in-8°.

112. **Sue** (G.-A.) — Relation de l'épidémie de choléra
morbus qui a régné à Marseille pendant l'hiver de
1834 à 1835 — Marseille, Feissat et Demouchy
(1835) in-8°.

113. **Thomas** (Emile) — Les carrières de pierres litho-
graphiques de Menton — Paris, Thunot et Cie
(1869) in-4°.

114. **Toulon** — Société d'horticulture et d'acclimatation du Var. Travaux des années 1869 à 1880 — Toulon, Michel Massone, in-8°, 29 b.

115.   d°   Société académique du Var. Travaux des années 1872 à 1878 — Toulon, Laurent, in-8°, 5 vol.

116.   d°   Société des sciences, belles-lettres et arts de Toulon. Travaux des années 1842-1858 — Toulon, Laurent, E. Aurel, in-8°, 8 b.

117.   d°   Comice agricole de l'arrondissement de Toulon. Travaux (années 1866-1878) in-8°, 32 b.

118.   d°   Avant-projet d'assainissement de la ville de Toulon — Toulon, Isnard et Cie (1890) in-folio.

119. **Vérany** (J.-B.) — Zoologie des Alpes-Maritimes ou catalogue des animaux observés dans le département — Nice, Cauvin (1862) in-18.

120. **Villeneuve-Flayosc** — Description minéralogique et géologique du Var et des autres parties de la Provence, avec application à l'agriculture, au gisement des sources et des cours d'eau — Paris, V. Dalmont (1856) in-8°

121. **Valcourt** (D^r de) — Résumé de trente années d'observations météorologiques à Cannes — Tours, Paul Boussez (1898) in 4°.

122.   d°   Tableaux et courbes des températures et des phénomènes météorologiques à Cannes (années 1865 à 1868).

123.   d°   Tableaux, en 2 cartons in-4°, des observations météorologiques faites à Cannes (période 1865-1895).

124.   d°   Cannes et son climat — Cannes, Robaudy (1869) in-18.

125. **Vidal** (J.) — Conseils pratiques aux propriétaires de chênes liège de l'arrondissement de Grasse — Grasse, Foucard (1864) in-8°.

126. **Wulf** (de) — Les engrais chimiques dans la région — Cannes, Figère et Guiglion (1893) in-8°.

CCXVII. — Histoire

---

1. **Agarrat** — Peyresc, modèle de piété, de travail, de science et de vertu — Toulon (1892) in-4°.

2. **Alliez** (l'abbé) — Les îles de Lérins, Cannes et les rivages environnants — Paris, Didier et Cie (1860) in-8°.

3.   d°   Histoire du monastère de Lérins — Paris, Didier et Cie (1862) in-8°, 2 vol.

4. **Alziary de Roquefort** — Le comté de Nice depuis l'annexion (1860-70) — Nice (1870) in-8°.

5. **Arazi** (Jean) — Histoire de la ville d'Antibes d'après le manuscrit original conservé au génie militaire d'Antibes — Paris, Champion, Nice, Malvano-Mignon (1880) in-8°.

6. **Aubenas** (J.-A.) — Histoire de Fréjus (Forum Julii), ses antiquités, son port — Fréjus, Leydet (1881) in-8°.

7. **Autran** (A.) — Souvenirs sur la vie et les écrits de Paul Autran — Marseille, Barlatier-Feissat père et fils (1874) in-8°.

8. **Backer** (Louis de) — Roumanille, sa vie et sa mort — Cannes, Verne (1891) in-32.

9. **Brun** — Niké, une fête à Cimiez en 262. Le dernier jour de Cimiez — Nice, V.-E. Gautier (1872) in-8°.

10. **Buttura** (le docteur) — Sa vie (1816 1894) — Paris, Gauthier-Villars et fils (1894) in 18.

11. **Cabasse** (Prosper) — Essais historiques sur le parlement de Provence, depuis son origine jusqu'à sa suppression (1501-1790) — Paris, Delaforêt (1826) in-8°, 3 vol.

12. **Cahier** des délibérations des assemblées convoquées à Lambesc en 1754, 1762, 1772, 1783 — Aix, David, in-4°, 4 vol.

13. **Castanier** (Prosper) — Histoire de la Provence dans l'antiquité, depuis les temps quaternaires — Marseille et Paris, Marpon et Flammarion (1893) in-8°.

14. **Chabert-Plaucheur** — Histoire d'Antibes — Nice, Cauvin (1866) in-8°.

15. **Chauveau** (Frank) — Etude sur lord Brougham — Paris, Dentu (1873) in-8°.

16. **Cormerois** (Ph.) — Essai historique sur l'instruction populaire à Cannes — Cannes, Figère et Guiglion (1886) in-8°.

17. **Courmaceul** (de) — Nice et la France. Histoire de dix ans (1860-1870) — Nice, Gauthier et Cie (1871) in-8°.

18. **Crist** (Georges) — Récits d'un soldat sur la guerre du Mexique — Cannes, Vincent (1880) in-18, 2 vol.

19.   d° A Paris, dans l'Est et en Orient. Souvenirs du 62e (1849-56) — Cannes, Figère et Guiglion (1887) in-18, 2 vol.

20.   d° Lettres sur Rome (1860-70) — Cannes, Figère et Guiglion (1888) in-18.

21. **Crist** (Georges) — Histoire du lieutenant Cité ou capitulation de Metz 1870-71 — Cannes, Robaudy (1888) in-18.

22. **Disdier** (l'abbé) — Description historique du diocèse de Fréjus — Draguignan, A. Latil (1872) in-8º.

23.   dº   Recherches historiques sur Saint-Léonce, évêque de Fréjus et patron du diocèse — Draguignan, Gimbert (1864) in 8º.

24. **Ephémérides** de Cannes (1850-1869) — Cannes, Vidal (1882) in-8º.

25. **Fabre** (A.) — Histoire de Marseille — Marseille, Olive (1829) in-8", 2 vol.

26.   dº   Histoire de Provence — Marseille, Feissat et Demouchy (1833) in-8º, 4 vol.

27. **Fréjus** (histoire de la ville et de l'église de) — Paris, Vᵉ Delaulne, à l'Empereur (1829) in-18, 2 vol.

28. **Garcin** (E.) — Dictionnaire historique et topographique de la Provence, ancienne et moderne — Draguignan, Bernard (1835) in 8º, 2 vol,

29. **Gauthier** (Eugène) — Episodes du blocus d'Antibes en 1815 — Nice, Gauthier et Cⁱᵉ (1866) in-32.

30. **Gauthier de Brécy** — Révolution de Toulon en 1793 pour le rétablissement de la monarchie, manuscrit rédigé en 1795 et laissé en 1802 à Londres par G. de Brecy — Paris, Trouvé (1828) in-8º.

31. **Girardin** — Histoire de la ville et de l'église de Fréjus — Paris, Vᵉ Delaulne (1729) in-18.

32. **Huart** (J.) — Notice sur lord Brougham, grand chancelier d'Angleterre — Besançon, Dodivers et Cⁱᵉ (1880) in-8º.

33. **Giraud** (Honoré) — Le gouvernement personnel de Louis XIV — Nice, Cauvin (1868) in-8º.

34. **Grangier** (Paul) — Les hommes utiles : Lucien Pascal — Cannes, Figère et Guiglion (1893) in-18.

35. **Guigou** (Mgr) — Histoire de Cannes et de son canton — Cannes, H. Vidal (1878) in-8º.

36. **Ile** (l') et l'abbaye de Lérins — Récits et description par un moine de Lérins — Lérins, M. Bernard (1895) in-8º.

37. **Jacob** (Ferdinand) — Grand almanach Jacob, memorandum historique, littéraire, artistique, etc. — Lérins, M. Bernard (1889) in-8º.

38. **Jaubert** (J.-B.) — Hyères avant l'histoire — Hyères, H. Souchon (1878) in-32.

39. **Laroche-Héron** (de) — Notice sur les îles de Lérins — Draguignan, P. Garcin (1869) in 8º.

40. **Letainturier-Fradin** (Gabriel) — Nice de France, avec préface de M. Jules Simon — Paris, E. Flammarion (1893) in-18.

41. **Liabastres** (J.) — Histoire de Carpentras, ancienne capitale du comté Venaissin — Carpentras, Léon Barriès (1891) in-4º.

42. **Ligue** des ports de Provence contre les pirates barbaresques en 1585-86, publiée par M. Mireur — Paris, Imp. Nationale (1886) in-4º.

43. **Maquan** (H.) — Trois jours au pouvoir des insurgés, récit épisodique de l'insurrection de décembre 1851 dans le Var — Marseille, M. Olive (1852) in-18.

44. **Mark** (Ivan) — Le séparatisme à Nice (1860 à 1874) — Nice, Nicoud, Vérani et Cie, in-18.

45. **Massa** (abbé L.) — Histoire de Grasse — Cannes, L. Vincent (1878) in-8º.

46. **Mery** (Louis) — Histoire de Provence — Marseille, Barile et Boulouch (1830-37) in-8º, 4 vol.

47. **Millard** (Eugène) — Le Golfe-Juan. Débarquement de l'empereur Napoléon Ier d'après la tradition et les documents locaux, Ier mars 1815 — Cannes, Maccarry (1867) in 18.

48. **Métivier** — Monaco et ses princes — Paris, in-8º, 2 vol.

49. **Moris** (Henri) — Nice à la France avec documents officiels inédits sur la réunion en 1793 et un plan de Nice vers la fin du XVIIIe siècle — Paris, E. Plon, Nourrit et Cie (1896) in-8º.

50.   d[o]   Menton à la France, documents officiels inédits sur la réunion de Menton et de Robrune en 1793 et en 1861, avec vue de Menton en 1841 — Paris, E. Plon, Nourrit et Cie (1896) in-8º.

51. **Moris** et **Blanc** — Cartulaire de l'abbaye de Lérins — Paris, H. Champion (1883) in-4º.

52. **Mougins de Roquefort** — Quelques notes sur les fortifications modernes d'Antibes — Caen, Delesques (1892) in-8º.

53. **Muterse** — Antibes de 1814 à 1818. Débarquement de l'empereur Napoléon sur la plage du Golfe-Juan, sa tentative avortée sur Antibes (Ier mars 1815), les troupes austro-sardes devant la place. Erection d'une colonne commémorative — Antibes, Marchand (1895) in-18.

54.   d[o]   Le siège d'Antibes (1746-47) — Toulouse, Edouard Privat (1891) in-8º.

55. **Notice** sur Joseph Garnier et sur les premiers représentants des Alpes-Maritimes — Nice, Cauvin et
Cie (1876) in-8°.

56. **Papon** — Histoire générale de Provence — Paris,
Moutard (1777) in-4°, 4 vol.

57. **Parlement 1753** — Articles arrêtés par le Parlement
d'Aix, toutes les Chambres réunies le 25 janvier
1753 pour fixer les objets des remontrances or-
données le 4 du même mois de janvier — Aix
(9 avril 1753) in-18.

58. **Pichatty de Croissainte** — Journal abrégé de ce
qui s'est passé en la ville de Marseille depuis qu'elle
est affligée de la contagion (1720) — Marseille.
Mossy (an II) in-8°.

59. **Pinatel** (Philippe) — Quatre siècles de l'histoire de
Cannes (1448-1892) avec listes des consuls, bourgeois, notables, officiers municipaux, conseillers,
maires et adjoints depuis 1790 jusqu'à aujourd'hui
— Cannes, Verne (1892) in-18.

60. **Poulle** (Raymond) – Histoire de l'église paroissiale
de Notre Dame et Saint-Michel, à Draguignan —
Draguignan, Garcin (1865) in-8°.

61. **Procès-verbal** en 1323, de visite des fortifications
des côtes de Provence publié par Barthélemy —
Paris, Imp. Nationale (1882) in-4°.

62. **Raimbault** (Maurice) — Les faux louis de La Rochelle — Paris, Raymond Serrure (1897) in-8°.

63. **Reboul** (Robert) — Biographie et bibliographie de
l'arrondissement de Grasse — Grasse ,
Crosnier fils (1887) in-32.

64.   d° L'imprimerie à Toulon (1650-1793) — Paris,
Techener (1892) in-8°.

65. **Retournay** (Horace) — Lord Henry Brougham et le centenaire — Cannes, Maillan-Robaudy (1879) in-18.

66. **Ribbe** (de) — Une famille au XVIᶜ siècle, document original précédé d'une introduction et d'une lettre du R. P. Félix — Paris, Albanel (1868) in-18.

67. **Rousse** (A.) — Histoire de Fréjus — Nice, Caisson et Cⁱᵉ (1862) in-32.

68. **Saige** (Gustave) — Documents historiques relatifs à la principauté de Monaco depuis le XVᵉ siècle — Monaco (1890) in 4°, 3 vol.

69. **Sardou** (A.-L.) — Notice historique sur Cannes et les îles de Lérins, suivie d'une dissertation sur l'homme au masque de fer — Cannes, Robaudy (1867) in-18.

70. d° Cannes vassale de Lérins, condition des anciens cannois sous l'autorité féodale du monastère de Saint-Honorat — Nice, Malvano-Mignon (1885) in-8°.

71. d° Histoire de Cannes, des îles de Lérins et des alentours — Paris, Hachette et Cⁱᵉ (1894) in-8°.

72. **Saurel** (Alfred) — Roux de Corse ou notice historique et biographique sur Georges de Roux, marquis de Brue, négociant et armateur marseillais — Marseille, Cayer et Cⁱᵉ (1870) in-8°.

73. **Sauzède** (J.) — Histoire religieuse de Bargemon — Marseille, Gueidon (1868) in-8°.

74. **Sénéquier** (Paul) — Le 1ᵉʳ mars 1815. Débarquement de Napoléon au Golfe-Juan, récit du colonel Gazan — Grasse, Crosnier fils (1898) in-8°.

75. d° La terreur à Grasse — Grasse, Imbert et Cⁱᵉ (1894) in-8°, 2 vol.

76. **Sénéquier** (Paul) — Auribeau et Notre-Dame de Valcluse — Grasse, Crosnier fils (1897) in-8°.

77.   d° Mouans-Sartoux — Grasse, Imbert (1888) in-8°.

78. **Teissier** (Octave) — Biographie de L. Ch. Thiers, avocat au Parlement de Provence (1770-90)

79.   d° Histoire de Bandol — Marseille, de Gueidon (1868) in-8°.

80.   d° Marseille au moyen-âge. Institutions municipales. Topographie. Plan de restitution de la Ville (1250-1480) — Marseille, V. Boy, (1891) in-8°.

81.   d° La maison d'un bourgeois au xviiie siècle — Paris, Hachette et Cie (1886) in-18.

82.   d° Le prince d'amour et les abbés de la jeunesse — Marseille (1891) in-18.

83.   d° Le suffrage universel et le vote obligatoire à Toulon en 1354 — Paris, Dumoulin (1868) in-18.

84.   d° Histoire des divers agrandissements et des fortifications de la ville de Toulon, avec un mémoire inédit du maréchal de Vauban — Toulon, Rumèbe (1893) in-8°.

85.   d° Panescorse Henry — Draguignan, C. et A. Latil (1891) in-8°.

86.   d° Documents inédits sur Pierre Puget — Toulon, Laurent (1871) in-8°.

87.   d° Arnaud de Villeneuve, médecin alchimiste — Toulon, Aurel (1858) in-32.

88.   d° Biographie de Mercier-Lacombe — Draguignan, Latil (1876) in-8°.

89. **Teissier** (Octave) — Les députés de Provence à l'Assemblée nationale de 1789, ouvrage orné de 43 portraits — Draguignan. L. Queyrot (1897) in-18.

90. **Thenard** — Mémoires ou livre de raison d'un bourgeois de Marseille (1674-1726) — Paris, Maisonneuve et Cie (1881) in-8º.

91. **Tisserand** (l'abbé) — Récits historiques — Nice, Caisson et Mignon (1873) in-8º.

92. do Histoire de Vence, cité, évêché, baronnie, de son canton et de l'ancienne viguerie de Saint-Paul-du Var — Paris, Eug. Belin (1860) in-8º.

93. do Chronique de Provence. Etudes historiques sur quelques personnages célèbres du midi sous Charles VIII, Louis XII et François Ier — Cannes, Macarry (1869) in-8º.

94. **Toselli** (J.-B.) — Trois journées belliqueuses à Nice ou les intrignes d'une candidature governo-républicaine — Nice, Cauvin et Cie (1871) in-8º.

95. do Notice biographique sur Masséna — Nice, E. Gauthier et Cie (1869) in-8º.

96. **Tournaire** (Honoré) — Le R. P. Denys Faucher, prieur de Lérins au xvie siècle — Cannes, Vidal (1873) in 8º.

CCXVIII. — *Géographie, Excursions, Voyages*

---

1. **Adenis** (Jules) — Les étapes d'un touriste en France De Marseille à Menton — Paris, Hennuyer (1892) in-18.

2. **Ambayrac** — Nice et ses environs, étude pittoresque et géologique — Nice, V.-E. Gauthier et Cie (1892) in-18.

3. **Aubert-la-Favière** — Guide pittoresque illustré de Cannes à Gênes, mœurs et coutumes — Cannes, Robaudy, in-32.

4. **Bray** (de) — Trois jours à Grasse et aux environs — Moulins, Fuchez frères, in-8º.

5. **Bunel** (J.-F.) — Promenades pittoresques, descriptives et historiques dans le Var — Draguignan, Cruvès fils, in-18.

6. **Cagnoli** (J.) — Saint-Martin Vésubie, station stivale, guide pittoresque, médical — Cannes, Figère et Guiglion (1895) in-18.

7. **Conté** (Maurice) — Notes sur la frontière du sud-est — Cannes, Verne, in-18.

8. **Coomans** (Casimir) — De Marseille à Gênes par la Corniche. En Algérie, souvenirs et notes de voyage — Bruxelles (1878) in-8º.

9. **Edward** (J.) — Grasse, notice, description, climat, industrie, curiosités, excursions, avec plan et carte — Grasse, Dubout, in-18.

10. **Girard** — Cannes et ses environs, guide historique et pittoresque — Paris, Garnier frères (1859) in-8º.

11. **Goubet** (A.) — Cannes-Guide, avec notice médicale par le docteur Bernard — Cannes, Maillan, in-18.

12.   dº   Les stations sanitaires de la France. Littoral provençal — Cannes, Robaudy (1884) in-18.

13. **Guide-indicateur** pratique (français - anglais) à Cannes et ses environs (année 1895-96) — Noningue (Hollande) H. Schutazn, in-32.

14. **Guide** anglais-français de Hyères-les-Palmiers — Hyères, Bloch (1893) in-8º.

15. **Guillaumont** — Nouveau guide d'Antibes, avec carte — Nice, V.-E. Gauthier (1894) in-18.

16. **Jacob** (Ferdinand) - Guide historique de Cannes et ses environs — Cannes, Vincent et Cie (1876 77) in-32.

17. **Joanne** (Ad.) — Guide, Cannes et ses environs — Paris, Hachette et Cie (1896) in-18.

18.   d° Itinéraire général de Provence, des Alpes-Maritimes et de la Corse avec cartes et plans — Paris, Hachette et Cie (1881) in-18.

19.   d° Les stations d'hiver de la Méditerranée, de Hyères à San-Remo — Paris, Hachette et Cie (1875) in-18.

20.   d° Géographie des Alpes-Maritimes — Paris, Hachette et Cie (1889) in-18.

21.   d° Géographie du Var — Paris, Hachette et Cie (1889) in-18.

22. **Lee** (Edwin) — Notices sur Hyères et Cannes — Toulon, Monge ; Paris, Germer-Baillière (1857) in-18.

23. **Limouzin et Paris** — L'hiver 1876 à Nice et à Monaco, Cannes et Menton — Nice, Vérani et Cie (1876) in-18.

24. **Lubanski** — Guide aux stations d'hiver du Littoral méditerranéen — Nice, Cauvin ; Paris, Verboeckhoven et Cie (1865) in-18.

25. **Meiffret** (J.-B.) — Excursion à Notre-Dame d'Antibes — Antibes, Marchand (1869) in-18.

26. **Métivier** (Henri) — Une visite à Monaco — Paris, (1867) in-18.

27. **Moggridge** — Menton et ses environs, avec le panorama des montagnes — Paris, in-18.

28. **Négrin** (Emile) — Les promenades de Nice — Nice, Cauvin-Gilletta, in-18, 2 vol.

29. **Nice au Var** — Détails descriptifs et souvenirs historiques — Nice (1863) in 8°.

30. **Nice à Monaco** en chemin de fer — Nice, Gilletta, in-18.

31. **O'Donoghue** — Guide à Cannes et dans les environs — Cannes, F. Robaudy, in-18.

32. **Orgeas** (J.) — L'hiver à Cannes, Saint-Raphaël, Grasse et Antibes, guide historique, scientifique, médical et pratique — Cannes, Figère et Guiglion (1889) in-52.

33. **Petit** (Victor) — Cannes, promenades des étrangers dans la ville et ses environs — Cannes, Robaudy, (1868) in-18.

34. **Revel** (de) et **Gaucourt** (de) — L'Arlésie, état descriptif de l'arrondissement d'Arles — Marseille, M. Olive (1872) in-8°.

35. **Saison** à Cannes en Provence (une) — Paris, Hachette et Cie (1856) in-32.

36. **Salin** (Emile) — Promenade de Marseille à Mimet — Marseille, Chatagnier (1891) in-18.

37. **Siedlce** — Guide à Cannes, promenades, avec carte et gravures — Grasse (1896) in-32.

38. **Tisserand** — Géographie des Alpes-Maritimes — Nice, Cauvin (1869) in-32.

39. d° Un touriste à Vence — Saint-Cloud, Ve Belin (1855) in-18.

40. **Valcourt** (de) et **Petit** (Victor) — Cannes et son climat — Cannes, Robaudy (1869) in-18, 2 vol.

41. **Watripon** (Léo) — De Nice à Monaco en chemin de fer — Nice (1868) in-18.

CCXIX. — Cartes, Plans et Dessins

1. **Alpes-Maritimes** — Carte physique et routière (1860) par Victor Clerot.

2. **Alpes-Maritimes** — Carte du littoral de la Méditerranée aux environs de Fréjus, Cannes, Grasse, Antibes, Monaco, Menton (1873) — Gravé par Erhard Paris — Cannes, Robaudy.

3. **Antibes** — Carte topographique et géologique de l'état-major avec notice explicative.

4. **Cap Camarat** (Saint-Tropez) — Carte marine avec notices et vues.

5. **Celto Lygie** — Carte de la Celto Lygie ou Provence avant et pendant la domination romaine, avec le vocabulaire des noms contenus sur la carte, par E. Garcin — Toulon, Imbert (1847).

6. **Cannes, Antibes et Fréjus** — Carte avec échelle de 1,000 toises et échelle de 20,000 mètres au $\frac{1}{100000}$ (viguerie de Grasse et de Draguignan), de l'ancien état-major — Paris, Heuguet.

7. **Etat-Major** — Service géographique de l'armée : Carte d'Antibes à $\frac{1}{200000}$

8.   do   do   do Digne

9.   do   do   do Gap

10.   do   do   do Grenoble

11.   do   do   do Larche

12.   do   do   do Marseille

13.   do   do   do Nice

14.   do   do   do Tignes

15. **Etat Major** (Dernière revision de 1882) Echelle $\frac{1}{80000}$ Antibes.

16.　　　do　　Cannes.

17.　　　do　　Demonte

18.　　　do　　Nice.

19. **Etat-Major** — Echelle $\frac{1}{80000}$: Puget-Théniers.

20.　　　do　　　　do　　Orméa.

21.　　　do　　　　do　　Saint Etienne.

22.　　　do　　　　do　　Saint-Martin.

23.　　　do　　　　do　　Saint-Sauveur.

24.　　　do　　　　do　　Sospel.

25.　　　do　　　　do　　Taggia.

26.　　　do　　　　do　　Tende.

27.　　　do　　　　do　　Vintimiglia.

28. **Golfe Jouan et Cannes** — Plan du Golfe Jouan, du port de Cannes et de ses environs, levé en 1840 et dressé en 1842, publié par ordre du roi, sous le ministère de M. le baron de Mackau, au dépôt général de la marine en 1843. et revisé en 1872.

29. **Grasse** (Carte du district de)

30. **Grasse (Var)** (carte de l'arrondissement de) (1848) avec plan de la ville Grasse, échelle 6,001 pour 5 m.

31. **Presqu'île de Saint-Tropez**, de la baie de Cavalaire à la baie de Saint-Tropez, carte hydrographique du dépôt de la marine.

32 **Puget Théniers, Molières, Tende** (carte italienne de) échelle au $\frac{1}{80000}$.

33. **Var** (département du) — Carte avec notice, par Dounet et Fremin.

34.   do   Carte routière et administrative par Chabert Echelle $\frac{1}{150000}$ (1878).

35.   do   Carte forestière.

36. **Vintimille**, Menton, Monaco (carte italienne) échelle au $\frac{1}{50000}$.

37. **Vinadio** (carte italienne) échelle $\frac{1}{50000}$.

38. **Valcourt** (de) — Courbe des températures (ville de Cannes).

39. **Michel** et **Arluc** — Nouveau plan indicateur de Cannes et de ses environs, échelle $\frac{1}{10000}$, édité par John Taylor et Riddett, imprimé par Erhard, Paris.

40.   do   2me édition (1895) du nouveau plan indicateur de Cannes.

41. **Pinatel** (Ph.) — Plan de Cannes, échelle $\frac{1}{7500}$ — Cannes, Figère et Guiglion (1894).

42. **Société** Foncière Lyonnaise — Plan de Cannes et des terrains du Cannet, échelle $\frac{1}{5000}$.

43. **Suran** (Joachim) — Plan indicateur de la ville de Cannes et de la campagne, échelle $\frac{1}{10000}$, édité par John Taylor et Riddett, imprimé par Erhard, Paris.

44. **Teisseire** (Marc) — Plan de Cannes (1893) à l'échelle $\frac{1}{5000}$, 3 feuilles.

45. **Voirie** de Cannes — Plan de Cannes à l'échelle $\frac{1}{5000}$ (1858).

46. **Jackson** (James) — Vues photographiques de la région du littoral, 10 albums in-4°, 346 vues.

47. **Petit** (Victor) — Vues panoramiques de Cannes et de la région.

CCXX. — Archéologie, Armorial, Généalogie

1. **Backer** (de) — Origine des armes de la ville de Cannes — Cannes, Verne (1892) in-32.

2. **Bertrand** (M.) — Notes sur deux inscriptions antiques des remparts d'Antibes — Cannes, Verne (1897) in-18.

3. **Blanc** (Ed.) — Saint Paul de Vence, description des antiquités civiles et religieuses que l'on y voit — Cannes, Vidal (1876) in-8°.

4.   d°   La cathédrale de Vence, notes historiques et archéologiques — Tours, Bouzerez (1878) in 8°.

5.   d°   Les fouilles de la Tourraque près Vence — Tours, Paul Bouzerez (1876) in-8°.

6.   d°   Remarques sur quelques textes gallo-romains des Alpes-Maritimes, qui portent des noms géographiques — Paris (1828) in-8°.

7.   d°   Discussion sur la position des ports antiques entre le Var et la Roya — Paris, Imprimerie Nationale (1879) in 8°.

8.   d°   Epigraphie antique du département des Alpes-Maritimes — Nice, Malvano-Mignon (1878) in-8°.

9.   d°   Sculptures préhistoriques du Val d'Enfer près du lac des Merveilles — Cannes, Vidal (1878) in-8°.

10.   d°   Inscriptions grecques de Saïda (Phénicie) conservées au musée Lycklama, Cannes — Cannes, H. Vidal (1878) in-8°.

11. **Bonstetten** (de) — Notice sur les fouilles des grottes de Gonfaron et de Châteaudouble (Var) — Draguignan, C. et A. Latil (1875) in-8º.

12. **Bottin** (C.) — Mémoire sur le camp celto-ligure et romain de la Courtine — Draguignan, Jean Barle et Cie (1892) in-18.

13.   dº   Ruines des gorges d'Ollioules — Toulon (1896) in-8º.

14.   dº   Canneaux (Alpes-Maritimes) et Saint-Vallier, monuments mégalithiques — Toulon (1897) in-8º.

15. **Bourguignat** — Inscriptions romaines de Vence — Paris, Vº Bouchard-Huzard (1869) in-8º.

16. **Brescq** (de) — Armorial des communes de Provence — Draguignan, F. Luo (1866) in-8º.

17. **Brun** (F.) — Etude sur l'origine des anciens habitants des Alpes-Maritimes — Nice, Malvano-Mignon (1879) in-8º.

18. **Chambrun de Rosemont** — Etude sur les antiquités antérieures aux Romains dans les Alpes-Maritimes — Nice, Caisson et Mignon (1874) in-8º.

19. **Collection** épigraphique locale-régionale. Estampages d'inscriptions restituées, rapportées et traduites, formats divers, 47.

20. **Gazan** (A.) — Notice sur une pierre tumulaire découverte aux environs de Solliès Pont — Antibes, Marchand (1873) in-8º.

21. **Gazan** (colonel) et **Mougins de Roquefort** — Les tours carrées d'Antibes et leurs inscriptions — Tours, Paul Bouscez (1882) in-18.

22.   dº   Découverte dans la paroisse d'Antibes de trois autels primitifs chrétiens élevés sur des monuments romains — Caen, Delesques (1886) in-8º.

23. **Gazan** (colonel) et **Mougins de Roquefort** — Notice sur un ossuaire découvert dans la chapelle du rosaire à Antibes — Tours, Paul Bouscez, in-8°.

24. **Gourdon de Genouilhac** et de **Piolenc** — Nobiliaire du département des Bouches-du-Rhône, histoire, généalogie — Paris, E. Dentu (1863) in-8°.

25. **Guebhard** (Adrien) — Ponadieu et les environs de Saint-Vallier de Thiey (Alpes-Maritimes) — Nice, Gauthier et Cie (1896) in-8°.

26.   d°   Amusettes étymologiques provençales — Grasse, E. Imbert et C^{ic} (1896) in-8°.

27. **Hyvernat** (Henri) — Sur un vase judeo-babylonien du musée Lycklama de Cannes (exemplaire unique) — Munich, Von S. Straub, in-18.

28. **Leblant** (Edmond) — Etude sur les sarcophages chrétiens antiques de la ville d'Arles — Paris, Imp. Nationale (1878) in-folio.

29. **Legac** (abbé) — Quelques inscriptions assyro-babyloniennes du musée Lycklama à Cannes — (1895) in-18.

30. **Montgrand** (Godefroy de) — Liste des gentilshommes de Provence qui ont fait leurs preuves de noblesse pour avoir leur entrée aux états d'Aix (1787-1789) — Marseille, Márius Olive (1860) in-8°.

31.   d°   Généalogie de la maison de Montgrand — Marseille, Olive (1860) in-8°.

32. **Mougins de Roquefort** — Inscription grecque trouvée à Antibes en 1866 — Toulon, L. Laurent (1876) in-8.

33.   d°   Découverte d'un petit autel votif à Vallauris — Nice, Malvano-Migno, in-8°.

34. **Musée Lycklama** de Cannes — Reproduction photographique du sarcophage païen de la collection Lycklama.

35. **Olivier** — Tombe mégalithique de la verrerie vieille près Saint-Paul-de-Fayence — Draguignan, Latil, (1877) in-8°.

36. **Petit** (Victor) — Fréjus (Forum Julii) — Cannes, Robaudy ; Nice, Visconti, in-8°.

37. **Relevé** de 16 inscriptions grecques des Cyppes provenant de Saïda (Sidon) — Musée Lycklama. Cannes.

38. **Revellat** — Questions d'archéologie toulonnaise — Toulon. H. Vincent (1868) in-8°.

39.   dº   Description d'un collier, d'un bracelet et d'un anneau en or trouvés dans un sépulcre gallo romain, mis à jour à Toulon-sur-mer en 1870 — Paris, Didier et Cie (1870) in-4°.

40. **Rivière** (Emile) — Les gravures sur roches des lacs des Merveilles au Val d'Enfer — Paris, Chaix et Cie (1878) in 8°.

41.   dº   Sculptures préhistoriques de Val d'Enfer, Tome III, année 1877-78 des mémoires de la société des sciences de Cannes.

42.   dº   Sur une amulette en schiste talqueux trouvée dans les grottes de Menton (1877) — Paris, Hennuyer (1878) in-8°.

43. **Rossi** (de) — Notice sur deux tombeaux en plomb du musée Lycklama de Cannes, avec photographies — Bruxelles, P. Rossel (1875) in-4°.

44. **Sardou** (A.-L.) — Deux vieilles tours au Cannet — Cannes, Robaudy (1879) in-8°.

45   **Sardou** (A.-L.) — La danse macabre du Bar, tableau du xve siècle peint sur bois, accompagné d'une inscription en vers provençaux de la même époque — Nice, Malvano-Mignon (1883) in-8º.

46.   dº   Arluc ou Saint Cassien près de Cannes — Nice, Malvano-Mignon (1895) in-8º.

47. **Saurel** (Alfred) — La Penne, la Pennelle et le général Pennullus — Marseille, Cayer et Cie (1872) in-18.

48. **Sénéquier** (Paul) — Les anciens camps retranchés des environs de Grasse — Nice, Malvano et Cie (1877) in 8º.

49.   dº   Une trouvaille archéologique — Grasse Crosnier fils (1897) in-18.

50. **Teissier** (Octave) — Les anciennes familles marseillaises — Marseille (1888) in-18.

51.   dº   Etat de la noblesse de Marseille en 1693 — Marseille, Vе Boy (1868) in-32.

52.   dº   Le palais de M. du Bellay — Draguignan, (1889) in-8".

53.   dº   Armorial de la sénéchaussée de Draguignan, recueil officiel dressé par les ordres de Louis XIV en 1696, publié d'après les manuscrits de la Bibliothèque Nationale — Marseille (1890) in-8º.

54. **Truc** — Forum Voconii, aux Arcs-sur-Argens (Var) — Paris, Dumoulin (1864) in-8º.

CCXXI. — Œuvres Littéraires Françaises

1. **Aubin** (Paul) — Cronstad-Toulon, poésies — Toulon, Isnard et Cie (1893) in 32.

2. **Barbes** (André) — Cannes, aquarelles, poésies — Cannes, Vidal (1869) in-8°.

3. **Baussy** (E.) — Remember, poésies — Cannes, Verne (1895) in-4°.

4. **Benoit** (M. P.) — La grammaire Française — Etude — Nice (1893) in 8°.

5. **Berenger-Feraud** — Réminiscences populaires de la Provence — Paris, E. Leroux (1895) in 8°.

6. **Bigot** (P.H.) — Le sous-préfet de Capite, roman comique imité du provençai de M. Raimbault — Montpellier, G. Firmin et Montaux (1890) in-18.

7. **Blache** — Au pays de Mistral — Paris, in-18.

8. **Bonnafont** — Souvenir de Cannes en 1885 — Paris, Baillière et fils (1886) in-8°.

9. **Bonnefon** (le pasteur) — Souvenir du 8 juin 1897 — Guglielma, Marguerite Bonnefon — Genève (1897) in-8°.

10. **Burnel** (A.) — Etude sur Nice — Nice (1856) in-18.

11. **Cannes** — Lettres d'une jeune femme — Cannes, Robaudy (1865) in-8°.

12. **Cantour** (André) — La Triple-Alliance, poésie — Nice (1891) in-18.

13. **Cazes** (Emilien) — La Provence et les Provençaux — Paris, Gedalge, in-8°.

14. **Concours** littéraires, pièces couronnées du rameau d'or — Cannes, Robaudy (1879) in 8º.

15. **Clerc** (Michel) — Leçon d'ouverture de la Chaire départementale, d'histoire de Provence – Marseille, Barthelet et Cie (1895) in-8º.

16. **Combaud** (E. de) — Lerins, poème Lyrique — Draguignan, Gimbert (1861) in-8º·

17. **Crist** (G.) — Une année à Cannes — Cannes, Vincent (1882) in-18, 2 vol.

18. dº Les cent sonnets — Cannes, Vincent (1881) in-18.

19. dº Nouvelles philosophiques — Cannes, Figère et Guiglion (1887) in-18.

20. dº Les Folies du Cœur, poésies populaires, stances, proverbes dramatiques — Cannes, Figère et Guiglion (1885) in-18.

21. dº Rayons poétiques ou l'amour et la science — Cannes, Vincent père (1883) in-18.

22. **Culte de Marie** (le) inauguré par les Saints disciples du Sauveur à Pignans, en Provence, par un solitaire de la montagne — Draguignan, Garcin (1862) in-8º.

23. **Evrat** (Emile) — Différence entre le théâtre de Corneille et celui de Racine — Antibes, Marchand (1873) in-32.

24. **Eymard** (Paul) — L'Estérel — Lyon, Pitrat aîné (1877) in-4º.

25. dº Un Lyonnais à l'île de Lérins — Lyon, Pitrat (1877) in-4º.

26. **Félibrige** (le) à Nice — Maintenance de Provence — Nice, Visconti (1882) in-8º.

27. **Garcin** (E.) — Lettres à Zoé sur la Provence — Draguignan, Fabre (1841) in 8°, 2 vol.

28. **Girard** (Amadis) – Souvenirs du 6 juin 1886 — Vallauris-Cannes, Figère et Guiglion (1886) in-8°.

29. **Gouirand** (André) — Notes d'Art — Paris, Verne (1896) in 32.

30. **Grangier** (Paul) — Auréa. poésies — Cannes, Figère et Guiglion (1890) in-18.

31. d° Le Paria roman — Cannes, Figère et Guiglion (1894) in-18.

32. d° Les soupirs, poésies — Cannes, Figère et Guiglion (1890) in-18.

33. **Hédou** (J.) — Le Musée de Cannes — Cannes, Figère et Guiglion (1894) in-18.

34. **Hivers** (les) de Nice — Nice. Gauthier et Cie, (1864) in-18.

35. **Imbard** (Lucien) — Judas en Gaule, poésies — Cannes, Figère et Guiglion (1898) in-32.

36. d° Campagne dans le Nord — Anecdote héroï-comique 1870-1871 — Poésies — Cannes, Figère et Guiglion (1898) in-32.

37. **Jordany** (Mgr) — La fête de Lérins — Paris, Bailly Divery et Cie (1859) in-8°.

38. **Jourdan-Saporta** — Discours à l'académie d'Aix — Aix en-Provence, Marius Illy et J. Brun (1882) in-8°.

39. **La Lauvette** — Une volée de sonnets sur Cannes — Cannes, Vincent et Cie (1879) in-32.

40. **Liégeard** (Stephen) — La côte d'azur — Paris, Marion Quantin, in 4°.

41. d° Les fêtes de lord Brougham à Cannes, poésies — Paris, A. Quantin (1879) in-4°.

42. **Mariéton** (Paul) — Le félibrige devant la patrie et l'école — Lyon, H. Georg (1886) in-4°.

43. **Méro** — Odes anacréontiques en vers et autres pièces de poésie suivies de « Cosme de Médicis » — Londres (1781) in-32.

44. **Mes loisirs de Cannes** — Cannes, Maccarry (1867) in-8°.

45. **Montaut** (H. de) — Voyage au pays enchanté, préface par Arsène Houssaye — Paris, E. Dentu (180) in-4°.

46. **Négrin** (Emile) — Le beau ciel de Cannes, poésies — Toulouse, V. Sens et P. Savy (1855) in-18.

47. d° Les fleurs de Cannes, poésies — Nice, (1866) in-18.

48. d° Les poésies légères — Antibes, Marchand (1871) in-18.

49. d° Les épigrammes — Antibes, Marchand (1872) in-18.

50. d° Les épîtres — Antibes, Marchand (1874) in-18.

51. d° Les poésies lyriques — Antibes, Marchand (1874) in 18.

52. d° Les contes gaulois — Antibes, Marchand (1870) in-18.

53. d° La folle du lac d'Oo — Nice, Caisson et Cⁱᵉ (1862) in-32.

54. d° Traité rationnel des majuscules — Nice, Gilletta (1868) in-18.

55. d° Grammaire française des gens du monde — Nice, Gilletta (1868) in-18.

56. **Negrin** (Emile) – La vraie règle des noms composés et des locutions substantielles — Nice, Gilletta (1864) in-18.

57. **Orgeval** (Georges d') — La vie en été — Paris, Marpon Flammarion (1888) in 18.

58.   do   La vie en hiver — Paris, Marpon-Flammarion (1888) in-18.

59. **Pierrugues** (l'abbé) — La fin de Lérins ou le martyre de cinq cents moines et de leur abbé — Grasse, Dubout ; Avignon, Seguin frères (1883) in-8º.

60. **Pilatte** (Franck) — Les maritimes, poésies — Nice, Gautier et Cie (1888) in-8º.

61. **Ricard** (Edmond)—Poésies de jeunesse — Marseille, H. Sardou, (1888) in-18.

62.   do   Amour antique, amour moderne — Paris (1894) in-32.

63. **Rigaud** — Choses et autres — Paris, Paul Dupont (1886) in 8º.

64. **Roussel** (Napoléon) – De mon balcon à Cannes — Paris, A. Vassart (1859) in 18.

65. **Saporta-Jourdan** — Discours académiques — Aix, Illy et Brun (1882) in-8º.

66. **Société** académique du Var — Poésies et mémoires couronnés — Toulon, L. Laurent (1873) in-8º.

67. **Tisserand** (l'abbé E.) — Etude sur la première moitié du XVIIe siècle ou premier fauteuil de l'Académie française, occupé par Godeau, évêque de Grasse et de Vence (1605-1672) — Paris, Didier et Cie (1870) in-8º.

68.   do   Riche d'honneur — Nice, Cauvin et Cie (1871) in-32.

69. **Valton** — Mes loisirs de Cannes, poésies — Cannes, Maccary (1867) in 8°.

70. **Voyage** littéraire de Provence, suivi de lettres sur les trouvères et les troubadours.

CCXXII — Langue Provençale et dialectes divers

---

1. **Alcantara** (Dom Pedro d') Empereur du Brésil — Poésies hebraïco-provençales du rituel Israélite Comtadin, traduites et transcrites par Dom Pedro II — Avignon, Seguin frères (1891) in-32.

2. **Aubanel** (Théodore) — Li Fiho d'Avignoun, avec traduction en Français — Paris, Savine (1891) in-18

3.   d°   La miougrano, entre-duberto, avec traduction en Français — Montpellier (1877) in-18.

4. **Bertrand** — Per li cassaïre, aneïdoto — Cannes, F. Robaudy (1893) in-18.

5. **Bigot** (A.) — Li bourgadieiro, poésies patoises du dialecte de Nîmes — Nîmes, Clavel-Ballivet et Cie (1863) in-18.

6. **Cassan** (D. C.) — Lei Cassaneto, jouini sœur dei parpelo d'agasso e am'eli fourmen leis obro coumpleto de Denis Casimir Cassan — Avignon, Ch. Maillet (1880) in-18.

7. **Cheilan** (P.) — Mi Biasso — Aix, J. Nicot (1890) in-18.

8. **Closset** (A. de) — Histoire de la langue et de la littérature provençales — Bruxelles, Th. Lesigne (1845) in-4°.

9. **Cisampo** (la) que boufo un coup per mes — Année (1894) in-8°.

10. **Daubasse** (Armand) — Œuvres complètes, avec traduction par Claris — Villeneuve-sur-Lot, Chabrier (:888) in-8°.

11. **Delille** (François) — Sieis four — Sirvente patriouti, escri en parla literari d'Arle — Avignon, Roumanille (1887) in-8°.

12. **Fauriel** (C) — Histoire de la poésie provençale — Paris, Duprat (1847) in-8°, 3 vol.

13. **Favre**, prieù de Cello Novo — Lou siége de Cadaroussa, pouemo erouï-comique — Avignon, J. Roumanille (1877) in-32:

14. **Feraud-Raymond** — La vida de Sant-Honorat, légende en vers provençaux du XIIIe siècle — Paris, P. Janet-Marseille-Boy, in-4°.

15. **Feraud-Raymond**, troubadour niçois — La vida de Sant-Honorat — Nice, Caisson et Mignon, in-8°.

16. **Funèu** (Louis) — Viouleto fiero, Garbeto pouëtico — Grasse, Roustan (1893) in 8°.

17. **Garbier** (François) — Lou maridage i coumissaire, scéno tragi-coumico — Cannes, Robaudy (1893) in-18.

18.   d°   La grevo di Pegot, vaudeville en un acte — Cannes, Robaudy (1896) in-18.

19. **Gelu** (Victor) — Chansons provençales — Marseille, Laffite et Roubaud, in-18.

20. **Girard** (Maurice) — La garbeto Valauriano, recuei de pouesio — Paris, Lucien Duc (1897) in-18.

21. **Giraud** (Henri) — Peçu de vers — Cannes, Robaudy (1892) in-8°.

22. **Gosseu** (P.-L.) — Anciennes et nouvelles lettres picardes suivies de la grande complainte en 92 couplets sur la translation des cendres de Napoléon, écrites en patois picard — Saint-Quentin, Doldy (1847) in-8°.

23. **Goudelin** (Pierre) — Œuvres, avec notes et glossaire — Toulouse, E. Privat (1887) in-8°.

24. **Grangier** (Paul) — Li joio, pouesio felibrenco — Cannes, Figère et Guiglion (1896) in-18.

25. **Honorat** (S.-J.) — Dictionnaire provençal-français ou dictionnaire de la langue d'Oc, ancienne et moderne — Digne, Repos (1846-47) in-4°, 3 vol.

26. **Jasmin** — Las papillotos, avec vocabulaire patois — Agen, P. Noubel (1835) in-8°.

27.   d°   L'abuglo de Castel-Caillé — Agen, P. Noubel (1838) in-8°.

28. **Mantenenço** felibrenco de Provence — Lou felibrige (1887-92) — Marseille, in-8°.

29. **Manuel** de Provençal et les provençalismes corrigés — Aix, Aubin ; Marseille, Camoin (1836) in-18.

30. **Marin** (Auguste) — Armana Marsihès per l'annado 1889, recuei de conte, charradisso, etc. — Marseille, Sardou (1889) in-18.

31. **Mary-Lafon** — Tableau historique et littéraire de la langue parlée dans le midi de la France et connue sous le nom de langue romano-provençale — Paris, Maffre Capin (1842) in-18.

32. **Mathieu** (Anselme) — La farandoulo, préface de Frédéric Mistral — Avignon, Roumanille (1868) in-18.

33. **Mistral** (Frédéric) — Mireille, traduction littérale en regard — Paris (1868) in-18.

25.

34. **Mistral** (Frédéric) — Lou tresor dou felibrige ou dictionnaire provençal français — Aix, Ve Remondet-Aubin (1878) in-4o. 2 vol.

35. d° Mireille — Paris, Charpentier ; Avignon, Roumanille, in-18.

36. d° Le poème du Rhône. texte provençal et traduction française par Mistral — Paris, May et Motteroz (1899) in-8°,

37. d° Lis iscle d'or. avec traduction française en regard — Avignon, Roumanille (1878) in-18.

38. d° Lou félibrige e l'emperi doù soulèu, charradisso, avec la traduction française en regard — Montpellier, Hamelin (1883) in-8°.

39. **Mougins de Roquefort** — Lou libre doù soudard français — Antibes, J. Marchand (1891) in-32.

40. **Négrin** (Emile) — Les poésies provençales — Nice, Vérani et Cie (1873) in-18.

41. **Peyrol** — Li nouvé — Avignon, J. Roumanille (1887) in-18.

42. **Plaisant** (Henri) — Promieri pajo. Beatris di baus, etc. — Privas (1897) in-18.

43. **Plume** (la) — Texte provençal et traduction française — Paris (1891) in-8°.

44. **Raport** de l'escole de Marsiho en 1889 — Aix (1889) in-8°.

45. **Raimbault** (Maurice) — Istori mai que vertadiero dou souto-préfet de Capito eme un scunet de Louis Astruc — Aubagne, Chabrier (1886) in-8°.

46. d° Un ome qu'a de principi. scèno de la courreiciounalo — Marseille, E. Sardou (1888) in-18.

47. **Raimbault** (Maurice) — Ourdounanço de pouliço de Sant-Martin-de-Crau — Montpelier, Hamelin (1891) in-8º.

48.   dº   Discours prounouncia is oussequi dou prince Guihen Bonaparte-Wyse, majourau dou felibrige — Cannes, Robaudy (1892) in-18.

49.   dº   Agueto — Cannes, Robaudy (1893) in-8º.

50.   dº   Discours prounouncia is oussequi dou majourau Antoni-Leandro Sardou — Cannes, Robaudy (1894) in-32.

51.   dº   Li Darbouso, sounet flourentin, pouesio Cannes, Robaudy (1895) in-18.

52.   dº   Eloge d'en L. Sardou emé la responso d'en Jousé Huot — Cannes, Robaudy (1895) in-18.

53.   dº   Discours prounouncia is oussèqui doù majourau Paul Areno — Privas (1897) in-18.

54. **Revue** des langues romanes (années 1870-79) — Paris, Maisonneuve et Cⁱᵉ, in 8º, 3 vol.

55. **Richier** (Amable) — Tambourinado em' uno prefaci per F. Mistral — Avignon, Aubanel (1896) in-18.

56. **Roumanille** — Li nouvé — Avignon, Roumanille (1887) in-18.

57.   dº   Lis oubreto en proso — Avignon, Roumanille (1864) in-18.

58.   dº   Lis oubreto en vers — Avignon, Roumanille (1864) in-18.

59. **Saboly** — Li nouvè — Avignon, Roumanille (1887) in-18.

60. **Savié de Fourvière** — Li cantico provençau — Avignon, Aubanel (1887) in-18.

61. **Savinien** — Grammaire provençale, sous-dialecte rhodanien, précis historique de la langue d'Oc — Avignon, Aubanel; Paris, Thorin (1882) in-18.

62. **Sextius Michel** — Long dou Rose e de la mar — Paris, Flammarion (1892) in-18.

63. **Spariat** (Léon) — Leis eros de Lerins — Lérins, M. Bernard (1887) in-18.

64.   d°   Brinde prounouncia ou congrès regiounau deis oubrié à Touloun — Lérins, M. Bernard (1891) in-8°.

65. **Tourtoulon** (de) et **Bringuier** — Limite géographique de la langue d'Oc et de la langue d'Oil — Paris, Imp. Nationale (1876) in-8°.

CCXXIII. — *Journaux et Revues*

---

1. **Avenir** (l') des Alpes-Maritimes (années 1884 à 1894).

2. **Avenir** (l') de l'arrondissement de Cannes (année (1878).

3. **Branle-Bas** (le) — Cannes (1893).

4. **Cannes-Mondain**, gazette du high-life — Cannes (année 1894).

5. **Cannes-Programme** (année 1894).

6. **Cannet** (le) journal hebdomadaire (1883-84).

7. **Courrier de Cannes**, journal politique quotidien (années 1871 à...) — Cannes, Verne, in-folio, 26 vol.

8. **Courrier de Cannes** — Cannes, Robaudy-Verne (1897 à...)

9. **Démocrate** (le) des Alpes-Maritimes — Cannes (année 1889).

10. **Démocratie** (la) Journal de l'arrondissement de Grasse — Cannes (1888-89), 2 vol.

11. **Diogène** (le) journal satirique, littéraire et artistique — Cannes (1881).

12. **Echos de Cannes** (les) et des Alpes-Maritimes (années 1872 à 1892, 15 vol.

13. **Eclaireur** (l') du **Littoral** (1885).

14. **Eclaireur** (l') de **Nice** (années 1891 à...) 8 vol.

15. **Indicateur** (l') de **Cannes** contenant la liste générale des étrangers (10 années) — Cannes, Figère et Guiglion, in-4°.

16. **Journal de Cannes** (le) organe spécial de l'association amicale des commerçants et industriels (année 1894)

17. **Littoral** (le) journal politique quotidien (années 1890 à...) in-folio, 10 vol.

18. **Midi Hivernal** (le) journal littéraire (années 1885 à 1894) in-folio, 10 vol.

19. **Ouvrier** (l') des campagnes et des villes, Cannes et Nice, journal littéraire (1883).

20. **Petit Cannois** (le) journal politique (année 1885).

21. **Petit Cannois** (le) journal politique (1892-93), 2 vol.

22. **Petit Niçois** (le) journal politique (1885).

23. **Programme illustré** (le) journal de Cannes (année 1885).

24. **Provence artistique** (la), pittoresque, illustrée (années 1881-82) — Marseille, M. Ollive, in-4°, 2 vol.

25. **Provence du Littoral (la)** — Hyères (années 1877 à 1879).

26. **Rabelais (le)** journal politique et littéraire — Nice, (1883-89-92) in-18.

27. **Radical (le)** journal politique — Cannes (année 1893).

28. **Républicain (le)** (années 1881-85) — Nice, Berna et Barral, 5 vol.

29. **Réveil (le)** journal de Cannes — Cannes, Verne (1893).

30. **Réveil de Nice (le)** (1885).

31. **Revue de Cannes (la)** journal politique (années 1865 à 1872) 8 vol.

32. **Revue de Provence (la)** recueil de travaux historiques (1895).

33. **Télégramme du Sud-Est** (Courrier de Cannes) (année 1897-98).

34. **Tribune (la)** journal de l'arrondissement de Grasse (1881).

35. **Vérité (la)** journal de Cannes (années 1883 à 1885).

36. **Vie Cannoise (la)** art, littérature, sport (année 1893-1894).

CCXXIV. — Bibliographie, Administration

---

1. **Actes administratifs** (Recueil des) de la préfecture du Var (années 1821 à 1859) — Draguignan, Fabre (1821) ; Bernard (1840) in-8°, 38 vol.

2.   d°   de la préfecture du Var (années 1815 à 1820) — Draguignan, Fabre, in-4°, 6 vol.

3. **Actes administratifs** de la préfecture des Alpes-Maritimes (années 1860 à 1897) — Nice, Ventre et Cie (1896) in-8°, 37 vol.

4. **Alpes-Maritimes** (département des) — Compte des recettes et des dépenses départementales (année 1884 et années 1887 à 1889) — Nice, Cauvin, Ventre et Cie, in-4°, 7 vol.

5.   d°   Budget départemental du Var et des Alpes-Maritimes (annees 1862 à 1893) — Nice, Ventre et Cie (1893) in-4°, 18 vol.

6.   d°   Budget départemental, rectificatif des dépenses et recettes. Ex. : 1877 à 1893 — Nice, Ventre et Cie (1893) in-4°, 17 vol.

7. **André** — Le Progrès et l'Avenir de Cannes — Grasse, Foucard (1863) in-8°.

8. **Annuaire** des Alpes-Maritimes — Nice (1870) in-8°.

9. **Barré** (H.) — Bibliothèque de Marseille. Catalogue du fonds de Provence — Marseille, Barlatier et Barthelet (1892) in-8°, 4 vol.

10. **Calmette** — Annuaire des Alpes-Maritimes (années 1862 à 1868) — Nice, in-18, 7 vol.

11. **Cannes** — Budgets de la commune. Ex. 1891 à 1895 — Cannes, in-4°, 4 vol.

12.   d°   Compte administratif pour l'année 1890 — Cannes, Figère et Guiglion, in-4°.

13.   d°   Installation du Conseil municipal — Nice, Berna (1882) in-8°.

14.   d°   Compte-rendu de l'administration municipale — Cannes, Verne (1892) in-8°.

15. **Canal de la Siagne** — Recueil de brochures publiées à Cannes sur la question des eaux de la Siagne et du Loup — Cannes (1868 à 1898) in-8°, 20 b.

16. **Chambre-Germain** — La vérité sur Cannes — Grasse, Foucard (1863) in-18.

17. **Charon** — La ville de doux repos — Nice, Gauthier et Cie (1868) in-18.

18. **Conseil** général du Var — Rapports des préfets et comptes-rendus des années 1840 à 1866 — Draguignan, Garcin, in-8º, 24 vol.

19. **Conseil** général des Alpes-Maritimes — Rapports des préfets et comptes-rendus des années 1866 à 1898 — Nice, Ventre et Cie, in-8º, 84 vol.

20. **Comice** agricole de Toulon — Affaire des marchands de vins de Grasse — Toulon, Germain et Massone (1876) in-8º.

21. **Concours** régional agricole de Nice — Opérations du Jury et liste des prix — Nice, E. Gautier et Cie (1874) in-8º.

22. **Dalban** — Annuaire des stations hivernales — Cannes, Figère et Guiglion (1889 90) in-32.

23. **Durvard (V.)** — Répertoire de la société de statistique de Marseille — Marseille, Samat et Cie (1896) in-8º.

24. **Ecole** nationale d'art décoratif de Nice — Distribution des récompenses — Nice, Gautier et Cie (1890) in-8º.

25. **Exercice** illégal de la médecine à Menton — Requête de la société de Médecine, protestation — Menton (1897) in-32.

26. **Gallois-Montbrun** — Introduction à l'inventaire général des titres et documents divers antérieurs à 1790 existant aux archives du département des Alpes-Maritimes — Nice, Ch. Cauvin (1869) in-18.

27. **Goubet (A.)** — Indicateur du Var, annuaire du dépar-
     tement (années 1892-94) in-8°, 2 vol.

28. **Jourdan** — Observations relatives à l'établissement
     d'un dépotoir dans la plaine de Cannes — Cannes,
     Vincent (1880) in-18.

29. **Lairolle (Ernest)** — Affaire de la ville de Cannes
     contre la Compagnie Genevoise du Gaz —
     Nice, Gauthier et Cie (1893) in-8°.

30.   d°   Affaire Barraïa-Colonna, plaidoiries — Nice,
     Gauthier et Cie (1885) in-18.

31. **Lanoue** (de) — Chronique mondaine de Cannes,
     livre d'or de la saison 1885-86 — Cannes (1886)
     in-4°.

32. **Leusse (comte de)** — Que manque t-il à Cannes ?
     — Cannes, Robaudy (1879) in-18.

33. **Lieutaud (V.)** — Catalogue de la bibliothèque com-
     munale de Marseille — Marseille, Barlatier-
     Feissat (1864-69) in-8°, 3 vol.

34.   d°   Catalogue de la bibliothèque de Marseille,
     ouvrages relatifs à la Provence — Marseille,
     Gravière fils (1877) in-4°.

35. **Macé** — Rapport présenté au Conseil municipal con-
     cernant les travaux d'utilité publique, avec plan de
     la ville de Cannes en 1861 — Cannes, Macarry
     (1861) in-4°.

36. **Massenot** — Antiquités et curiosités orientales (cata-
     logue du musée Lycklama) — Bruxelles, Leemans
     et Vanberendouck (1871) in-8°.

37. **Malausséna** — Compte-rendu de l'administration de
     la ville de Nice (1892-96) — Nice, Cagnoli et Cie
     (1896) in-8°.

38. **Marseille** — Commission municipale de secours (choléra 1884-85). Travaux et rapport — Marseille (1886) in-4°.

39.   d° Budget ou état des recettes et des dépenses de la commune de Marseille, pour les exercices 1888-91 — Marseille, Moullot, in-4°, 3 vol.

40.   d° Compte administratif des exercices 1884-1890 — Marseille, Audibert (1885) ; Moullot (1891) in-4°, 2 vol.

41. **Moris** (Henri) — Inventaire sommaire des archives départementales antérieures à 1792. Alpes-Maritimes. Archives ecclésiastiques, série II — Nice, J. Ventre et Cie (1893) in-4°.

42.   d° Annuaire des Alpes-Maritimes, continué par Cléricy (années 1883 à 1898) in-8°, 9 vol.

43. **Nice** — Compte-rendu de l'administration municipale pour la période du 1er mai 1892 au 3 mai 1896 — Nice, L. Cagnoli et Cie (1896) in-8°.

44.   d° Budget de la commune pour l'exercice 1866 — Nice, Caisson et Mignon (1866) in-4°.

45.   d° Budget de la commune pour l'exercice 1867 — Nice (1867) in-4°.

46. **Negrin** (Louis) — Rapport sur le projet d'emprunt (conseil municipal de Cannes) — Cannes, Verne (1895) in-8°.

47. **Peruggia** — Rapport financier présenté au conseil municipal au nom de la commission des égouts — Cannes, Issaurat (1889) in-8°.

48. **Pinatel** (Philippe) — Catalogue des manuscrits de Cannes. Tome XX du catalogue général des manuscrits des bibliothèques publiques — Paris, E. Plon, Nourrit et Cie (1893) in-8°.

49. **Pinatel** (Philippe) — Catalogue supplémentaire du musée municipal Lycklama — Cannes, Figère et Guiglion (1897) in-8°.

50. d° Catalogue du musée Alphonse de Rothschild, de Cannes (peinture. sculpture et arts du dessin) — Cannes, Figère et Guiglion (1897) in-8°.

51. d° Catalogue de la bibliothèque communale de Cannes — Cannes. Figère et Guiglion (1897) Robaudy (1898) in-8°, 2 vol.

52. d° Guide annuaire régional de Cannes avec notices (années 1894 à 1899) in-8°, 6 vol.

53. **Pinatel** (Ph.) et **Verne** — Annuaire indicateur. avec notices et illustrations (années 1892-93) in-8°, 2 vol.

54. **Régates** internationales de la Méditerranée — Règlements, dessins et cartes — Cannes (1895 à 1898) in-18, 4 b.

55. **Rigal** — Les écoles congréganistes et les municipalités de Cannes — Cannes, Vidal (1879) in 8°.

56. **Sardou** — Inventaire sommaire des archives communales de la ville de Grasse, antérieures à 1790 — Paris, Paul Dupont (1865) in-4°.

57. **Saurel** (Alfred) — La vallée de l'Huveaune — Marseille, Cayer et Cie (1872) in 8°.

58. **Serusclat** — Les beautés de Cannes. l'île Sainte-Marguerite — Cannes, Vincent (1882) in-8°.

59. **Sicard** (L.) — Idées sur l'avenir de Cannes — Nice, Gilleta (1863) in-8°.

60. **Société** d'agriculture de Nice — Annuaires 1866 à 1872, in-8°, 4 vol.

61. **Teissier** (Octave) — Catalogue du musée de Draguignan — Draguignan, Latil (1893) in-18.

62.   d⁰   Notice historique et bibliographique sur la bibliothèque de Draguignan — Draguignan, C. et A. Latil (1890) in-8⁰.

63.   d⁰   Livres annotés. armoriés ou revêtus d'ex-libris de la bibliothèque de Draguignan — Marseille, V. Boy (1898) in-8⁰.

64. **Vaudremer** et **Pinatel** — Annuaire météorologique de Cannes (saison 1896-97) — Cannes, Figère et Guiglion (1897) in-8⁰.

65. **Vergalet** (J.) — Inventaire des écritures et vieux papiers du monastère de Saint-Honorat de Lérins — Draguignan, P. Gimbert (1868) in-8⁰.

S.² — Fonds des Langues Étrangères

CCXXV. — Textes Allemands

1. **Ahn** (F.) — Nouvelle méthode pratique et facile pour apprendre la langue allemande — Leipzig, Brockhaus (1872) in-18, 2 vol.

2. **Becker** (J.) — Locarno und umgebung mit 25 illustrationen und 3 karten — Locarno, V. Danzi (1898) in-32.

3. **Berlepsch** (H.-A.) — Schweiz — Hildleur, Ghauen (1871) in-32.

4.   d⁰   Harz — Hildleur, Ghauen (1870) in-32.

5. **Bœdeker** — Die Schweiz nebst den angrenzenden Theilen oberitalien, savoyen und Tirol handbuch für reisende — Coblenz et Leipzig, Verlag von Karl Bœdeker (1873) in-32.

6. **Botschalt** — Des presidenten der republit bei groffuung der sibungen des argentinifchen congresses in mai 1887 — Buenos-Aires (1887) in-4°.

7. **Brugsch** (Heinrich) — Reise der K. Preussischen gesandtschaft nach Persien 1860 und 1861 — Leipzig, J.-C. Hinrichs'sche (1863) in-4°, 2 vol.

8. **Curtius** (Dr Georg) — Griechische schulgrammatik — Prag, Tempstv (1870) in-8°.

9. **Deutsche** Zeitschrift fur Geschichtswissenschaft begrandet von L. quidde — Freiburg, Mohr (1896) in-8°, 2 vol.

10. **Diesterweg** — Arithmétique — Berlag, von Bartelsmann (1853) in-18.

11. **Edwards** (Betham) — Felicia — Leipzig, Bernhard Tauchnitz (1875) in-18, 2 vol.

12. **Eichkoff** — Morceaux choisis en prose et en vers des classiques allemands, avec notices sur les principaux auteurs — Paris, Hachette et Cie (1852) in-18, 3 vol.

13. **Feld** (K. de) — Les verbes irréguliers de la langue allemande — Paris, Truchy (1855) in-8°.

14. **Frentag** (Gustave) — Der Kronpring und die deutsche kaisertrone Grinnerungsblatter — Leipzig, Berlag von Hirzel (1889) in-18.

15. **Fuhrer** durch die bade — Brunnen, und Luftkurorte nebst heilanstalten. Verzeichnis von Mittel-Europa — Wien, F. Lang (1897) in-18.

16. **Georg** (Hieronymus) — Hedwigia organ fur Krypto-
gamenkunde nebst repertorium fur kryptogamische
literatur 1897 — Dresden, Druck und Verlag von
C. Heinrich (1897) in-8°.

17. **Gœthe-Faust** — Eine, tragédie — Stuttgard, and
Tubingen Gotta'fcher Berlag (1843) in-18.

18. **Hans Kruger** — Jahresbericht für 1893-94-95 —
Leipzig, Wien, in-folio, 3 vol.

19. **Hartsen** — Grundzüge der psychologie — Berlin,
Carl Dunker's Verlag (1874) in-8°.

20. **Hempel** — Die adverbien und adverbiallocutionen
der franzosischen sprache er flart — Altenburg
(1881) in-8°.

21. **Henschel** — Dictionnaire allemand-français — Paris,
P. Renouard (1839) in-4°.

22.   d° Dictionnaire français-allemand — Paris,
Paul Renouard (1838) in-4°.

23. **Humboldt** (Al. von) — Kosmos — Stuttgart,
Cotta'fcher (1845) in-8°.

24. **Kauffmann** (G.-F.) — Lehrbuch der Ebenen. Géo-
métrie — Stuttgard, Berlag von Kronër (1868)
in-8°.

25. **Koerber** (G.-W.) — Systema lichenum Germaniœ
die flechten Deutschlands — Breslau, Granier
(1855) in-4°.

26. **Liernur's** (Ch.) — Archiv für rationelle stadteent-
wasserung — Berlin, Decker's Verlag (1894) in-8°.

27. **Mineralwatter** von Sulzmatt — Mulhausen, Buch-
dructeren von Bittwe Bader u comp (1882) in-18.

28. **Mittheilungen** uber den allgemeinen genossenscha-
ftstag — Charlottenburg, Drud und Berlag (1895)
in-8°, 3 vol.

29. **Mousson** (A.) — Die physik auf grundlage der erfah-
rung — Zurich, Druck und Verlag (1875) in-4º.

30. **Mozin-Peschier** — Dictionnaire allemand-français
— Stuttgard. Berlag der Cottaschen Buckhandlung (1873) in-4º, 2 vol.

31.   dº   Dictionnaire français-allemand. augmenté
d'un supplément — Stuttgart, Cotta (1893)
in-4º, 3 vol.

32. **Munck** — Nordens historie — Christiania (1872)
in-8º.

33. **Neuester** — Führer durch Münschen mit plan monu-
mental und situations plan — München, Max-Ra-
vizza, in-32.

34. **Naturliches** Tohlenfaures altalifches mineral watter
von sulzmatt — Mulhausen, Bader u comp (1882)
in-8º.

35. **Niebur's** Reise — Hamburg (1837) in-4º, 3 vol.

36. **Oten** — Lehrbuch der naturphilosophie, von Oten —
Yena, Friedrich Frommann (1831) in-8º.

37. **Polak** — Persien das land und seine Bewohner eth-
nographische schilderungen — Leipzig, Brockhaus
(1865) in-8º.

38. **Popowski** (Jozeph) — Die Franzosich-Russische
allianz — Wien, im Verlage von Wilhelm frick
(1891) in-8º.

39. **Revalier et Kraus** — Cours gradué de langue allemande — Genève et Bâle, Georg (1891) in-18.

40. **Rotteck** (K) — Nouveau dictionnaire allemand-français suivi d'un tableau des verbes irréguliers —
Paris, Garnier frères, in-32.

41. **Roustan** (Paul) — Grammaire allemande à l'usage des collèges et des maisons d'éducation — Paris, F. Didot ; Strasbourg, Derivaux (1847) in-18.

42. **Samson** (Himmelstjerna) — Rusland, unter Alexandre III — Leipzig, Verlag von Dunder et Humblot (1891) in 8°.

43. d° Die zoll und Verkehrsfrage in bezug auf Land und forstwirthschaft — Wien (1890) in-8°.

44. **Schenck** (F.) — Jahresbericht für 1889 94 — Leipzig, Julius Klinsthardt, in-folio, 3 vol.

45. **Schiller** — Fammtliche Werte reunter band — Stuttgard, and Tubingen ; Cotta, Schen Buchtartung in-18, 12 vol.

46. **Suckau** (W.) — Tableaux synoptiques de la langue allemande — Paris, Firmin Didot frères (1831) in-8°.

47. **Vambery** (Hermann) — Reise in Mittelafien von Teheran Durch die Turkmanische — Leipzig, Brodhaus (1865) in-8°.

48. **Verhaudlungen** der schweizerischen naturforschenden Gesellschaft 1876-79 — Luzern, Saint-Gallen, Basel, Bern, in-8°, 4 vol.

49. **Walter-Scott** — Œuvres diverses, traduites dans la langue allemande — Stuttgard, Fr. Brodhag'fche Buckhandlung (1832) in-32.

50. **Wieland** — Obéron — Carlsruhe, Gottlieb Schunnder (1800) in-18.

CCXXVI. — Textes Anglais

1. **Adams** — Patent sanitary specialities for civil engineers — London (1891) in-4, 2 vol.

2. **Aguilar** (Grace) — Home influence, a tale for mothers and daughters — Leipzig, Bernhard Tauchnitz (1859) in-18.

3.   d°   The mother's recompense, a sequel to home influence — Leipzig, Bernhard Tauchnitz (1859) in-18, 2 vol.

4. **Album-Guide** (the international) illustrated — English and french text, for the use of travellers and tourists — London, Alfred Brocas (1890-94) in-folio, 3 vol.

5. **Amicus Curiai** — The parity of moneys as regarded by adam smith — London, Macmillan and C° (1888) in-8°.

6. **Annales** of the american academy of political and social science — Philadelphia (1893) in-8°.

7. **Annual** report of the board of public education of the first school district of pennsylvanie — Philadelphia (1873) in-8°.

8. **Annual** report of the board of regents of the smithsonian institution from 1871 to 1877 — Washington, Government printing office, in-8°, 8 vol.

9. **Annual** congress of the société d'économie sociale, at Paris 1896 — Philadelphia, Américan academy, in-8°.

10. **Barr** (Ferree) — The chronology of the cathedral Churches of france — New-York (1894) in-4°.

11. **Batty** (Miss) — Italian scenery, from Drawings made in 1817 — London, Rodwell and Martin (1820) in-4°.

12. **Beckford** (William) — Italy Sketches — Lyons, Cormon, in-32.

13. **Benson** (W.-H.) — New Terrestrial shells from Ceylon — London (1856) in-18.

14. **Betham** (Edwards) — Felicia — Leipzig, Bernhard Tauchnitz (1875) in-18, 2 vol.

15. **Bickerstaff** (Isaac) — The Lucubrations of Isaac. The tatler. With notes — Bathurst, London (1786) in-8°.

16. **Block** (Maurice) — progress of economic ideas in France — Philadelphia, American academy (1895) in-8°.

17. **Boniface** (A.) — Dictionnaire français-anglais avec vocabulaire de marine, de géographie, de mythologie et de noms de personnes — Paris, Belin-Mandar et Devaux (1828) in-8°.

18.   d°   Dictionnaire anglais-français, contenant tous les mots de la langue usuelle, leurs définitions, leurs diverses acceptions, etc. — Paris, Belin-Mandar et Devaux (1828) in-8°.

19. **Book** (the) of common prayer — Oxford (1863) in 32.

20. **Botanic** (the) — Annual general principles coniferœ — London, James Cochrane and C° (1832) in-18.

21. **Boyer** (A.) — Dictionnaire royal français-anglais tiré des meilleurs auteurs qui ont écrit dans les deux langues — Lyon (J.-M.) Bruyset (1780) in-4°.

22. **Boyer** (A.) — The royal dictionary english and french, extracted from the Writings of the best authors in both languages, an edition carefully corrected, improved and enlarged, with a great number of words, phrases and maritime terms — Lions, J.-M. Bruyset and sons (1780) in-4°.

23. **Braddon** — The golden calf, a novel — Leipzig, Bernhard Tauchnitz (1883) in 18, 2 vol.

24. **Buffalo** and Niagara power — With illustrations — New-York (1892) in-4°.

25. **Building societies** — Return, from 1889 to 1894 — London, Henry Hansard and Son, in-4°, 9 vol.

26. **Bulwer** (Lytton) — Devereux — London, Routledge and C° (1855) in-18.

27.   d° Lucrecia or the childen of night — London, Routledge, and C° (1857) in-32.

28. **Burdet** (Henry) — Hospitals and Asylums, of the world their origin, history, with plans — London, Whiting and C° (1891) in-8°.

29. **Burney** (Miss) — Evelina or the history of a Young Lady's introduction to the world — Paris, Baudry (1838) in-8°.

30. **Burrows** — The visito's guide to kandy, containing a topographical description. a historical sketch with a map — Colombo, Skeen (1884) in-18.

31. **Burton** — Anatomy of melancholy. The kinds, causes, consequences and cures of this english malady — London (1801) in-18.

32. **Byron** (lord) — The complete works — Paris, Baudry (1835) in-8°, 4 vol.

33.   d° The works — Leipzig, Bernhard Tauchnitz, in-18, 5 vol.

34. **Campbell** (Frank) — The theory of national and international bibliography — London (1896) in-8°.

35. **Carleton** (William) — Traits and stories of the irish Peasantry — London, G. Routledge and C° (1853) in 18.

36.   d°   Jane Sinclair neal malone and other tale — London, Routledge and C° (1850) in-18.

37. **Cassino** (S.-E.) — The international scientist's directory containing the names, addresses, etc., in America, Europe, Asia, Africa and Oceanica — Boston, Cassino and C° (1883) in-18.

38. **Chaffers** (F.-S.-A.) — Marks and monograms on pottery and porcelain with short historical notices of each manufactory — London, David and Son (1863) in8°.

39. **Chambaud** (Lewis) — A grammar of the French tongue with a preface — London, M. Gowan (1820) in-8°.

40. **Chambers's** — Cyclopedia of english litterature a history, critical and biographical of british authors with specimens of their writings, revised by Robert Carruthers — London, W. et V. Chambers (1892) in-4°, 2 vol.

41. **Collins** (Wilkie) — Miss or Mistress ? — Leipzig, Tauchnitz (1872) in-18.

42. **Contemporary** Review (the) — London, S. King and C° (1876) in-8".

43. **Cook** — Océan sailing list with hints to intending travellers by sea. With a map — London, thos Cook and son (1895) in-18.

44. **Cooperative** Congress — Held in the Victoria hall Sunderland (1894-95) — Manchester, Gray, in-4°, 2 vol.

45. **Coopérative** (the) — Wholesale societies limited england and scottland — Manchester, and Glasgow (1890 to 1896) in-8°, 4 vol.

46. **Courty** (A.) —Pratical treatise on the diseases of the uterus ovaries and Fallopian Tubes, translated by his pupil Agnès m'Laren — London, Churchill (1882) in-8°.

47. **Crayon** (Geoffrey) — The Sketch Book — Paris, Baudry (1831) in-18.

48. **Cromek** — Remains of nithsdale and galloway song with historical and traditional notices relative to the manners and customs of the peasantry — London, Cadell and Davies (1810) in-8°.

49. **Crossman** (F.-G.) — Scripture melodies, with reflexions — Edinburgh, James Robertson and C° (1829) in-32.

50. **Croxall** (Samuel) — The fables of Œsop, With instructive applications — Halifax, William Milner (1845) in-32.

51. **Daily** Readings from the psalms for families and Schools — London, Parker (1837) in-32.

52. **Dana** (Horton) — The silver Pound and england's monetary policy since the restoration together with the history of the guinèa, illustraded by contemporary documents — London, Macmillan and C° (1865) in-18.

53. **Dempsey** (C.-E.) — Rudimentary treatise on the Drainage of towns and buildings — London, Virtue Brothers and C° (1865) in-18.

54. **Dewey** (John Hamlin) — The way, the truth and the life a hand book of Christian Theosophy healing and pschychic culture a new education based ond the ideal and method of the christ — New-York Lovell et Cie, in-18.

55. **Dickens** (Ch.) — Christmas Carol, in prose being a ghost story of christmas — London, Chapmann and hall (1866) in-18.

56. **Dumas** (Alexandre) — Doctor Basilius — London, Routledge (1860) in-18,

57. **Dunning** (Mac Leod) — Credit being a paper read at the national liberal club political economy circle — London (1897) in-18.

58. **Dunnovan** — Art of taxidermy containing, a practical knowledge of the methods of preserving quadrupeds, birds, etc. — Glasgow, M'Phun (1839) in-32.

59. **Eastwick** (Edward) — Journal of a diplomate's three Years' residence in Persia — London, Smith Elder and C° (1864) in-8°, 2 vol.

60. **Edgeworth** (Maria) — Forester, a tale — Paris, Baudry (1850) in-32.

61. **Eichkoff** (F.-G.) — Morceaux choisis en prose et en vers des classiques anglais — Paris, L. Hachette et Cie (1861) in-8°.

62.   · d°   Morceaux choisis en prose et en vers des classiques anglais. (1re série, classe de 3me ; 2me série, seconde ; 3me série, rhétorique) — Paris, L. Hachette et Cie (1852) in-18. 3 vol.

63. **Eliot** (G.-L.) — The life history of Tenessee C. Claflin Now lady Cook) — London, England (1892) in-8°.

64. **Elwall** (Alfrdd) and **Clarck** (A. de) — History of Gaul in French and English writen inder the direction of M. Tissot — Paris, René et Cie (1847) in-18.

65. **Essays** from the Edinburg Review — London, J. Ogden and C°, in-18.

66. **Fau (J.)** — Anatomy of the external forms of man intended for the use of artists, painters, and sculptors — London, H Baillière (1849) in-4°.

67. **Fleming** — Nouveaux exercices de conversation anglais-français — Paris, Hachette et Cie (1852) in 18.

68. **Flower Fordham (Edward)** — Bits and bearing reins and horses and harness — Paris, De Soye et fils (1882) in-8°.

69. **Flower** (the) — Fruit and kitchen garden by practical gardeniers and florists — London, Douglas Jerrold (1874) in-18.

70. **Forbes et Hanley** — British mollusca and their shells — London, John van Voost (1853) in-4°, 4 vol.

71. **Fraser** — Travelling map of Ireland shewing all the towns, lakes, roads and railways — Dublin, M. Glashan and Gill (1864) in-plano.

72. **Freedley (Edwin)** — Money : how to get, save... being a practical treatise of business — London, Paternoster (1853) in-18.

73. **French** Hospital and dispensary open to all foreigners, report of the committee in 1886 — London, W. Aubert (1887) in-18.

74. **Friendly** societies industrial and provident societies and trade unions. Reports fron 1889 to 1896 — London, Eyre and Spottiswoode, in 8°, 11 vol.

75. **Friswell (Hain)** — Diamonds and spades, a story of two lives — London, Henry Lea (1858) in-18.

76. **Fruoldson (A.)** — The beauties of ancient poetry or élegant extracts from the most celebrated british poets — Paris, Cormon and Blanc (1835) in-32.

77. **Fullerton** (Lady Georgina) — The Helpers of the souls three letters — London, Burns, Oates and C⁰ (1868) in-18.

78.   d⁰   Lady leird, a tale — Leipzig, Tauchnitz (1853) in-18, 2 vol.

79. **Gifford** — English Lawyer or every man his own Lawyer — London, For A. Whellier (1832) in-8⁰.

80. **Gladstone** (W.-E.) — Gleanings of past years (1843-79) — London, John Murray (1879) in-18, 7 vol.

81. **Goldsmith** — Le voyageur, le village abandonné, avec traduction littérale — Paris, Hachette et Cⁱᵉ (1883) in-32.

82.   d⁰   The traveller, the deserted village, texte anglais publié avec une notice, des arguments et des notes par Motheré — Paris, Hachette et Cⁱᵉ (1881) in-32.

83. **Good** reading about many boots mostly by their authors — London, Fisher Unwin (1894-95) in-18.

84. **Gore** — Catherine Frances. The money lender — London, Sewill and Edwards, in-18.

85. **Grammaire anglaise** — Dialogues familiers en anglais et en français. Vocabulaire anglais et français — Paris, in-18.

86. **Grœser** (Charles) — Nouvelle méthode pour apprendre la langue anglaise, d'après les principes de F. Ahn — Leipzig, F. A. Brockhaus (1882); Paris, Ract et Falquet (1882) in-18.

87. **Guizot** — Monk or the fall of the republic and the restoration of the monarchy in england in 1660. Translated by Andrew R. Scoble — London, Bohn (1851) in-18.

88. **Gwyn** (Jeffreys) — On a species of limopsis, now living in the british seas — London (1862) in-18.

89.　　dᵒ　　Contribution to the conchology of france — London (1856) in-18.

90.　　dᵒ　　Notice of an undescribed peculiarity, in teredo — London (1860) in-18.

91.　　dᵒ　　The marine mollusca in various latitudes of the European seas — London (1860) in-18.

92.　　dᵒ　　A synoptical list of the british species of teredo — London (1860) in-18.

93.　　dᵒ　　The results of deep sea dredging in zetland — London, Taylor and Francis (1861) in-18.

94.　　dᵒ　　Report on dredging among the Channel Isles — London (1865) in-18.

95.　　dᵒ　　Last Report on dredging among the Shetland Isles — London (1868) in-18.

96.　　dᵒ　　Additional gleanings in british conchology London, Taylor and Francis (1859) in-18.

97.　　dᵒ　　British conchology or an account of the mollusca — London, John van Voorst (1862-63) in-18, 2 vol.

98. **Gwyn and Carpenter** — The « Valorous » expedition — London, Taylor and Francis (1876) in 8ᵒ.

99. **Hamonière** (G.) — Nouveau dictionnaire français-anglais, contenant tous les mots généralement adoptés, les principaux termes des sciences et des arts, augmenté d'un dictionnaire de prononciation, etc. — Paris, Ch. Hingray (1839) in-8ᵒ.

100. **Hamonière** (G,) — New dictionnary english and french, abridged from boyer, augmented with mythological, geographical and naval vocabulairs — Paris, Ch. Hingray ; Bruxelles. Dumont (1838) in-8°.

101. **Hand-Book** for the twenty-eighth annual cooperative congress cf 1896, Woolwich—London (1896) in-18.

102. **Harrisson** (Joseph) — The floricultural cabinet and florists' magazine with numerous colored illustrations — London, Whittaker, and C°, in-8°, 6 vol.

103. **Hayley** (William) — The triumphs of temperance — London, Eartham (1781) in-32.

104. **Hayden** (F.-V.) — Sixth annual report of the united states geological survey of the territories — Washington government printing office (1873) in-8°.

105. **Holy Bible** (the) — Containing the old and new testaments translated out of the original tongues — London, Eyre and spottiswoode (1844) in-32.

106. **Howard** (Robert) — Salt the forbidden fruit or food and the chief cause of diseases of body and mind — London, Piper Brothers and C° (1851) in-8°.

107. **Hume** — Philosophical essays concerning human understanding — London, Cooper (1751) in-32.

108. **Huxley** (F.-R.-S.) — The journal of the ethnological society of London — London, Trubner and C° (1869) in-8°.

109. **Ich Dien** — The seed of truth with rev'rent hand J. Drop upon the field of thought — London, Moxon son and C°, in-18.

110. **Insect manufactures** — London (1847) in-32.

111. **International** cooperative congress 1895. Reports of delegates — Liège (1895) in-18.

112. **Invention** (the) — An illustrated Weekly review of industrial and scientific progress — London, Jacobs (1887-98) in-4°, 18 vol.

113. **Irwing** (Washington) — Salmagundi or the whim-whams and opinions of Lancelot Langstaff esq and others — London, John Bumpus (1825) in 32.

114.   do   id.   id.   id.
London, George Routledge and C° (1852) in-18.

115. **Is** it never too late to mend — Cannes, Vial, in-18.

116 **James** (G.-P.-R.) — Thirty years since or the ruined family, a tale — New-York, Harper and Brothers (1849) in 8°.

117.   do   Morley Ernstein or the tenants of the tenants of the heart — London, Simms and M'Intyre (1850) in-18.

118. **Junius** — The letters — London, Sharpe (1820) in-32, 2 vol.

119. **Just** as i am, by the author of « lady Audley's secret » — London, John and Robert Maxwell, in-18.

120. **Keltie** (J. Scott) — The statesman's year book statistical and historical annual of the states of the world — London, Macmillan and C° (1894) in-18.

121. **Knight's** — Penny magasine — London, Knight and C° (1846) in-18.

122. **Knight** — Annotated model Byelaws of the local, government board relating to new streets and buildings, etc. — London, Knight and C° (1883) in 4°.

123. **Kropp** (Captain W.) — Physical geography of the red sea, with sailing directions translated from the German by knorr — Washington, Printing office (1872) in 8°.

124. **Kugler** (Franz) — Hand-Book of the history of painting from the age of Constantine the great to the present times — London, Murray (1842) in-18.

125. **Layard** (Austen Henry) — Nineveh ant its remains, with an account of a visit to the Chaldœan Christians of kurdistan — London, John Murray (1854) in-4°, 2 vol.

126. **Leader** (John Temple) aed **Marcotti** (Giuseppe) — Sir John Hawkwood l'acuto, story of a Condottiere, translated from the Italian by Leader Scott — Florence, G· Barbera (1889) in-4°.

127.   do   Philological pastime of an englishman in Tuscany with some letters of Gladstone to John Temple Leader — Florence, G. Barbera (1898) in-8°.

128. **Leader Scott**— Vincigliato and Maiano—Florence, G. Barbera (1891) in-4°.

129.   do   The Castle of Vincigliata — Florence, G. Barbera (1898) in-8°.

130. **Lee** (Edwin) — Nice and its climate, with notices of the coast from Hyères to Genoa—London, W.-J. Adams (1855) in-18.

131. **Lemprière** — Classical dictionary. with a chonological table from the creation of the world to the fall of the roman empire, in the west and in the east — London (1792) in-8°.

132. **Life** (the) of a bird an account of the progress of birds from the nest to their perfect condition — London (1851) in-32.

133. **Lyell** (Charles) — Elements of geology — London, John Murray (1838) in-18.

134. **Mabel** (Humbert)— Continental chit chat — London, F.-V. Witte and C⁰ (1897) in-18.

135. **Macaulay** — Morceaux choisis de l'histoire d'Angleterre et des chants de l'ancienne Rome, publiés avec une notice, des arguments analytiques et des notes par William Battier — Paris, Hachette et Cⁱᵉ (1880), in-18.

136.   dᵒ   Critical and historical essays. Contributed to the Edinburgh review — London, Longmans Green and C⁰ (1874) in-18.

137. **Mackay** (Charles) — The mormons or latter-day saints a contemporary history with memoirs of the life and death of Joseph Smith the « american Mahomet ».

138. **Mackenzie** (Henry) — The works, with a critical dissertation on the tales of the author by John Galt — London. Whitaker ; Edinburgh, Oliver and Boyd (1824) in-32.

139. **Marryat** (Mʳˢ Florence) — A moment of madness and other stories — Leipzig, Bernhard-Tauchnitz (1883) in-18.

140.   dᵒ   The ghost of Charlotte Gray and other stories — Leipzig, Bernhard-Tauchnitz (1883) in-18.

141. **Meadows** (Alfred) — The prescriber's companion London, Henry Renshaw (1867) in-32.

142. **Memoir** of the rev. Henry Martyn — London, Hatchard (1819) in-8⁰.

143. **Milton** (John) — Paradise lost a poem in twelve books, the eighth edition with notes of various authors by Thomas Newton, now lord bishop of bristol — London (1778) in-8°, 2 vol.

144. **Mirror** (the) — Official organ of the associated alumni of Philadelphia — Philadelphie, Buchanan (1896) in-8°.

145. **Mission** of viscount san Januario to the republics of south america 1878 and 1879 — Buenos-Aires, (1881) in-8°.

146. **Mistral** (Frédéric) — Mireio, a provençal poem, translated by harriet W. Preston, with appendice Magali, mélodie provençale populaire — Boston, Roberts Brothers (1872) in-18.

147. **Moggridge** (F.-G.-S) — The « Meraviglie » — London, Reeve and C° (1868) in-8°.

148. **Montaigne** — The essays of Michael, seigneur de Montaigne, with the considerable amendments and improvements — London (1776) in-8°, 3 vol.

149. **Native Guano** (the) Company limited, extracts from evidence given before the judicial committee — London, Thomson and sons (1882) in-8°.

150. **Newman Hall** — The land of the forum and the vatican — London, James Nisbet (1854) in-18.

151. **Nichol** (John) — English men of letters : Byron — London, Macmillan and C° (1883) in-8°.

152. **Norway** — Art of the present time painting and sculpture — Christiania, Bentzen (1876) in-8°.

153. **O'Donoghue's Herbert** — Guide to Cannes and Neighbourhood — Cannes, Robaudy, in-18.

154. **Official Copy** — Memorandum on valuations of friendly societies — London, Eyre and Spottiswoode (1891) in-18.

155. **O'Hanlon** (John Canon) — Report of the o'connell monument committee — Dublin, Duffy and C° (1888) in-8°.

156. **Oliphant** (M^{rs}) — Memoir of count de Montalembert a chafter of recent french history — Leipzig, Bernhard Tauchnitz (1872) in-32.

157. **Ollendorff** — Key to the exercises in the new method of learning the italian language — Frankfort, Jugel (1864) in-18.

158. **Papillon** (Jules) — Manuel français-anglais sur les reconnaissances, avec vocabulaire — Paris, in-32.

159. **Parkes** (the) — Museum of hygiène. first public annual meeting 1880 — London (1880) in-4°.

160. **Parker** (John Henry) — Observations on the ancient domestic architecture of ireland — London, Nichols and son (1859) in-4°.

161.   do   An architectural tour in the english provinces of France — London, Nichols and son (1852) in-4°.

162.   do   On choirs and chancels particularly as to their use in the south of Europe — London, Nichols and Son (1857) in-4°.

163. **Peters** (T. Edward) — Recent features of our foreign trade — Washington, Government printing office (1894) in-8°.

164. **Phillips** (John) — A guide to geology — London (1836) in-18.

165. **Plate** (H.) — Cours gradué de langue anglaise, grammaire pratique — Dresde, Louis Ehlermann (1884) in-18.

166. **Present problems** — An argument for the gold standard — New-York, (1897) in-32.

167. **Public Supply** (the) of electricity light heat and power on the storage system — London (1889) in-4°.

168. **Rawlinson** (Robert) — Suggestions as to the preparation of district maps and of plans for main sewerage, drainage and watter supply — London (1878) in-4°.

169. **Report** of the chief, signal office, to the secretary of war (1872-73-79-80) — Washington, Government printing office (1873-81) in-4°, 4 vol.

170. **Report** of the lancet special sanitary commission of inquiry concerning the water supply of Chicago — London, Ballantyne, Hanson and C° (1893) in-4°.

171. **Ritchie** (Leitch) — The game of life — London, Simms, and M'Intyre (1851) in-18.

172. **Robertson** (W.) and **Pascott** (W.) — History of the reign of Charles the fifth, with an account of the emperor's life after his abdication — London, G. Routledge and C° (1857) in-8°.

173. **Robinson** (Miss) — A thousand miles in an Invalid's Coach — London, Curtis, and Beamish (1889) in 4°.

174. **Rodet** (Dr Paul) — Vittel (Vosges, France) médical, picturesque and anecdotal — London, Churchill (1887) in 32.

175. **Rogers** (Samuel) — The pleasures of memory, with other poems — London, T. Cadell and W. Davies (1803) in-18.

176. **Sadler** (P.) — Cours gradué de langue anglaise avec clef des idiotismes et locutions difficiles et dictionnaire anglais-français — Paris, Truchy (1850) in-32.

177. **Sala** (George-Augustus) — The ship chandler and other tales — London, Ward and Lock (1862) in-18.

178. **Sam Slick** — In england or the attaché, by the author of the clockmaker — London, Bryce in-18.

179. **Sanitary record** (the) — A Monthly journal of public health — London, Allen and C° (1890) in-8°.

180. **Scott** (William) — An introduction to the reading and spelling of the english tongue to which are added the economy of human life, translated of an indian manuscript and a classical vocabulary french and english by Maillet — Paris, Delalain (1819) in-18.

181. **Sewage disposal** — Report of the committee appointed by the local government board — London, George Eyre (1876) atlas in-folio, texte in-8°.

182. **Sexe** (S.-A.) — On the rise of land in scandinavia — Christiania (1872) in 4°.

183. **Shakespeare** (William) — The Dramatic works with a glossary — London, Charles Knight (1868) in-18.

184.   d° The works (comedies, histories, tragedies, poems, glossary) — London, William White (1852) in-18.

185. **Sheil (Lady)** — Glimpses of life and Manners in Persia — London, John Mursay (1856) in-8°.

186. **Shobert** (Frédéric) — Forget me not, a christmas, new years and birthday present for 1832 — London, Ackermann (1832) in-18.

187. **Smith** (Horace) — Adam Brown the merchant — London, Clarke, in-18.

188. **Sound Currency** — Published semi-Monthly — New-York (1896-97) in-8°, 2 vol.

189. **Sound Currency** — A compendium of accurate and timely informations, on currency questions intended for writers, speakers and students — New-York (1896) in-8°.

190. **Sparkes** (John-C.-L.) — A hand book to the practice of pottery painting — London, Barbe and C° (1879) in-18.

191. **Smithsonian institution** (the) — Results of meteorological observations from the year 1854 to 1859 — Vashington, Government printing office (1861-64) in-4°, 2 vol.

192. **Somerville** (Mary) — On the connexion of the physical sciences — London, John Murrac (1837) in-32.

193. **Sowerby** (F.-L.-S.) — Illustrated index of british shells containing figures of all the recent species — London, Simpkin Marshall and C° (1859) in-4°.

194. **Spiers** (A.) — Dictionnaire abrégé anglais-français donnant les mots généralement usités, les composés des mots usuels, les termes des sciences, des arts et de l'industrie ; les acceptions des mots ; les idiotismes les plus familiers : l'accentuation des mots anglais ; la prononciation, avec vocabulaire des noms géographiques anciens et modernes qui diffèrent dans les deux langues — Paris, Dramard-Baudry, in-8°.

195.   d° Dictionnaire abrégé anglais-français — Paris, Dramard-Baudry, in-8°.

196. **Stretch and Turner** — The beauties of history — Paris, Louis (1814) in-32.

197. **Taylor** (Robert) — Syntagma of the evidences of the christian religion — London, Bugdale William (1828) in-18.

198. **Taylor** (W. Cooke) — Manual of ancient history — London, John Parker and Son (1854) in-18.

199. d° Manual of modern history, with a history of the colonies founded by europeans — London, W. Parker and Son (1856) in-18.

200. **Temperance** manual of the american society — Boston, Seth Bliss (1856) in-8°.

201. **The Graphic** illustrated, from 1883 to 1884, in-folio, 2 vol.

202. **The Laurel Bush** and old fashioned love story to which is added the two tinkers by the author of « John Halifax gentleman » — Leipzig, Bernhard Tauchnitz (1876) in-18.

203. **The port** admiral, by the author of Cavendish — London, Bryce, in-18.

204. **The life history** of tennessee by C. Claflin (now Lady Cook) — London, England (1892) in-8°.

205. **The Quaterly** review — London, Murray (1839-57) in-8°, 2 vol,

206. **Thomson** (Alexandre) — The paradise of taste — Paris, Parsons and Galignani, in-32.

207. **Transactions** — The cremation, society of england — London (1892) in-18.

208. **Trelease** (William) — Missouri botanical garden, from 1890 to 1898 ; the annual reports — Saint-Louis (1890-98) in-8°, 9 vol.

209. **Turner** (Hudson) — Some account of domestic architecture in England, from Edward I to Richard II, with notices of foreingn examples and numerous illustrations of existing remains from original Drawings, with the glossary of architecture directed since the death of Turner by his editor — Oxford, John Henry Parker (1853) in-8°.

210. **Turner** (Hudson) — Some account of domestic architecture in england, from the conquest to the end of the thirteenth century, with numerous illustrations of existing remains from original Drawings — Oxford, John Henry Parker (1851) in-8°.

211. **Tyndal** (John) — Address delivered before the british association assembled at Belfast — London, Longmans, Green and C° (1874) in-8°.

212. **Valpy** (Rev.) — And Rev. John White, a latin Delectus — Longman (1857) in-18.

213. **Vaughan** (Robert) — Tracts and treatises of John de Wycliffe, with selections and translations from his manuscrits and latin-works — London, Blackburn and Pardon (1845) in-8°.

214. **Walker** (John) — A critical pronouncing dictionary and expositor of the english language to which are prefixed principles of english pronunciation — London, H. Fischer and C°, in 8°.

215. **Walter-Scott** (Sir B.) — Kenilworth — Edinburgh, Black (1863) in-18.

216. **Watson** (Robert Grant) — A history of Persia from the beginning of the nineteenth century to the year 1858 with events that led to the establishment of the kajar dynasty — London, Smith Elder and C° (1866) in-8°.

217. **Webber** (major général) — Distribution of electricity in Chelsea and Kensington — Newcastle (1889) in-4°.

218. **Whitaker** (Joseph) — An almanak, from 1869 to 1898, containing an account of the astronomical and other phenomena, a large amount of general statistics, etc. — London (1898) in-18, 14 vol.

219. **White** (Reverend James) — Robert Burns a memoir — Lon.lon, Routledge (1859) in-32.

220. **Whiteley** (William) — Illustrated furnishing catalogue — London, Whiteleq, album in-4".

221.   d° Orchards and Gardens, ancient and modern — London (1895) in-4°.

222.   d° Universal provider. Illustrated catalogue and general prix — London, Witheley, in-8°.

223. **Winthrop** (Robert) — Oration on the two hundred and fiftieth anniversary of the landing of the Pilgrims fathers at Plymouth — Boston, John Wilson and Son (1871) in-8°.

224. **Woodward** (Emma Hosken) — Men. women and progress — London, Dulau and C° (1885) in-8°.

225. **Yachting World** (the) — Christmas and Mediterranean number 1897 — London, Wertheimer, Lea and C°, in-4°.

CCXXVII. — *Textes Espagnols*

---

1. **Aberg** (Ernst) — Irrigacion y eucalytus — Buenos-Aires (1874) in-8°.

2. **Arechavaleta** (J.) — Anales del museo nacional de Montevideo. Las gramineas uruguayas, etc. — Montevideo (1897 98) in-4°, 2 vol.

3. **Arroniz** (Marcos) — Manual del viajero en Mejico o compendio de la historia de la Ciudad de Mejico — Mejico, Rosa y Bouret (1858) in 32.

4. **Bernardino de Saint-Pierre** — Pablo y Virginia, version Castellana por don Jose Migael de Aba — Marsella, Masvert, in-32.

5. **Calderon de la Barca** — Piezas escogidas — Paris, Baudry (1844) in-8º.

6. **Celman** (Miguel Juarez) presidente de la Republica en el primer ano de su gobierno — Buenos-Aires (1887) in-4º.

7. **Cervantes** (Saavedra Miguel de) — El ingenioso hidalgo Don Quixote de la Mancha — Paris, Bossange y Masson (1814) in-32, 7 vol.

8. **Chalumeau de Verneuil** — Grammaire espagnole composée par l'académie royale espagnole traduite en français et mise à l'usage des français et des anglais — Paris, Samson fils (1821) in-8º, 2 vol.

9. **Condiciones** fisicas de la provincia de Entre Rios — Buenos Aires, Juan A. Alsina (1887) in-8º.

10. **Constitucion** de la nacion Argentina — Buenos-Aires, in-18.

11. **Cuestion** argentino — Chilena — Buenos-Aires, Pablo E. Coni (1879) in-8º.

12. **Galarce** — Bosquejo de Buenos-Aires, capital de la nacion Argentina — Buenos-Aires, Stiller et Laass (1887) in-4º.

13. **Garcia** (Florentino) — Boletin mensual de stadistica municipal — Buenos-Aires, Moreno Esquina (1888) in-4º.

14. **Güemes** (Luis) — Informe soble la exposicion internacional de higiène de Londres 1884 — Buenos-Aires, Alsana (1885) in-4º.

15. **Hugo-Marcus** — Higiéne de los nervios, consejos praticos — Buenos-Aires, F. Lajouane (1893) in-18.

16. **Joachim Casasus** — Estudios monetarios la cuestion de la Plata en Mexico. El problema monetario la depreciation de la Plata y sus remedios — Mexico (1896) in-4º.

17. **Latzima** (Francesco) — La republica Argentina come meta della emigrazione Europea — Buenos-Aires,

18. **Lesage** — Aventuras de Gilblas de Santillana escritas en Frances por M. Lesage y traducidas al Castellano por el Padre Jose Isla — Madrid, Sancha (1821) in-18, 4 vol.

19. d° Historia de Gilblas de Santillana publicada en frances por A.-V. Lesage, traducida al Castellano por el padre Isla — Paris, Vᵉ Baudry (1855) in-8°.

20. **Ley** — De ascensos y decreto reglementario — Buenos-Aires, in-18.

21. **Lista Ramon** — Viaje al pais de los onas, Tierra del Fuago — Mejico, Alsina (1887) in-4°.

22. **Martinez Lopez et Maurel** (F.) — Dictionnaire français-espagnol — Paris, Ch. Hingray (1852) in-8°.

23. d° Dictionnaire espagnol-français — Paris, Ch. Hingray (1852) in-8°.

24. **Martinez Lopez** (Pedro) — Grammatica de la lengua Castellana — Paris, Bouret (1856) in-18,

25. **Medina** (Francisco) — Las sociedades cooperatives — Buenos-Aires, Lajouane (1887) in-4°.

26. **Memoria** del ferro carril andino 1882 — Buenos-Aires, Bidma (1883) in-4°.

27. **Mensaje** del poder ejecutivo — Parana, in-4°.

28. **Mensaje** del Presidente de la Republica al abrir las sesiones del congresso argentino — Buenos-Aires, (1887) in-4°.

29. **Navarro** (Samuel) — Memoria correspondiente al sexenio presidencial del teniente general D. Julio, A. Roca — Buenos-Aires, Klin Gelfass (1886) in 4°.

30. **Noriega** (F.-M.) — Nouvelle méthode pour apprendre la langue espagnole en très peu de temps — Paris, Baudry (1842) in-18.

31. **Nunez de Taboada** — Diccionario frances-espanol — Paris, Rey y Gravier (1833) in-8°.

32. d° Dictionnaire espagnol-français — Paris, Rey et Gravier (1833) in-8°.

33. **O'Connor** (E.-R.) — La rabia — Buenos-Aires, Biedma (1886) in-18.

34. **Pardal** — Nouveau guide de conversations modernes en français et en espagnol — Paris, Baudry (1846) in-32.

35. **Precios** de jornales y solarios de la Republica Argentina — Buenos-Aires, in-4°.

36. **Provincia** (la) — De Mendoza en su exposicion inter Provincial — Mendoza (1885) in-4°.

37. **Quintana** — Nouveau dictionnaire portatif français-espagnol — Paris, J. Langlumé, in-32.

38. d° Nouveau dictionnaire portatif espagnol-français — Paris, J. Langlumé, in-32.

39. d° Vidas de espanoles celebres — Paris, Baudry (1845) in-8°.

40. **Recueil factice** de documents concernant la République Argentine — Buenos-Ayres, in-4°, 7 vol.

41. **Republica Argentina** — Informe del departemento nacional de Agricultura 1872 — Buenos Aires (1873) in-4°.

42. **Resumenes** del censo agricola y canadero levantado — Buenos-Aires (1888) in-4°.

43. **Sistema** — De medidas y pesas de la Republica Argentina — Buenos-Aires, Biedma (1881) in-4°.

44. **Wilde** (Eduardo) — Memoria al congreso nacional — Buenos-Aires (1887) in-4°.

45. **Yriarta** (D. Tomas de) — La musica, poema — Madrid (1779) in-4°.

CCXXVIII. — *Textes Italiens*

1. **Abbecedario** morale e religioso, ossia Metodo facile per insegnare a leggere — Roma, Casaretti (1859) in-32.

2. **Alfieri** (Vittorio), di Asti — Vita scritta da esso — Pisa, Niccolò Capurro (1817) in 32.

3. **Ancona** (Cesare d') — Malacologia pliocenica italiana descritta ed illustrata — Firenze, Barbera (1871) in-4°, 2 vol.

4. **Annali di statistica** — Statistica industriale della provincia di Caltanisetta — Roma, G. Bertero (1895) in-8°.

5. **Annuario** statistico italiano 1889-90-92-97 — Roma, Bertero, in-4°, 3 vol.

6. **Antologie italienne** — Recueil de prose et de poésie — Paris, in-18.

7. **Ariosto** (Ludovico) — Orlando furioso — Parigi, C.-L. Melini (1788) in-32, 5 vol.

8.   d°   Orlando furioso, dichiarazioni ad ogni canto ed indice dei nomi proprii — Avignone, Seguin (1816) in-32, 8 vol.

9. **Artiglierie** napolitane nel 1841 di S. M. il re Ferdinando II — Texte et 60 planches in-folio.

10. **Atti** della Società torinese protettrice degli animali — Torino, Origlia e Ponzone (1871) in-8°.

11. **Atti** ufficiali del primo Congresso nazionale delle Casse rurali di prestito, promosso dalla Cassa di risparmio di Cuneo — Cuneo, Riba (1896) in-4°.

12. **Atti** della Commissione instituita per studiare e proporre i mezzi di rendere le piene del Tevere innocue alla città di Roma — Roma, Enrico Sinimberghi (1872) avec plan de Rome et planches in-plano et texte in-4°.

13. **Bellardi** (Luigi) — Monografia delle pleurotome fossili del Piemonte — Torino, Stamperia Reale (1847) in-4°.

14.   d°   Monografia delle columbelle fossili — Torino (1848) in-4°.

15.   d°   Monografia delle mitre fossili — Torino (1850) in-4°.

16. **Bersezio** (Vittorio) — Il regno di Vittorio Emmanuele II, trent'anni di vita italiana — Torino, Roux e Favale (1878-79) in-8°, 2 vol.

17. **Bianchi** (Celestino) — Mentana, narrazione storica — Milano, Carlo Barbini (1868) in-32.

18. **Bodio** (L.) — Sulle condizioni delle emigrazioni italiane e sulle istituzioni di patronato degli emigranti — Roma, Bertero (1894) in-8°.

19.   d°   Sul movimento della delinquenza nel 1893 — Roma, Bertero (1895) in-4°.

20.   d°   Di alcuni indici misuratori del movimento economico in Italia — Roma, Bertero (1897) in-4°.

21. **Bocci** (Anastasio) — Gesù Cristo e la sua dottrina, lettere famigliari di un carcerato — Roma, Paravia (1877) in-18.

22. **Bottega** (la) del caffè, commedia in tre atti, in prosa
— Paris, in-32.

23. **Brocardi** (H.) — Recueil de morceaux choisis avec
biographies et notes. De la prose et de la poésie italiennes aux XVIIIe et XIXe siècles — Paris, J. Ventre
et Cie (1888) in-18.

24. **Brocchi** (Gio.-Battista) — Conchiologia fossile su-
bapennina con osservazioni geologiche sugli Appen-
nini e sul suolo adjacenti atlente di sedici tavole
— Milano, Silvestri (1845) in-4º.

25. **Buttura** (A.) — Dictionnaire italien-français précédé
de la prononciation, de la grammaire et de
la versification — Paris, Lefèvre (1832)
in 8º.

26.   dº   Dictionnaire français-italien, etc. — Paris,
Lefèvre (1832) in-8º.

27. **Caldani** (L.-M.-A.) — Instituzioni di fisiologia e pa-
tologia ridotte a dialoghi — Padova, fratelli Conzatti
(1793) in-8º, 2 vol.

28. **Cantù** (Cesare) — Storia universale, introduzione,
nozioni preliminari, creazione, etnografia —
Torino, Pomba (1843) in-18.

29.   dº   Storia universale, Racconto — Torino,
Pomba (1843) in-18, 19 vol.

30.   dº   Appendice alla Storia universale — Torino,
Pomba (1842) in-18.

31.   dº   Cronologia per servire alla Storia universale
— Torino, Pomba (1841) in-18.

32.   dº   Indici della Storia universale — Torino,
Pomba (1845) in-18.

33.   dº   Documenti alla Storia universale sulle re-
gioni — Torino, Pomba (1841) in-18.

34. **Cantù** (Cesare) — Geografica politica per corredo della Storia universale — Torino, Pomba (1845) in-18.

35.   dᵒ   Della litteratura, discorsi ed esempi in appoggio alla Storia universale — Torino, Pomba (1843) in-18, 2 vol.

36.   dᵒ   Sulla filosofia, documenti per la Storia universale — Torino, Pomba (1845) in-18.

37.   dᵒ   Dei monumenti di archeologia e belle arti trattati per illustrazione alla Storia universale Torino, Pomba (1846) in-18.

38.   dᵒ   Sulla guerra, dottrine e fatti relativi alla Storia universale — Torino, Pomba (1846) in-18.

39.   dᵒ   Biografie per corredo alla Storia universale — Torino, Pomba (1847) in-18, 2 vol.

40. **Carcano** (Giulio) — Racconti semplici colla litteratura rusticale aggiunta — Torino (1843) in-18.

41. **Capellini** — Testacci marini delle coste del Piemonte — Genova (1860) in 8º.

42. **Castello** (il) di Vincigliata e i suoi contorni — Firenze, Polverini (1871) in-18.

43. **Casti** — Animale parlante — Paris, Bristol Thivurs (1822) in-32, 4 vol.

44. **Cause di morte** — Statistica degli anni 1890-94 — Roma, Pateras (1896) in-4°, 3 vol.

45. **Cesari** (Antonio) — Le Grazie, dialogo — Milano, Giovanni Silvestri (1829) in-32.

46. **Corsini** (Bartolomeo) — Il torracchione desolato, con alcune spiegazioni — Londra, Marcello Prault (1876) in 18, 2 vol.

47. **Consiglio** delle tariffe delle strade ferrate, di alcune riforme da introdursi nelle tariffe e nel servizio dei viaggiatori — Roma, G. Bertero (1895) in-8°, 2 vol.

48. **Conti** (Auguste) — Sculture e mosaïci nella facciata del Duomo di Firenze, argomenti e spiegazioni — Firenze (1883) in 8°.

49. **Cooperazione rurale** (la), anno 1896-97 — Padova, Stab. Prosperini (1896) in-4°.

50. **Cose** (le) maravigliose dell'alma città di Roma dove si tratta delle chiese, stazioni e reliquie dei corpi santi che vi sono.

   La guida romana che insegna facilmente a ritrovare le più notabili cose di Roma.

   L'antichità di Roma brevemente raccontata.

   Lettere pastorale di Monsignor Illustrissimo e Reverendissimo Card. Barromeo— In Roma (1575) in-32.

51. **Dante** — La Divina Commedia di nuovo alla sua vera lezone ridotta, con l'aiuto di molti antichissimi esemplari, con argumenti e allegorie per ciascun canto e postille nel margine — In Vinegia, Domenico Farri (1569) in-32.

52. **Dante** (Alighieri) — La Divina Commedia — Parigi, Amable Costes (1830) in-32, 3 vol.

53. **Dioclati** — Il nuovo testamento del nostro Signore e Salvatore Gesù Cristo, tradotto in lingua italiana — Londra (1857) in-32.

54. **Durante** — (publié par Ferdinand Costets) Il fiore, poème italien du XIIIe siècle en CCXXXII sonnets, imité du roman de la rose — Paris, in-8°.

55. **Fedele** (Fedeli) — Acque minerali delle RR Terme di Montecatini in Valdinievole — Pisa, Nistri (1865) in-8°.

56. **Ferrari** (Claudio-Ermanno) e **Muzzi** (Luigi) — Vocabolario dei nomi proprii sustantivi tanto d'uomini che di femmine, seguito da altro vocabolario degli aggettivi proprii — Bologna, Masi (1827) in-32.

57. **Foresti** (Lodovico) — Catalogo dei molluschi fossili pliocenici delle colline bolognese — Bologna, Gamberini e Parmeggiani (1874) in-4°.

58. **Fornassari** — Venti novelle scelte dei più celebri scrittori italiani antichi e moderni, illustrate con notizie — Milano, Zonzogno (1825) in-32.

59. **Fregoso** (Luigi Campo) — Del primato italiano sul Mediterraneo — Roma, Torino, Ermanno Loescher (1872) in 8°.

60. **Goldoni** — Scelta di alcune commedie — Parigi, Fayolle (1824) in-32.

61.   d°   Commedie scelte — Parigi, Thieriot (1841) in-32.

62. **Gorini** — Manuale di botanica popolare — Milano, Barbini (1869) in-32.

63. **Gorresio** (Gaspare) — Il Ramayana de Valmici — Milano, Pogliani e Cia (1870) in-18, 3 vol.

64. **Grimaldi** (Giovan Vito) — Novelle storiche corse, vi si aggiungono i canti populari corsi — Bastia, Fabiani (1855) in-18.

65.   d°   Il pentimento ovvero Bianca e i due Locari, racconto storico — Bastia, Fabiani (1858) in-18.

66. **Guadagnoli d'Arezzo** — Raccolta completa delle poesie giocose — Lugano, in-32.

67. **Gualterio** (Danieli) — Per la società fondiaria lionese contro ballero, condizione legale delle società straniere in Italia — Roma, eredi Botta (1885) in-4°.

68. **Guarini** (Battista) — Il pastor fido, tragi-commedia pastorale — Venezia, Giuseppe Corona (1723) in-32.

69. **Guida** di Firenze e suoi contorni — Firenze, Bettini (1852) in-18.

70. **I quattro** poeti italiani : Dante, Petrarca, Ariosto, Torquato Tasso — con una scelta di poesie italiane dal 1200 sino ai nostri tempi — Parigi, Baudry-Lefèvre (1836) in-4°.

71. **Isaia** (C.) — Torino, Guida del viaggiatore, illustrata — Torino, ditta Paravia (1896) in-18.

72. **La Marmora** (Alfonso) — Un po' più di luce sugli eventi politici e militari 1866 — Firenze, Barbera (1873) in-8°.

73. **Lauri** (A.) — Nouveau dictionnaire italien-français avec l'accent prosodique apposé sur les mots, suivant la vraie prononciation — Lyon, Savy (1810) in-18.

74.   d°   Dictionnaire français-italien, précédé d'un abrégé de grammaire, avec l'accent prosodique apposé sur les mots — Lyon, Savy (1810) in-18.

75. **Lenox** (Prendergast) — Il castello di Vincigliate — Firenze, G. Barbera (1897) in-32.

76. **Libro** dei nobili veneti, ora per la prima volta messo in luce — Firenze, Murate (1866) in 8°.

77. **Lombardi** (G.) — Saggio dell'istoria pittorica d'Inghilterra — Firenze (1843) in-8°.

78. **Luporicardi** (Carmine) — Principii generali e ragionati della grammatica italiana compilati e messi in dialogo — Napoli, Flautino (1848) in-18.

79. **Luzzati** (Luigi) — Saggio sulle dottrine dei precursori religiosi e filosofici dell'odierno fatalismo statistico — Peruggia, Boncompagni (1895) in-4º.

80. **Machiavelli** — Opere — (1819) in-32, 11 vol.

81.   dº   Le istorie fiorentine — Parigi, fratelli Bossange (1825) in-32, 2 vol.

82. **Manzoni** (Alessandro) — I Promessi Sposi, storia milanese del secolo XVII e gli inni — Parigi, Thieriot (1842) in-22.

83.   dº   I Promessi Sposi, storia milanese del secolo XVII — Parigi, Baudry (1842) in-8º.

84. **Marcotti** (Giuseppe) — Simpatie di Majano, lettere dalla villa temple Leader — Firenze, Barbera (1883) in-4º.

85.   dº   Il giubileo dell'anno 1450, secondo una relazione di Giovanni Rucellai, con avvertenza di Marcotti— Firenze, Barbera (1885) in-4º.

86.   dº   Vincigliata 1879 — Firenze, Barbera (1883) in-4º.

87. **Martelli** (de Sienne) — Cours de langue italienne d'après la méthode Robertson — Paris, Derache (1843) in-8º.

88. **Metastasio** (Pietro) — Opere scelte publicate da A. Buttura — Parigi, Lefèvre (1823) in-32.

89. **Ministero** di agricoltura e commercio — Cause di morte, statistica dell'anno 1896 — Roma, G. Bertero (1897) in 4º.

90. **Moleschott** (Jac.) — Dell'indole della fisiologia — Torino, Ermanno Loescher, in-8º.

91. **Montececeri** (Ser Giusto da) — Buffalmacco a Vincigliata, novella — Firenze, Bárbera (1878) in-4º.

92. **Monterosato** (Marchese di) — Nuova rivista delle Conchiglie mediterrannee — Palermo (1875) in-4°.

93. **Moro** (Luigi del) — La facciata di Santa Maria del Fiore, Firenze, in-plano.

94. **Nollet** (Abate) — Lezoni di Fisica sperimentale — Venezia, Pasquali (1746) in-18, 3 vol.

95.   d°   Saggio intorno all'Elettricità dei corpi — Venezia, Pasquali (1747) in-18.

96.   d°   L'arte dell'esperienze — Venezia, fratelli Bassaglia (1782) in-18, 4 vol.

97. **Notizie** sulle Condizioni industriali delle provincie di Caltanisetta — Roma, Bertero (1895) in-4°.

98. **Nuova** antologia ad uso delle scuole secondari — Torino (1856) in-18.

99. **Ohlsen** (Carlo) — Bollettino del Comizio agrario e della Stazione sperimentale agraria di Roma — — Roma, Barbera (1873) in-4°.

100. **Palmieri** (Adone) — Topografia statistica dello Stato Pontificio — Roma (1857) in-4°.

101. **Papini** (Alessandro) — Società e Corte di Firenze sotto il regno di Francesco II e Leopoldo I° — Firenze, Barbera (1875) in-4.

102.   d°   Majano, Vincigliata, Settignano — Firenze, Barbera (1876) in-4°,

103. **Parrocchia** (la) di San Martino a Majano, Cenni storici — Firenze, Polverini (1875) in-8°.

104. **Passerini** (Luigi) — Genealogia e storia della famiglia Rucellai — Firenze, Cellini e Cⁱᵃ (1861) in-8°.

105. **Petrarca** (Francesco) — Le Rime — Venezia, Vitarelli (1811) in-32, 2 vol.

106. **Peyrani** (Cajo) — Manuale sintetico di fisiologia — Parma, Battei (1890) in-32.

107. **Pietro Bembo** (Cardinale) — Lettere scelte, corredate di note da L. Carrer — Venezia, Girolamo Tasso (1845) in-32.

108. **Plutarco** — Le Vite degli uomini illustri, versione di Girolamo Pompei — Milano, Niccolò Bettoni (1828) in-32, 18 vol.

109. **Poletti** (C. Luigi) — Geometria applicata alle belle arti e alle arti meccaniche — Roma (1846) in-8°, 2 vol.

110. **Porciani** (Giuseppe) — In omaggio a Santa Maria del Fiore, miracolo d'arte — Firenze, Raffaello Ricci (1887) in-4°.

111. **Raccolta** di scelte prose allemanne con gli elementi grammaticali ad uso degl'Italiani — Pavia, Giuseppe Bolzani (1789) in-8°, 2 vol.

112. **Robello** (G.) — Grammaire italienne, élémentaire, analytique et raisonnée et Traité de versification italienne — Paris (1835) in-8°.

113. **Ronna** (A.) — Dictionnaire français-italien à l'usage des maisons d'éducation, rédigé d'après le dictionnaire de l'académie française — Paris, Ch. Hingray (1838) in-8°.

114.   d° Dizionario italiano-francese ad uso delle scuole — Parigi, Carlo Hingray (1838) in-8°,

115.   d° Teatro scelto italiano, con note biografiche Parigi, Carlo Hingray (1837) in-8°.

116. **Rossi** (Girolamo) — Monete dei Grimaldi, principi di Monaco — Oneglia, Giovanni Ghilini (1868-85) in-8°, 2 vol.

117. **Sabbatini** (Leopoldo) — Annali di statistica industriale della provincia di Milano — Milano, Bellini (1893) in-4°.

118. **Seneca** — Della collera, parafrase del C° Alberto Capraro — Bologna, l'erede del Benacci (1665) in-32.

119. **Sclopis** (Federicci) — Considerazioni storiche intorno alle antiche assemblee rappresentative del Piemonte e della Savoia — Torino, Paravia e C^{ia} (1878) in-8°.

120. **Silvio Pellico**, da Saluzzo — Le Mie prigioni, memorie — Torino, Brassini (1840) in-32.

121.   d°   Poesie inedite — Parigi, Baudry (1837) in-8°

122.   d°   Opere compiute, col ritratto del poeta — Lipsia, Ernesto Fleischer (1834) in-4°.

123.   d°   Francesca di Rimini ed Enfemio di Messina, tragedia — Parigi, Baudry (1833) in-8°,

124. **Soave** (Francesco) — Novelle morali ad uso della gioventù — Lione, Savi (1828) in-32, 2 vol.

125.   d°   Scelta delle novelle morali, fatta dal cittadino Ignazio Boccoli — Parigi, Locard (1801) in-32.

126. **Società reale di Napoli** — Atti della Reale academia di scienze morali e politiche — Napoli (1892) in-8°.

127. **Statistica** degli scioperi avvenuti nell'industria e nell'agricultura durante gli anni dal 1884 al 1894 — Roma, Bertero, in-4°, 3 vol.

128. **Statistica** elettorale — Composizione del corpo elettorale politico ed administrativo nell'anno 1885 — Roma (1897) in-4°.

129. **Statistica** delle Società cooperative di Lavoro al 31 dicembre 1894 — Roma, Bontempelli (1897) in-4°.

130. **Statistica** delle Società cooperative di Consumo a 31 dicembre 1895 — Roma, Bontempelli (1867) in-4°.

131. **Statistica** Giudiziaria penale per l'anno 1895 — Roma, Bertero (1897) in-4°.

132. **Statistica** dell'Emigrazione italiana avvenuta nel 1895 — Roma, Bontempelli (1896) in-4°.

133. **Sussana** e **Lemoigne** — Fisiologia dei centri nervosi encefalici — Padova, P. Prosperini (1871) in-8°, 2 vol.

134. **Tassi** (Francesco) — Vita di Benvenuto Cellini, tratta dall'autografo — Firenze, Parigi, Baudry (1834) in-32.

135. **Temple** (Leader) — Libro dei nobili veneti — Firenze, Barbera (1884) in-4°,

136. d° D'un fantasma, traduzione dall'inglese, di Dante Sodini — Firenze, G. Barbero (1897) in-18.

137. **Temple** (Leader) e **Marcotti** (J.) — Un'ambasciata, diario dell'abate G.-F^co Rucellai — Firenze, Barbera (1884) in-4°.

138. **Veneroni** — Grammaire française et italienne — Lyon, Bruyset aîné et Cie (1803) in-8°.

139. **Verri** (Alessandro) — Le Notti romane al sepolcro di Scipione — Parma, Paganini (1813) in-32, 2 vol.

140. d° id. id. id. colla vita d'Erostrato — Lucca, Bertini (1816) in-18.

141. **Vigano** (Francesco) — Pane Liebig, Pane oscuro, cucine economiche, cooperazione — Milano, Brigola (1874) in-4°.

142. **Vigano** (Francesco) — La vera carità per il popolo — Milano, Molino (1841) in-8°.

143.   d° La Fratellanza umana ossia la Società di mutuo ajuto. Cooperazione e participazione — Milano, Agaelli (1873) in-4°.

144.   d° L'Operaio agricoltore, manufatturiere e merciajuolo che arriva alla cooperazione — Milano, Agaelli (1868) in-32.

145.   d° Trattato volgare d'Economia politica — Milano, Salvi e C^{ia} (1858) in-8°.

146.   d° Unità delle cedole e Pluralità delle banche (legge 3 giugno 1864) — Milano, Pogliani e C^{ia} (1870) in-4°.

CCXXIX. — *Textes Slaves, Scandinaves*

1. **Brink** (J.-T.) — En eld som aldrig Slocknar — Stockholm, Fôrlag, in-18.

2. **Czarczynskiego** (Stefana) — Poezie — Lipsk, F.-A. Brockhaus (1863) in-8°.

3. **Goslawskiego** (Maurycego) — Poezye z przedmowa przez Leona Zienkowicza — Lipsk, F.-A. Brockhaus (1864) in-8°.

4. **Hartwig** (Georg) — Ljus och skuggor — Norrkoping, Wallberg, in-18.

5. **Hedberg** (Frans) — Glanskis, komedi i fem akter — Stockholm, Bonnie Forlag (1878) in-18.

6. **Helland** — Forekomster of kise i visse skifere i norge — Christiania, Brogger (1873) in-4°.

7. **Hertzberg** (Ebbe) — Grundtrœkkene i den œldste norske proces — Christiana, Bragger (1874) in-8°.

8. **Hervey** (Jacobus) — Theron en Aspasio oft reeks van Godvrugtige gesprekken en brieven — Amsteldam, Pieter Meyer (1759) in-8°.

9.   d°   Verzameling der godvrugtige en stigtelyke brieven van Wylen den Eerwaerden heer — Amsteldam, Pieter Meyer (1762) in-8°.

10. **Holmboe** (C.-A.) — Ezechiels syner og chaldœernes astrolab — Christiania, Mallygs Bogtrykkeri (1866) in-4°.

11. **Holts** (Elling) — Om Poncelet's betydning for geo-metrien — Christiania, Trykt hos a W. Brogger, in-8°.

12. **Kjerulf** (Theodor) — On Stratifikationens spor — Christiania, Jensens Boytrykkeri in-4°.

13. **Kroning** — Om Norlke kongers hnlding — Christiania, Jensen (1873) in-4°.

14. **Lemcke** (Ludwig) — Ueber einige bei der keitik der traditionellen schottischen balladen zu brobach-tende grundsâtze — Copenhagen, in-8°.

15. **Lieblein** (J.) — Die œgyptischen denkmoïler in St-Petersburg helsingfors, upsala und Copenhagen — Christiania, Gedruckt von a W. Brogger, in-8°.

16. **Manifest** ludu Polskiego — Warszawa (1830) in-18.

17. **Miklos** (Szontagh) — Nizza termeszeti viszonyai. Klimatologiai tanulmany — Wien, in-8°.

18. **Moll** (J.-W.) — Een toestel om planten woor het herbarium te Drogen — Copenhagen, Drukkerig Victor van Doosselaere (1893) in-8°.

19. **Mousson** (A.) — Bemerkungen über die — Christiania, in-8°.

20. **Ollendorff (H.-G.)** — Nouvelle méthode pour apprendre à lire, à écrire et à parler une langue en six mois, appliquée au russe — Paris, Paul Ollendorff (1882) in-8°.

21. **Ouida** — Ariadne Berâttehen om en drôm — Stockholm, Adolf Bonnier (1878) in-18, 2 vol.

22. **Roman russe** — Saint-Pétersbourg (1874) in-18.

23.   d°   Saint-Pétersbourg (1882) in-18.

24. **Sars (G.-O.)** — Bidrag til kundskaben om norges hydroider — Christiania (1873) in-8°.

25.   d°   Om Blaahvalen balœnoptera sibbaldii gray — Christiania (1874) in-8°.

26.   d°   Carcinologiske bidrag til norges fauna — Christiania Brœgger (1870) in-4°, 2 vol.

27.   d°   Carcinologiske bidrag til norges fauna — Christiania, Brœgger Cristie (1870-72) in-4°, 2 vol.

28. **Schandorph (S.)** — Smaafolk fortœlling — Copenhagen, Forlag (1880) in-18.

29. **Sexe (S.-A.)** — Jœttegryder og gamle strandlinier i fast klippe — Christiania, Bragger (1874) in-4°.

30. **Slowackiego (Juluisza)** — Pisma — Lipsk, F.-A. Brockhaus (1862) in-8°, 4 vol.

31. **Sophus Bugge** — Rune indskriften paa ringen i forsa kirke i nordre helsingland — Christiania, Jensens Bogtrykkeri (1877) in-4°,

32. **Spare Schneider** — De i soudre bergenhus amt hidtil observerede coleoptera og lepidoptera — Christiania (1875) in-8°.

33. **Szontagh Miklos** (D^r) — Nizza Termeszeti viszonyai klimatologiai tanulmany — Budapest, in-4°.

34. **Zienkowicza** (Léona) — Wieczory lacha z lachow
Czyli opowiadania przy kominku starego literata
Polskiego — Lipsk, F.-A. Brockhaus (1864) in-8°.

T.^{2} — Supplément Général

CCXXX. — Catalogue alphabétique des ouvrages entrés après les tirages des divisisions correspondantes

1. **Aimard** (Gustave) — L'épopée prussienne — Paris,
E. Dentu (1873) in-18.

2.   d°   Le Sacripant — Paris, E. Dentu (1873)
in-18.

3.   d°   Le cœur loyal — Paris, E. Dentu (1882)
in-18.

4. **Aimé Martin** — Lettres à Sophie sur la physique,
la chimie et l'histoire universelle — Paris,
Gide fils (1814) in-18.

5.   d°   id.   id.   id.
Paris, Gosselin (1822) in-32, 2 vol.

6. **Alembert** (d') — Mélanges de littérature, d'histoire
et de philosophie — Amsterdam, Z. Chatelain et
fils (1773) in-18, 3 vol.

7. **Alliance** française pour la propagation de la langue
française dans les colonies et à l'étranger (bulletins
années 1893 à 1898) — Paris, Armand Colin, in-8°.

8. **Almanach Bottin** — Annuaire pour Paris, les départements, les colonies et l'étranger (année 1897) in-4°, 3 vol.

9. **Almanach Gotha**, généalogique, diplomatique, statistique pour l'année 1898—Gotha Justus Perthes, in-32.

10. **Andral (G.)** — Clinique médicale — Paris, Deville (1834) in-8°, 4 vol.

11. **Annales** du sauvetage maritime (années 1890 à 1898) — Paris, Challamel et Cie, in-8°.

12. **Annuaire** de l'armée pour l'année 1898 — Paris, Berger Levrault et Cie (1898) in-8°.

13. **Annuaire** de la marine pour l'année 1898 — Paris, Berger Levrault et Cie (1898) in-8°.

14. **Annuaire** des châteaux et des départements — Paris, A. Lafare (1898-99) in-4°.

15. **Annuaire** de la société protectrice de l'Enfance — Paris, E. Duruy (1898) in-8°.

16. **Aran (F.-A.)** — Traité pratique de l'inflammation de l'utérus — Paris, Labé (1850) in-8°.

17. **Art (l')** — Dernier numéro de l'*Art* — Paris (1896) in-4°.

18. **Aulus** — Les eaux d'Aulus — Paris, Charles de Mourgues (1880) in-4°.

19. **Arechavaleta (J.)** — Anales del museo nacional — Montevideo (1898) in-4°.

20. **Armaingaud** — Moyen de prévenir la contagion de la tuberculose — Paris (1898) in-32.

21. **Balbi (Adrien)** — Abrégé de géographie, avec cartes et plans — Paris, J. Renouard et Cie (1842) in-4°.

22. **Baranger** — Eaux thermales de Sail-les-Bains. Silia et silicates — Paris, Reverchon (1880) in-8°.

23. **Baud** (V.) — Contrexeville. Maladies des organes génito-urinaires et goutte — Paris, Chamerot (1868) in-8°.

24. **Bayard** (H.) — Manuel pratique de médecine légale — Paris, Germer Baillière (1844) in-18.

25. **Banque de France** (la) — Ses opérations à Paris et dans ses succursales — Paris, Paul Dupont (1896) in-8°.

26. **Barat** (Etienne) — Constitution de l'association terrienne, les lois d'application — Paris (1897) in-32.

27. **Bayle** — Traité des maladies du cerveau et de ses membranes, maladies mentales — Paris, Gabon et et Cie (1825) in-8°.

28. **Baudeloque** — Traité de la péritonite puerpérale — Paris, Gabon (1830) in-8°.

29. **Beclard** (J.) — Traité élémentaire de physiologie humaine comprenant les principales notions de la physiologie comparée — Paris, Labé (1855) in-8°.

30. **Berard et Denonvilliers** — Compendium de chirurgie pratique ou traité complet des maladies chirurgicales et des opérations que ces maladies réclament — Paris, Béchet jeune et Labbé (1840) in-4°, 3 vol.

31. **Begis** (P.) — Traité de droit civil et fiscal, la pratique des affaires — Paris, Marchal et Billard (1897) in-8°.

32. **Bernard Lazare** — L'affaire Dreyfus — Paris, P.-V. Stock (1897) in-4°.

33. **Berthelot** — Science et morale — Paris, Calmann Lévy (1897) in-8°.

34. **Besse** (Ludovic de) — Les idées de Léon XIII sur le tiers ordre de Saint-François — Paris, J. Mersch (1897) in-18.

35. **Beaucourt** (marquis de) — Discours à la société d'histoire contemporaine — Paris (1897) in-18.

36. **Berthe** — Appareils à combinaisons multiples. Air, oxygène, acide carbonique, vapeur — Paris (1898) in-folio.

37. **Bibliothèque** et **Archives** — Annuaire pour l'année 1898 publié sous les auspices du ministre de l'Instruction publique — Paris, Hachette et Cie (1898) in-18.

38. **Bichat** (X.) — Recherches physiologiques sur la vie et la mort — Paris, Brosson (1805) in-8°,

39. do   Anatomie générale — Paris (1834) in-8°.

40. **Blache** (R.) — Les saisons et les travaux des champs, poésies — Marseille, Camoin (1872) in-8°.

41. **Bochet** (Mlle) — Le livre du jour de l'an et des fêtes — Paris, Garnier frères, in-18.

42. **Boilley** (Paul) — Les trois socialismes : anarchisme, collectivisme, reformisme — Paris, Félix Alcan (1895) in-18.

43. **Boistel** (A.) — Nouvelle flore des lichens pour la détermination facile de ces plantes, avec 1,178 figures représentant toutes les espèces — Paris, Paul Dupont, in-18.

44. **Bonnet** — Maladies des articulations — Paris, Baillière (1845) in-8°, 2 vol.

45. **Bordeu** (Th. de) — Recherches anatomiques sur la position des glandes et de leur action — Paris, Th. Barrois (1752) in-18.

46. **Bossavy (J.)** — Les chrysides recueillies dans le Var — Draguignan, C. et A. Latil (1897) in-8°.

47. **Bottée de Toulmon** — Instruction du comité historique des arts et monuments, sur la musique — Paris, Imprimerie Nationale (1857) in-4°.

48. **Bouillier (Francisque)** — Manuel de l'histoire de la philosophie — Paris, Dezobry E., Magdeleine et Cⁱᵉ (1845) in-18.

49. **Bouloumié** — L'assistance par le travail — Paris, (1896) in-8°.

50.   d° L'assistance internationale en temps de paix — Paris, Ruell et Cⁱᵉ (1891) in-18.

51.   d° Prophylaxie de la tuberculose — Paris, Alcan Lévy (1896) in-18.

52.   d° Les maladies évitables, moyen de s'en préserver et d'en éviter la propagation — Paris, Masson et Cⁱᵉ (1898) in-8°.

53. **Brelay (E)** — Les sociétés ouvrières de production, l'association des tonneliers de Morlaix — Paris, Guillaumin et Cⁱᵉ (1898) in-8°.

54.   d° Le logement et l'alimentation populaires — Paris, Guillaumin et Cⁱᵉ (1897) in-8°.

55. **Briand (J.) et Chaudé (E.)** — Manuel complet de médecine légale contenant un traité élémentaire de chimie légale par Le Gaultier de Claubry — Paris, Bernard Neuhaus (1852) in-8°.

56. **Briand (J.) et Brosson** — Manuel complet de médecine légale — Paris, Chaudé (1828) in-8°.

57. **Broussais** — Le choléra morbus épidémique — Paris, Mˡˡᵉ Delaunay (1832) in-8°.

58.   d° Examen des doctrines médicales — Paris, Mˡˡᵉ Delaunay (1829) in-8°, 4 vol.

59. **Burggraeve** — Guide de médecine dosimétrique — Bruxelles, Lesigne, in-32.

60. **Bussières (de)** — Histoire de la guerre des paysans au XVIe siècle — Paris, Sagnier et Bray (1852) in-8°, 2 vol.

61. **Calmeil** (L.-F.) — De la paralysie chez les aliénés — Paris, I. Baillière (1876) in-8°.

62. **Capuron** — Cours théorique et pratique d'accouchements — Paris, Croullebois (1816) in-8°.

63. **Carrière** (Ed.) — Le climat de l'Italie sous le rapport hygiénique et médical — Paris, J.-B. Baillière (1849) in-8°.

64. **Catalogue** du musée archéologique du château de San-Salvadour, Hyères-les-Palmiers (Var) — Hyères (1897) in-4°.

65.   d°   illustré du salon de 1898, Société des artistes français — Paris, Ludovic Baschet (1898) in-8°.

66.   d°   illustré de la société nationale des beaux arts pour l'année 1898 — Paris, E. Bernard et Cie (1898) in-8°.

67.   d°   de la bibliothèque de feu M. Pol Nicard — Paris, E. Paul, Huard Guillemin (1892) in-8°.

68.   d°   de la bibliothèque de M. Philippe Burty précédé d'une préface par M. M. Tourneux — Paris, E. Paul, Huard Guillemin (1891) in-8°.

69.   d°   de la bibliothèque de feu M. le baron Jérome Pichon — Paris, Leclerc et Cornuau (1897) in-4°, 3 vol.

70. **Calame (A.)** — Leçons de paysage — Paris, Delarue François, in-folio, 38 s.

71. **Calame (A.)** — L'étude du paysage — Paris, Delarue François, in-folio, 39 s.

72. **Carot** (J.) — Nouveaux modèles d'ornement — Paris, F. Dalarue, in-folio, 34 s.

73. **Cattey** (Amédée) — Manuel formulaire social militaire universel pour les militaires et les travailleurs — Paris, Paul Dupont (1893) in-18.

74. **Cazeaux** (P.) — Traité de l'art des accouchements — Paris, Chamerot (1850) in-8º.

75. **Cazenave** (Alphée) et **Soledal** (H.-E.) — Abrégé pratique des maladies de la peau — Paris, Labé (1847) in-8º.

76. **Cazenave** et **Schedel** — Abrégé pratique des maladies de la peau — Paris, Béchet jeune (1833) in-8º.

77. **Chaillet-Bert** (J.) — Le rôle social de la colonisation — Paris (1897) in-32.

78.   dº   Premier supplément au recueil de textes de la législation sociale de la France. Lois sociales — Paris, Berger Levrault et Cⁱᵉ (1896) in-4º.

79. **Charbonnel** (Victor) — La volonté de vivre — Paris, Armand Colin et Cⁱᵉ (1897) in-18.

80. **Charbonnet** (Mˡˡᵉ) — Principles of the method Le Couppey — Melbourne, Troedel and Cº (1880) in-18.

81. **Charton** (Ed.) — Guide pour le choix d'un état ou dictionnaire des professions — Paris, Chamerot (1852) in-8º.

82. **Cheysson** (E.) — La question de la population en France — Paris, A. Davy (1896) in-8º.

83.   dº   Concours sur la monographie des communes institué par la société des agriculteurs de France — Paris, P. Manillot (1897) in-8º.

84. **Cheysson** (E.) — L'homme social et la colonisation — Paris, Paul Ollendorff in-4°.

85.   d°   La science pénitentiaire et l'économie sociale — Paris, Marchal (1896) in-18.

86. **Choix** d'études tirées des portefeuilles d'anciens élèves de l'école française à Rome (architecture et décoration, Renaissance italienne) — Paris, Durcher et Cie (1875) in-folio, 45 s.

87. **Clamageran** (J.-J.) — La lutte contre le mal — Paris, Félix Alcan (1897) in-18.

88. **Clermont** — Les eaux minérales de Vals — Paris, Baillière et fils, in-4°.

89. **Collection** de thèses présentées à la faculté de médecine de Montpellier — Montpellier, Jean Martel aîné, in-4°.

90. **Collection** de thèses présentées à la faculté de médecine de Paris — Paris (1802 à 1819) in-8°.

91. **Collection** de brochures-programmes des fêtes de de Cannes (années 1879 à 1898) — Cannes (1898) in-18, in-32.

92. **Comptabilité** du matériel de la marine. Critique par un contrôleur in partibus — Paris, Ledoyen (1848) in-18.

93. **Collomp** (P.) — Jeu moralisateur, instructif, amusant — Cannes, Figère et Guiglion (1892) in-32.

94. **Comité des fêtes** de la ville de Cannes — Les carnavals de Cannes (recueil de photographies) — Cannes (1898) album in-folio.

95. **Concours** (le) entre les syndicats agricoles, au musée social — Paris, Calmann Lévy (1897) in-4°.

96. **Conté** (Maurice) — Etude sur les petites patrouilles d'infanterie — Cannes, Robaudy (1894) in-8°.

97. **Conté** (Maurice) — La frontière du sud-est — Cannes, Verne (1890) in-8º.

98. **Costantin** (J.) — Atlas des champignons comestibles et vénéneux. Description de tous les champignons comestibles et vénéneux de la France — Paris, Paul Dupont, in-18.

99. **Coutisson** — La petit formulaire, choix de formules — Paris, Savy (1882) in-32.

100. **Cours de dessin** — Modèles pour l'enseignement, in-folio, 13 s.

101. dº Modèles pour l'enseignement — Paris, Rapilly, Legoupy, in-plano, 11 s.

102. dº Modèles pour l'enseignement (collection de rosaces des styles Henri III, Henri IV, Louis XIII, Louis XIV, Louis XV, Louis XVI) — Paris, Ducher et Cⁱᵉ, in-folio. 46 s.

103. **Curot** (l'abbé) — Le Notre Père au XIXᵉ siècle — Bar-le-Duc, Guérin (1874) in-18.

104. **Darlu-Rambaud** — Discours prononcés au Congrès des sociétés savantes en 1898 — Paris, Imp. Nationale (1898) in-4º.

105. **Delisle** (L.) — Catalogue général des livres imprimés de la bibliothèque nationale avec introduction historique — Paris, Imp. Nationale (1897) in-4º.

106. **Desault et Bichat** — Maladies des voies urinaires — Paris, Meguignan (1803) in-8º.

107. **Desnoyers** (L.) — Aventures de Jean-Paul Choppart — Paris, J. Hetzel, in-4º.

108. **Diderot** (Denis) — Le salon de 1765, essai sur la peinture — Paris, Devray-Deterville (1798) in-8º.

109. dº Le salon de 1867.

110. **Dubarry** — Le secrétaire de mairie — Paris, Pedone (1880) In-8º.

111. **Dubois** — Traité de pathologie générale — Paris, Germer-Baillière (1837) in-8º, 2 vol.

112. **Duchesne-Duparc** — Traité pratique des dermatoses — Paris, Baillière et fils, in-18.

113. **Duchenne de Boulogne** — De l'électrisation localisée et de son application à la physiologie, à la pathologie et à la thérapeutique — Paris, J.-B. Bailllière (1855) in 8º,

114. **Dugés** — Manuel d'obstétrique — Montpellier, Castel (1840) in-8º,

115. **Duleau** — Le moniteur thérapeutique (années 1888 à 1892) — Paris, Guillot et Julien, in 18, 5 vol. ; Paris, Devray (1898) in-8º, 2 vol.

116. **Dumas** (Alfred) — La bibliothèque de la ville de Gap — Gap, L. Jean et Peyrot (1898) in-8º.

117. **Durocher** (J.) — Voyage de la Commission scientifique du nord en Scandinavie, en Laponie, au Spitzberg et aux Feroé. La géologie, la minéralogie, la métallurgie et la chimie — Paris, Arthus Bertrand, in-8ᶜ.

118. **Eichthal** (E. d') — Le socialisme d'état idéaliste — Paris (1897) in-8º.

119. **Espinas** (A.) — Histoire des doctrines économiques — Paris, Armand Colin, in-18.

120. **Fabre** — Maladies des femmes — Paris, Baillière (1843) in-8º, 2 vol.

121. **Fanjung** (Nicolas) — Les ouvriers des deux mondes. Serrurier forgeron de Paris, serrurier poseur de persiennes en fer. Monographies — Paris, Firmin Didot et Cⁱᵉ (1897) in-8º.

29.

122. **Feraudi** — Le service des enfants assistés et la protection des enfants du 1er âge — Nice, J. Ventre et Cie (1898) in 8º.

123. **Ferogio** — Cours de dessin — Paris, Fois Delarue, in-folio, 2 s.

124. **Fleury** (L.) — Traité d'hydrothérapie — Paris, Labé (1856) in-8º.

125. **Florian** — Numa Pompilius — Avignon, Chaillot jeune (1810) in-32, 2 vol.

126. **Fonssagrives** (J.-B.) — Traité de thérapeutique appliquée — Paris, A. Delaye et Cie (1878) in-4º, 2 vol.

127.   dº   Thérapeutique de la phthisie pulmonaire basée sur les indications ou l'art de prolonger la vie des phthisiques par les ressources combinées de l'hygiène et de la matière médicale — Paris, J.-B. Baillière et fils (1866) in-8º.

128. **Franklin** (Benjamin) — Essais de morale et d'économie politique, traduits de l'anglais par E. Laboulaye — Paris, L. Hachette et Cie (1867) in-18.

129. **Gardien** — Traité complet d'accouchements et de maladies des filles, des femmes et des enfants — Paris, Brochard (1816) in-8º, 4 vol.

130. **Gaboriau** (Emile) — In peril of his life — London, Vizetelly and Cº (1882) in-18.

131. **Gaudry** (Albert) — Essai de paléontologie philosophique — Paris, Masson et Cie (1896) in-4º.

132. **Gauthiot** — Les ressources de la Tunisie — Paris, (1896) in-8º.

133. **Gautier** (Théophile) — La belle Jenny — Paris, Michel Lévy frères (1865) in-18.

134. **Gaymard** — Voyage de la commission scientifique du nord en Scandinavie, etc. Magnétisme terrestre, géographie physique, botanique, etc. — Paris, Arthus Bertrand, in-8°, 7 vol.

135. **Germon** (de) et **Polan** (L.) — Catalogue de la bibliothèque de feu M. le comte Riant — Paris, A. Picard et fils (1896) in-4°.

136. **Gibert** — Traité pratique des maladies spéciales de la peau — Paris, Germer Baillière (1840) in-8°.

137. **Gillet** (Maurice) — De la menstruation pendant l'allaitement — Toulouse, Ed. Privat (1898) in-4°.

138. **Gisolle** (A.) — Traité élémentaire et pratique de pathologie interne — Paris, V. Masson (1846) in-8°, 2 vol.

139. **Grancher** — Instruction relative à la prophylaxie de la tuberculose. Désinfection — Paris, De Malherbe (1898) in-8°.

140. **Gruzu** — Notes historiques sur l'inoculation et la vaccination — Cannes, Figère et Guïglion (1892) in-18.

141. **Guillemin** (V[or]) — Corot et l'école moderne de paysage — Besançon, Paul Jacquin (1897) in-8°.

142. **Hamon** (A.) — Survivances anémiques et polytheiques en Bretagne — Paris (1893) in-8°.

143. **Hollard** — Précis d'anatomie comparée — Paris, Labé (1857) in-8°.

144. **Home** (Everard) — Traité de la glande prostate — Paris, Baillière (1820) in-8°.

145. **Hommey** (J.) — La morale dans les écoles — Cannes, Figère et Guiglion (1897) in-18.

146. **Houel** — Manuel d'anatomie pathologique générale et appliquée — Paris, Germer Baillière, in-18.

147. **Honel-Meiss** — De l'existence de Dieu — Nice, Malvano (1898) in-32.

148. **Isambert** — Conférences cliniques sur les maladies du larynx et des premières voies — Paris, G. Masson (1897) in-8°.

149. **Jacquemier** (J.) — Manuel des accouchements et des maladies des femmes grosses et accouchées, contenant les soins à donner aux nouveau-nés — Paris, Germer Baillière (1846) in-18, 2 vol.

150. **Jamin** et **Bouty** — Cours de physique de l'école polytechnique — Paris, Gauthier-Villars et fils (1891) in-8°, 5 vol.

151. **Janiot** — Les eaux de Pougues — Paris, Delaye et Cie in-8°, 2 vol.

152.   d°   Etude sur l'hydre féminine — Paris, Delaye (1879) in 8°.

153. **Jarjavay** (J.-F.) — Traité d'anatomie chirurgicale ou de l'anatomie dans ses rapports avec la pathologie externe et la médecine opératoire — Paris, Labé (1852) in-8°, 2 vol.

154. **Joly** (Henri) — La répression pénale et les intérêts populaires — Paris (1897) in-32.

155. **Julien** (Jean-Joseph) — Nouveaux commentaires sur les statuts de Provence — Aix, Esprit David (1778) in 4°, 2 vol.

156. **Kergal** — Du rôle social des syndicats agricoles — Paris, in-8°.

157. **Laffitte** (Paul) — Le parti modéré. Ce qu'il est. Ce qu'il devrait être — Paris, A. Colin et Cie, in 32.

158. **La Grésille** (Henry) — Quel est le point de vue le plus complet du monde et quels sont les principes de la raison universelle — Paris et Nancy, Berger Levrault et Cie (1897) in 18.

159. **La Harpe** (J.-F. de) — Philosophie du XVIIIᵉ siècle, ouvrage posthume — Dijon, Vᵒʳ Lagier (1821) in-18, 2 vol.

160. **Lamas** (Pedro) — La destinée de ceux qui émigrent à la Plata — Paris (1888) in-18.

161. dᵒ Avantages et conditions de l'émigration à la République Argentine — Paris (1888) in-18.

162. dᵒ Exposé sommaire de la situation économique et financière de la République Argentine — Paris, Charaire et fils (1888) in-18.

163. **Lamennais** — Œuvres diverses, une voie de prison, opuscules — Paris, Dubuisson (1864) in-32.

164. **La Mer**, avec illustrations — Paris (1898) in-folio.

165. **Lancette Française** (la) Gazette des hôpitaux civils et militaires (années 1872 à 1897) — Paris, Levé, in-folio, 26 vol.

166. **Layens** (G. de) — Le rucher illustré, erreurs à éviter, conseils à suivre — Paris, Paul Dupont, in 8ᵒ.

167. **Lebert** (H.) — Traité clinique et pratique de la phthisie pulmonaire et des maladies tuberculeuses des divers organes — Paris, Ad. Delahaye et Cⁱᵉ (1879) in-8ᵒ.

168. **Le Cresp** (Arthur) — Les œuvres de mer françaises — Perpignan (1898) in-8ᵒ.

169. **Le Dantec** (Félix) — Théorie nouvelle de la vie — Paris, Félix Alcan (1896) in 8ᵒ.

170. **Lemaistre de Saci**, sous le nom de Sʳ de Royaumont, prieur de Sombreval — L'histoire du vieux et du nouveau testament — Paris, Pierre Lepetit (1773) in-18.

171. **Lemonnier** (Henry) — L'art français au temps de Richelieu et Mazarin — Paris, Hachette et Cie (1893) in-18.

172. **Leroy-Beaulieu** (Pierre) — Les expériences sociales en Australie — Paris (1897) in-32.

173. **Leven** (Manuel) — Système nerveux et maladies, synthèse pathologique — Paris, Rueff et Cie (1893) in-8°.

174. **Loi** militaire promulguée le 16 juillet 1889 — Paris, S. Heymann (1889) in-32.

175. **Lottin** (Victor) — Voyage en Islande et au Groenland sur la corvette la *Recherche* commandée par M. Trehouart. Physique — Paris, Arthus Bertrand, in-8°, 2 vol.

176. **Lottin, Bravais**, etc. — Voyage de la commission scientifique du nord en Scandinavie, etc., pendant les années 1838-39-40, sur la corvette la *Recherche* commandée par M. Fabvre. — Météorologie, physique, astronomie, hydrographie, aurores boréales, magnétisme terrestre — Paris, Arthus Bertrand in-8°, 11 vol.

177. **Lubbock** (sir John) — L'emploi de la vie, traduit de l'anglais par E. Hovelacque — Paris, F. Alcan (1897) in-18.

178. **Lugan** (Rieux) — Une vie intime — Paris, A. Lacroix et Cie, in-18.

179. **Macario** — Du sommeil, des rêves et du somnambulisme — Paris, Perisse frères (1857) in-8°.

180. **Magnin** (Jules) — Les accidents de la lithiase biliaire — Paris, Vigot frères (1898) in-18.

181. **Malgaigne** — Manuel de médecine opératoire fondée sur l'anatomie normale et l'anatomie pathologique — Paris, Germer Baillière (1849) in-18.

182. **Mangini** — La société d'enseignement professionnel du Rhône, discours et compte-rendu pour l'année 1896 — Lyon, Schneider frères, in-4°.

183. **Marion** (Henri) — Devoirs et droits de l'homme — Paris, H.-E. Martin (1883) in 18.

184. **Marmottan** (Paul) — Les peintres de la ville d'Arras depuis le moyen-âge jusqu'à nos jours — Paris, E. Plon, Nourrit et Cie (1889) in-4°.

185. **Maroussem** (Pierre du) — Les ouvriers des deux mondes. Piqueur de Monthieux (Loire-France) — Paris, Firmin Didot et Cie (1897) in-8°.

186. **Martins** (Charles) — Du Spitzberg au Sahara, étapes d'un naturaliste au Spitzberg, en Laponie, en Ecosse, en Suisse, en France, en Italie, en Orient, en Egypte et en Algérie — Paris, J.-B. Baillière et fils (1866) in 8°.

187. **Marx** (Roger) — Les médailleurs français depuis 1789, notice historique suivie de documents sur la glyptique au XIXe siècle — Paris, Firmin Didot et Cie, in-4°.

188. **Masquard** (E. de) — Etudes d'économie sociale. Petis pamphlets — Nîmes, Chastanier (1891) in-18.

189. **Mathé** et **Chenet** — Mélodie, musique et poésie — Paris, Ouvel frères, in-4°.

190. **Matuszwski** (Bosleslas) — Une nouvelle source de l'histoire. Création d'un dépòt de cinématographie historique — Paris, Noizette et Cie (1898) in-18.

191. **Medical** Press and circular (année 1898) — London, Tindall (1898) in-4°.

192. **Mémoires** de l'académie royale de chirurgie — Paris, Didot (1774-1781) in-18, 14 vol.

193. **Mendel** (Charles) — Traité pratique de photographie
à l'usage des amateurs et des débutants — Saint-
Quentin. Moureau et fils, in-18.

194. **Merlin** (R.) — Origine des cartes à jouer — Paris,
Rapilly, in-4°.

195. **Mercier** (Ed.) — Préparons-nous à combattre la
quadruple alliance — Sédan, Laroche, in-8°.

196. **Mérimée, Lenoir**, etc. — Instructions du comité
historique des arts et monuments, architecture
gallo-romaine et architecture du moyen-âge —
Paris, Imp. Nationale (1857) in-4°.

197. **Meyer** (Alfred) — L'art de l'émail de Limoges, ancien et moderne — Paris (1895) in-18.

198. **Michelinot** (J.) — Règle des cinq ordres d'architecture selon J. Barrozzio de Vignole — Paris, Marie
et Bernard, in-folio.

199. **Ministère de l'Instruction publique** et des Beaux-
Arts — Réunion des sociétés des beaux-arts
des départements (années 1877 à 1897) —
Paris, E. Plon, Nourrit et Cie, in-4°, 22 vol.

200.   d° Inventaire général des richesses d'art de la
France. Archives du musée des monuments
français — Paris, E. Plon, Nourrit et Cie
(1897) in-4°, 3 vol.

201.   d° Inventaire général des richesses d'art de la
Province. Monuments religieux, monuments
civils — Paris, E. Plon, Nourrit et Cie (1892)
in-4°, 6 vol.

202.   d° Inventaire général des richesses d'art de
Paris. Monuments religieux monuments
civils — Paris, E. Plon, Nourrit et Cie (1892)
in-4°, 4 vol.

203 . **Ministère de l'Instruction publique et des Beaux-Arts** — Composition des sections formant le Comité des travaux historiques et scientifiques — Paris, Imp. Nationale (1898) in-4°.

204 .   d°   Programme du congrès des sociétés savantes pour l'année 1899 — Paris, Imp. Nationale (1898) in-4°.

205 .   d°   Comptes-rendus du Congrès des sociétés savantes de Paris et des départements, tenu à la Sorbonne — Paris, Imp. Nationale (1898) in-4°.

206 . **Ministère des Finances** — Tableau général des propriétés de l'Etat — Paris, Imp. Nationale (1876-1881) in-4°, 6 vol.

207 . **Mission scientifique** au Mexique et dans l'Amérique centrale. Etude sur les reptiles et les batraciens par A. Duméril et F. Bocourt — Paris, Imp. Nationale (1897) in-folio.

208 . **Morel (C.)** — Traité des dégénérescences de l'espèce humaine — Paris, Baillière (1857) in 8°.

209 .   d°   Traité d'histologie humaine et exposé des moyens d'observer au microscope — Paris, Baillière et fils (1864) in-8°.

210 . **Morgan (de)** — Compte-rendu sommaire de ses travaux archéologiques — Paris, Leroux (1898) in-18.

211 . **Moura** — Traité pratique de laryngoscopie, suivi d'observations — Paris, A. Delahaye (1865) in-8°.

212 . **Mozart (W.-A.)** — Lettres, traduction complète avec une introduction et des notes par H. de Curzon — Paris, Hachette et Cie (1888) in-8°.

213 . **Nouveau dictionnaire** militaire par un comité d'officiers de toutes armes avec 1er supplément — Paris, L. Baudoin (1891) in-4°.

214. **Nouvion** (Jacquet) et **Cordier** (Charles) — Résumé de jurisprudence à l'usage des conseillers prud'hommes — Reims, Matot Braine (1897) in-8°.

215. **Nouveau vocabulaire** de l'Académie française — Tarascon, Aubanel (1826) in-8°.

216. **Œuvre** des enfants tuberculeux — Bulletins (années 1895 à 1898) — Paris, in-8°.

217. **Œuvres** (les) d'assistance par le travail, organisation et fonctionnement — Paris (1896) in-8°.

218. **Ollier** (L.) — Traité expérimental et clinique de la régénération des os et de la production artificielle du tissu osseux — Paris, V. Masson et fils (1867) in-8°, 2 vol.

219. **Onimus** (E.) et **Legros** (Ch.) — Traité d'électricité médicale, recherches physiologiques et chimiques — Paris, Germer Baillière (1872) in-8°.

220. **Orgeas** (J.) — La pathologie des races humaines et le problème de la colonisation. Etude anthropologique et économique faite à la Guyane Française — Paris, O. Doris (1886) in-8°.

221. **Pathier** (Mme, née de Cabre) — Flore méridionale, mille aquarelles exécutées d'après nature, avec classement et dénomination scientifiques, médaille d'or à l'exposition de Marseille (année 1885) — Marseille, in-4°, 1,000 aquarelles.

222. **Passy** (Frédéric) — Le mouvement de la paix dans le monde — Paris, A. Davy (1897) in-8°.

223. **Pays étrangers**, Navigation, tableau des ports ou lieux d'embarquement — Paris, Paul Dupont (1875) in-4°.

224. **Petit** (Eugène) — Les sociétés de secours mutuels en France — Paris et Nancy, Berger Levrault et Cie (1893) in-18.

225. **Peut** (H.) — Du gouvernement de la France, de l'enseignement public — Paris, Dauvin et Fontaine (1850) in-32.

226. **Phillips** (Ch.) — Traité des maladies des voies urinaires — Paris, Germer Baillière (1860) in-8°.

227. **Philip et Esmonet** — La Suisse en Provence. La haute vallée des Thorencs — Grasse, Imbert et Cie (1898), in-8°

228. **Pichard** (P.-L.) — Des ulcérations et des ulcères du col de la matrice — Paris, Germer Baillière (1848) in-8°.

229. **Plon** (E.) — Thorvaldsen, sa vie et son œuvre — Paris, Plon et Cie (1874) in-18.

230. **Pompery** (E. de) — Les thélémites de Rabelais et les harmonies de Fourier — Paris, C. Reinwald et Cie (1892) in-8°.

231.   d° Le sentiment de justice et l'idée d'organisation sociale — Paris, C. Reinwald et Cie (1893) in-8°.

232.   d° Le sentiment de justice et l'idée d'organisation sociale — Paris, Reinwald et Cie (1897) in-8°.

233. **Popp** (V^{or}) — Documents relatifs à un réseau de tramways municipaux à établir dans Paris — Paris, Chaix (1896) in-4°.

234. **Pottier** (E.) — Vases antiques du Louvre, origines, styles primitifs — Paris, styles primitifs — Paris, Hachette et Cie (1897) in-4°.

235. **Pouillet** — Troisième congrès annuel de la propriété bâtie en France — Paris, Guérin, Derenne et Cie (1897) in-8°.

236. **Prillieux** (El.) — Maladies des plantes agricoles et des arbres fruitiers et forestiers causées par des parasites végétaux — Paris, Firmin Didot et Cie (1897) in-8°, 2 vol.

237. **Pringle** — Observations sur les maladies des armées dans les camps et dans les garnisons — Paris, Ganeau (1771) in-18

238. **Quesnel** — Les grands artisans de l'arbitrage et de la paix — Paris, G. de Malherbe (1898) in-4°.

239. **Ragoulleau** (Albert) — Le Laurium grec — Paris, Chaix (1898) in-8°.

240. **Règlements** sur les exercices, le tir et les manœuvres de l'infanterie — Paris, Lavauzelle (1885-88) in-32, 6 vol.

241. **Regnard** — Voyage de Flandre en Hollande — Paris, Gandouin (1742) in-32.

242. **Reliefs** pour cours de dessins : têtes, frises, culots, rais, rosaces, fleurons, 52 s.

243. **Rengade** (Dr J.) — La vie normale et la santé, traité complet de la structure du corps humain — Paris, E. Colin (1879) in-4°.

244. d° Les grands maux et les grands remèdes, traité complet des maladies qui frappent le genre humain — Paris, E. Colin (1879) in-4°.

245. d° Les besoins de la vie et les éléments du bien-être, traité pratique de la vie matérielle et morale de l'homme dans la famille et dans la société — Paris, F. Aureau (1887) in-4°.

246. d° La création naturelle et les êtres vivants, histoire générale du monde terrestre, géologie, botanique, zoologie, races humaines — Paris, E. Colin (1883) in-4°, 2 vol.

247. **Réforme sociale** — Bulletin de la société d'économie sociale fondée par Le Play (année 1898) —
Paris, in-8⁰.

248. **Reveillère** (contre-amiral) — A travers l'inconnais-
sable, Autarchie — Paris, Fischbacher
(1895) in-18.

249. d⁰ Un coup de sonde dans l'océan des mystères. Autarchie — Paris, Berger Levrault
(1896) in-18.

250. d⁰ Enigmes de la nature — Paris, Fischbacher
(1895) in-18.

251. d⁰ Recherche d'idéal. Autarchie — Paris, Berger Levrault et Cⁱᵉ, in-18.

252. d⁰ Graines au vent — Paris, Fischbacher (1895)
in-18.

253. **Revue** politique et parlementaire (année 1898) —
Paris, A. Colin et Cⁱᵉ (1898) in-8º.

254. **Revue** de statistique. — Recueil de documents
économiques (année 1898) — Paris (1898) in-4º.

255. **Revue** des cours scientifiques de la France et de
l'étranger — Paris, Germer Baillière (1864) in-4º.

256. **Rey-Paillade** (C. de) — Les fougères de la France
— Paris, Paul Dupont (1893) in-8.

257. **Richard** — Pratique journalière de la chirurgie —
Paris, Germer Baillière (1868) in-8º.

258. **Robert** (Eugène) — Voyage de la commission scientifique du nord en Scandinavie, etc., sur la corvette
la *Recherche* commandée par M Fabvre. Géologie,
Minéralogie et métallurgie — Paris, Arthus Bertrand, in-8º.

259. **Robert** (Eugène) — Recherches sur les mœurs et les ravages de quelques insectes xylophages, dans les arbres forestiers et fruitiers et sur les altérations des statues et monuments en pierre — Paris, Mme Ve Bouchard-Huzard (1846) in 8°.

260. **Rochaïd** (le comte) — Le cinquième milliard de la Banque de France — Paris, A. Davy (1897) in-4°.

261. **Rochard** (Jules) — Encyclopédie d'hygiène et de médecine publique. sous la direction du docteur Jules Rochard — Paris, Arthur Rousseau, Vigot frères (1897) in-4°, 8 vol.

262. **Rosenwald** — Annuaire de statistique médicale et pharmaceutique — Paris, L. Rosenwald (1891) in-18.

263. **Rostand** (Eugène) — Le concours des caisses d'épargne au crédit agricole — Paris, Guillaumin et Cie (1897) in-8°.

264. **Rousseau** (Jean-Jacques) — Politique — Genève (1782) in-18.

265.   d° Mélanges — Genève (1782) in-18, 3 vol.

266.   d° Pièces diverses et recueil de lettres — Genève (1782) in-18.

267. **Roussel** — Système physique et moral de la femme — Paris, Vincent (1775) in-18.

268. **Rouziers** (Paul de) — Le trade unionisme en Angleterre — Paris, Armand Colin, in-18.

269. **Saglio** — Rapport sur l'organisation des musées en Allemagne — Paris (1886) in-4°.

270. **Saint-Pierre** (restauration de) ancienne cathédrale de Genève — Genève, C.-E. Alioth (1893) in-4°,

271. **Schutzenberger** (P.) — Les fermentations — Paris, F. Alcan (1896) in-8°.

272. **Sculfort** (M.-L.) — La circulation monétaire en Chine — Lyon, Bonnaviat (1898) in-8.

273. **Siècle** (journal le) — Compte-rendu du procès Zola — Paris (1898) in-folio.

274. **Signoret** (A.) — De la nature de l'homme et des moyens d'améliorer sa condition — Paris, J. Lainé (1850) in-32.

275. **Silvestre** (Claude) — Monographie de l'union du sud-est des syndicats agricoles — Lyon. Paul Legendre et Cie (1894) in-18.

276. **Société** d'économie politique de Lyon (année 1895-1896) — Lyon, A. Bonnaviat (1896) in-8°.

277. **Société** française des ingénieurs coloniaux — Bulletin n° 6, 1897 — Paris, Chaix (1897) in-4°.

278. **Sohomburgk-Richard** — Catalogue of the plants under cultivation in the government botanic Garden Adelaïde, south Australia — Adelaïde, C. Cox (1878) in-8°.

279. **Sobrino** et **Galban** — Grammaire espagnole-française — Paris, Garnier frères (1872) in-8°.

280. **Soubeiran** (E) — Traité de pharmacie théorique et pratique — Paris, V. Masson (1857) in-8°, 2 vol.

281. **Soubiès** (Albert) — Histoire de la musique allemande — Paris, May et Motteroz, in-18.

282. **Souvenir français** ('e) — Rapports et discours prononcés à l'assemblée générale du 29 mai 1898 — Paris (1898) in-4°.

283. **Souviron** — Manuel des conseillers municipaux — Paris, Paul Dupont (1881) in-18.

284. **Statistique** et législation comparée (Bulletin de) (années 1877 à 1898) — Paris, Imp. Nationale, in-4°, 37 vol.

285. **Strauss** (Paul) — La "Revue Philanthropique" n° 13 du 10 mai 1898 — Paris, Masson et Cie (1898) in-8°.

286. **Sue** (Eugène) — Le diable médecin. Adèle Verneuil. La Lorette — Paris, Michel Lévy frères (1862) in-18.

287. **Sully** (James) — Les illusions des sens et de l'esprit — Paris, Germer Baillière et Cie (1883) in-8°.

288. **Tamoul** (Langue) — Ancien et nouveau testament traduit dans la langue tamoul.

289. **Tardieu** (Ambroise) — Manuel de pathologie et de clinique médicales — Paris, Germer Baillière (1848) in-18.

290. **Teissier** (Octave) — Livres annotés, armoriés ou revêtus d'ex libris de la bibliothèque de Draguignan — Marseille, V. Boy (1898) in-8°.

291. **The Court** Journal and fashionable Gazette (october 1898) — London (1898) in-folio.

292. **Thénard** (baron) — Traité de chimie théorique et pratique — Paris, Crochard (1827) in-8°, 4 vol.

293. **Thiollet** — Principes et études d'architecture d'après Vignole, Palladio, Vitruve, etc. — Paris, Ch. Letaille ; Amsterdam, Joan Guyzkens, in-folio.

294.   d°   Cours d'architecture, modèles de tous styles — Paris, Ve Turgis, in-folio, 30 s.

295. **Toulotte** — Histoire philosophique des Empereurs romains — Paris, Thomine et Fortic (1892) in-8°, 3 vol.

296. **Tout Paris**, annuaire de la societé parisienne 1898, avec dictionnaire des pseudonymes — Paris, Lafare (1898) in-4°.

297. **Tourmagne (A.)** — Histoire de l'esclavage ancien et moderne — Paris, V. Guillaumin et Cie (1880) in-8°.

298. **Underwood** — Traité des maladies des enfants, traduit de l'anglais — Paris, Th. Barois (1786) in-8°.

299. **Union française** pour le sauvetage de l'enfance (Bulletin des années 1893 à 1898) — Paris, in-8°.

300. **Vachon (Marius)** — Les industries d'art, les écoles et les musées d'art industriel en France (départements) — Nancy, Berger Levrault et Cie (1897) in-4°.

301. **Van den Heuvel (Jules)** — Une citadelle socialiste. Le Vooruit de Gand — Paris (1897) in-32.

302. **Van Svieten** — Commentaire des aphorismes de médecine d'Herman Boerhave sur la connaissance et la cure des maladies, traduction française par Maublet — Avignon, Roberty et Guilhermont (1766) in-18, 2 vol.

303. **Vasi et Nibby** — Itinéraire de Rome et de ses environs — Rome, Valentini, in-18, 2 vol.

304. **Velpeau (A.)** — Traité des maladies du sein et de la région mammaire — Paris, V. Masson (1854) in-8°.

305. **Verdier (A.)** — 35 années de lutte aux colonies (côte occidentale d'Afrique) — Paris, Léon Chailley (1896) in 8°.

306. **Verly** — Les socialistes au pouvoir — Paris, Lesoud f (1897) in-32.

E² La France.

F² Géographie et voyages.

CINQUÈME PARTIE : **LITTÉRATURE**

G² Linguistique.

PLAN GÉNÉRAL DU CATALOGUE

ou

TABLE SOMMAIRE DES MATIÈRES

avec renvoi au Volume et à la Partie

FIN